完美在線 著

本書適用Excel各版本

職場應用攻略

Excel
高效短技巧

行動辦公 × 報表設計 × 數據分析 × 公式函數

> 縮時工作神技 <

243 招

PCuSER
電腦人

本書範例請於下列位址下載
https://bit.ly/2ac727

第一篇　便捷高效的行動辦公篇

第二篇 報表格式設計篇

第三篇　資料處理與分析篇

第四篇　公式與函數篇

第五篇　報表列印及綜合應用篇

Excel 快速鍵

在工作中移動

Ctrl+End	移動到使用過的最後一個儲存格
Ctrl+Shift+End	將儲存格選取範圍延伸至使用過的最後一個儲存格
Ctrl+Home	移動到工作表的開頭
Page Down	在工作表中向下移動一個畫面
Alt+Page Down	在工作表中往右移動一個畫面
Page Up	在工作表中向上移動一個畫面
Alt+Page Up	在工作表中向左移動一個畫面
Tab	向右移動一個儲存格
End+ 方向鍵	在一列或一欄內以連續資料為單位移動

選取範圍 / 行 / 清單 / 對象

Ctrl+A	選中目前工作表中所有儲存格
Shift+Home	將儲存格選取範圍延伸至工作表最左側
Ctrl+Shift+Home	將儲存格選取範圍延伸至工作表的開頭。
Ctrl+Shift+Enter	將儲存格選取範圍延伸至工作表中最後一個使用過的儲存格
Ctrl+Shift+ 空格鍵	選定工作表中的所有物件（前提是先選定一個物件）
Shift+F8	增加選定區域
Ctrl+Shift+ 方向鍵	將儲存格選取範圍延伸至同一欄或同一列的最後一個非空儲存格
Shift+ 空格鍵	將儲存格選取範圍延伸至整行

處理工作表

Shift+F11	插入新工作表
Ctrl+Page Down	移動到工作表中的下一個工作表
Ctrl+Page Up	移動到工作表中的上一個工作表
Ctrl+Shift+Page Down	選定目前工作表和下一張工作表
Shift+Ctrl+Page Up	選定目前工作表和上一張工作表
Alt+E+M	移動或複製目前工作表（同時按 E 和 M 鍵）
Alt+E+L	刪除目前工作表（同時按 E 鍵和 L 鍵）

打開對話方塊

Ctrl+1	打開「設定儲存格格式」對話方塊
F5	打開「定位」對話方塊
F3	打開「貼上名稱」對話方塊（僅工作表中存在名稱時才可用）
F7	打開「拼字檢查」對話方塊
F12	打開「另存新檔」對話方塊
Shift+F3	打開「插入函數」對話方塊
Ctrl+G	打開「到」定位對話方塊
Ctrl+J	打開「尋找和替換」對話方塊（顯示尋找介面）
Ctrl+H	打開「尋找和替換」對話方塊（顯示替換介面）
Ctrl+K	打開「插入超連結」對話方塊
Ctrl+L	打開「建立表格」對話方塊
Ctrl+-	打開「刪除」對話方塊
Ctrl++	打開「插入」對話方塊
Ctrl+Alt+V	打開「選擇性貼上」對話方塊
Alt+'	打開「樣式」對話方塊

與輸入相關的操作

Enter	完成輸入並向下選取一個儲存格
Shift+Enter	完成輸入並向上選取一個儲存格
Esc	取消輸入
F4	重複上一次操作
Ctrl+Shift+F3	由列欄標誌建立名稱
Ctrl+D	向下填滿
Ctrl+R	向右填滿
Ctrl+E	快速填滿
Ctrl+；	輸入目前日期
Ctrl+Shift+：	輸入目前時間
Alt+↓	開啟所選按鈕的功能表
Ctrl+Z	撤銷上一次操作
Ctrl+Shift+Enter	將公式作為陣列公式輸入

Alt+=	插入自動加總公式
F2	編輯儲存格並將游標定位在儲存格內容的結尾
Alt+Enter	在儲存格中換行
Delete	刪除插入點右側的字元或刪除選定區域
F7	拼字檢查
Shift+F2	插入附註
Ctrl+C	複製選取範圍
Ctrl+X	剪下選取範圍
Ctrl+V	貼上複製的儲存格

設定資料格式

Ctrl+Shift+~	套用「通用」數字格式
Ctrl+Shift+$	套用帶兩個小數的「貨幣」格式（負數在括弧中）
Ctrl+Shift+%	套用不帶小數的「百分比」格式
Ctrl+Shift+^	套用帶兩位小數的「科學計數」數字格式
Ctrl+Shift+#	套用含年、月、日的「日期」格式
Ctrl+Shift+@	套用含小時和分鐘並標明上午或下午的「時間」格式
Ctrl+Shift+!	套用帶兩位小數、使用千位分隔符號且負數用負號（-）表示的「數字」格式

設定字體和邊框樣式

Ctrl+B	套用或取消粗體格式
Ctrl+I	套用或取消字體傾斜格式
Ctrl+U	套用或取消底線
Ctrl+5	套用或取消刪除線
Ctrl+Shift+&	為選取範圍套用外邊框
Ctrl+Shift+_	取消選取範圍的外邊框

列欄的操作

Ctrl+9	隱藏選定列
Ctrl+Shift+(	取消選定區域內的所有隱藏行的隱藏狀態

Ctrl+0	隱藏選定欄
Alt+Shift+→	對列或欄分組
Alt+Shift+←	取消列或欄分組
Ctrl+Shift+ +	插入空白儲存格或列 / 欄

工作表的快捷操作

Ctrl+S	儲存工作表
Ctrl+W	關閉活頁簿。
Ctrl+P	執行列印操作
Ctrl+O	打開活頁簿。
Ctrl+N	新增工作表
Ctrl+F9	將活頁簿視窗最小化為圖示。
Ctrl+F10	最大化或還原選定的活頁簿視窗。
Ctrl+Tab	在打開的工作表間切換

其他常用快速鍵

F1	啟動「說明」工作窗格
F10	打開或關閉按鍵提示
F11	在個別的圖表工作表中建立目前資料範圍的圖表
Ctrl+ 滾動滑鼠中鍵	放大或縮小工作表顯示比例
Alt+F11	打開 VBA 編輯器
Ctrl+T	將所選區域建立成智慧表格
Ctrl+`	顯示公式
Ctrl+[	選定公式引用的儲存格區域
Ctrl+]	選定公式從屬的儲存格區域
Ctrl+Shift+L	建立篩選
Tab	在對象間移動

第一篇

便捷高效的
行動辦公篇

001 手機辦公已進入 5G 時代

隨著遠端共同工作和行動辦公逐漸成為新潮流，我們不再局限於使用電腦辦公，手機和平板上的行動 Office 套用也越來越受關注。並慢慢成為裝機必備工具之一。無論是編輯檔案、分析資料表，還是製作 PowerPoint 都能完美搞定，一款小巧的 App 可以代替很多軟體。一些比較優秀的手機版 Office 甚至可以借助雲端服務讓檔案跨設備同步，可與他人共用或協同編輯。Office 手機版 App 借助手機和平板就能帶來足夠的生產力和工作效率❶。

現今手機端 Office 領域中，功能齊全、套用比較廣泛的主要有兩個，一個是金山旗下的 WPS Office 移動版；另一個是微軟的 Office 行動裝置應用程式，也就是下文要介紹的手機 Microsoft Office。下面我們先來簡單了解一下這兩款手機 Office 辦公軟體。

■ WPS Office 移動辦公

WPS Office ❷移動版是金山公司推出的，執行於 Android 平台上的全功能辦公軟體。該程式透過三星、華碩、中興、華為、聯想和酷派官方相容認證，使用者遍佈全球 200 多個國家和地區。完全相容桌上型辦公軟體，支援 DOC、DOCX、WPS、XLS、XLSX、PowerPoint、PowerPointX、TXT 和 PDF 等 23 種檔案格式。支援查看、建立和編輯各種常用 Office 檔案，方便使用者在手機和平板上使用，可以滿足使用者隨時隨地辦公的需求。

■ Microsoft 365 Office 行動辦公

Microsoft 365 Office ❸是微軟官方發佈的辦公軟體，升級改版後的 Microsoft 365 Office 是一款集 Word、PowerPoint、Excel、「掃描」以及筆記於一身的全新套用軟體，為使用者提供完整便捷的行動辦公體驗。支援隨時隨地存取、查看和編輯 Word、Excel、PowerPoint 檔案。當使用不同設備編輯時，所有檔案的格式和內容均與原檔案保持一致。支援圖表、動畫、SmartArt 圖形等功能。此外，新的特性還有支援快速從電腦發送檔案到手機、識別圖片並將內容轉換成文字或表格、掃描 QRcode 等。

新版 Microsoft Office 手機套用的新功能包括：

■ 在手機和電腦之間共用檔案；

■ 轉換影像中的文字，透過 OCR 識別提取圖片中的文字或將表格提取到 Excel 中；

- 支援 PDF 數位簽章；

- 將紙質檔案、圖片、白板內容掃描到 PDF 中；

- 將圖片轉換成 PDF 案；

- 將檔案格式轉換成 PDF；

- 使用範本輕鬆開始編寫簡歷、預算、簡報和其他檔案；

- 新增掃描 QRcode 功能。

至於這兩款軟體究竟哪個更好用，那就是仁者見仁，智者見智了。它們都是免付費軟體，感興趣的朋友可以將它們都下載下來，體驗後再給出評價。

❶ 圖片來源於微軟 Office App 宣傳影片

❷ WPS Office

❸ Microsoft Office

002 隨時隨地完成工作

網際網路時代，智慧手機無疑已經成為人們日常生活和工作中不可缺少的重要工具。想購物，打開手機使用者端，各類商品琳琅滿目、一覽無餘，想要什麼，選中加入購物車，然後付款，等著快遞上門了；想出門旅行，打開地圖套用旅行的路線以及各個景點的評分都呈現在眼前；外出看見美麗的風景，馬上拍下來，經過影像編輯軟體的最佳化，一張意境十足的紀念照片就完成了。既然智慧手機已經如此神通廣大，那我們有什麼理由不將它與工作結合起來呢？以前，一旦離開了辦公室，離開了電腦，我們將對一份 Excel 報表、一份 Word 檔無計可施。如今只要口袋裡有一部智慧型手機，不管身在何處，都能夠隨時隨地開始辦公。目前市面上可以免費下載的行動辦公軟體有很多，例如 Microsoft 365 Office、OfficeSuite、WPS Office 等。使用者在自己的手機或者平板上安裝任意一款辦公軟體就能實現隨時隨地辦公的願望了。

手機版 Microsoft 365 Office 集合 Word、Excel、PowerPoint、PDF、「掃描」以及筆記五個軟體。只要下載一個軟體就能夠滿足大部分日常辦公需求。下面先簡單介紹一下手機 Microsoft 365 Office 的下載及安裝方法。

先打開手機的應用程式商店，搜尋 Microsoft 365 Office，搜尋到之後，點擊「安裝」按鈕，開始下載安裝軟體❶。安裝完成後手機桌面上會出現該 App 的圖示，以後可透過點擊圖示打開手機 Microsoft 365 Office。此處為了方便，可直接點擊「開啟」按鈕，打開軟體❷。第一次打開 Microsoft 365 Office 時需要同意一些條款以及存取權限。所有條款和許可權選擇完成後，點擊「常用」按鈕即可進入程式。點擊螢幕底部的圖示，可選擇軟體❸。

❶ 安裝手機 Microsoft 365 Office

❷ 按一下「常用」按鈕進入程式

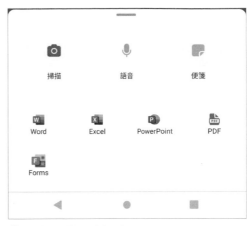

❸ 選擇要使用的軟體

手機 Office 影像掃描輕鬆搬運紙上表格

將紙質檔案轉換成電子檔案時，採用手動重新輸入不僅枯燥而且效率極低，這時可使用手機 Microsoft 365 Office 輕鬆實現。

手機 Microsoft 365 Office 在經過全新改版後比以往增加了很多功能，除了三大基本辦公套用外，還集結「便箋」和「掃描」兩款 App 的功能，其中「便箋」可與 Windows 10 的「便利貼」同步；「掃描」可以借助手機或平板鏡頭將影像內容或紙質檔案掃描並儲存為圖片、檔案、表格或 PDF。既然手機 Microsoft 365 Office 有提

取影像資訊的能力，那為什麼不利用它來快速完成工作呢？

假設有一張紙質的表格，只需要拿出手機，打開手機版 Microsoft 365 Office，掃描一下紙上的表格就能夠將這個表格轉換成試算表。下面介紹一下具體操作方法。

打開手機版 Microsoft 365 Office，點擊螢幕底部的「應用程式」圖示，開啟「掃描工具」，選擇「影像到表格」選項❶，手機隨即打開照相機功能，將要掃描的資料放到取景框內進行拍照❷，照片拍攝完成後

透過調整控制點設定好需要識別的區域，接著點擊「確認」按鈕❸，此時軟體會對提取的內容進行解壓縮表格，將圖片中的內容提取出來❹之後，會出現「一律開啟」或「全部檢閱」，如進行檢閱可修正資料。

此處點擊螢幕底部的「開啟」按鈕。結束後從紙上提取的內容會自動在 Excel 中打開❺。點擊螢幕右上角的圖示，在打開的功能表中對表格執行「儲存」操作❻。

❶ 選擇「影像到表格」

❷ 拍攝資料表格

❸ 選取圖片區域

❹ 審閱及修改內容

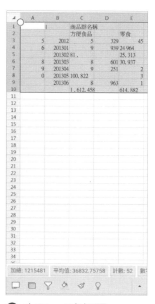

❺ 在 Excel 中打開

❻ 儲存表格

004　以 PDF 格式共用表格

將檔轉成 PDF 格式需要使用專業軟體，例如福昕閱讀器、金山 PDF、迅捷 PDF 等。其實使用手機 Microsoft 365 Office 也可以很方便地將檔案以 PDF 格式與他人共用。下面了解一下具體的操作方法。

在手機 Microsoft 365 Office 中打開過或儲存在手機中的 Office 檔都可以在首頁中顯示，每個檔案的右側都有一個圖示❶，點擊「轉換成 PDF」圖示❷，此時該檔會進入轉換狀態❸，完成轉換 PDF 後，點選下方「共用」選項，使用者在此處可根據需要選擇分享方式，此處以分享給 Line 分享❹選擇檔案分享的聯絡人。手機收到 PDF 格式的檔案後便可以在手機端查看❺，也可以在電腦上登錄 Line 查看。

❶ 在首頁中找到要分享的文件

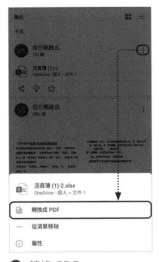

❷ 轉換 PDF

❸ 檔案轉換中

❹ 選擇共享

❺ 手機中查看 PDF 文件

MEMO

005　隨手一拍影像轉 Word

前面的內容介紹利用手機 Microsoft 365 Office 可以將影像上的表格提取到 Excel 中，那麼上課時老師的板書、紙張上的文字、照片中的內容能不能轉換成 Word 檔案呢？答案是肯定的，使用前面提到過的「掃描」功能即可輕鬆實現。

「掃描」適合從白板、功能表、符號、手寫備忘錄或任何具有大量文字資訊的位置捕獲筆記和資訊，同時它也可以捕獲草圖、繪圖、公式甚至無文字圖片的資訊。

「掃描」能消除陰影和怪異角度，使影像更易於閱讀。

轉換的過程也十分簡單，打開手機 Microsoft Office，點擊「建立」圖示，彈出三個圖示，按一下中間的「掃描」圖示 ❶，啟動照相機功能，在螢幕底部選擇要拍攝的物件類型，螢幕中會自動識別要拍攝的區域 ❷，若拍攝的環境比較複雜，自動識別有誤差，可點擊螢幕中要拍攝的部分，明選擇拍攝區域。拍攝完成後可

點擊螢幕左下角的「新增」圖示，繼續拍攝影像，若不再新增影像，點擊「轉換成 Word」❸，選擇將檔案類型設定為 Word 進行轉換❹。轉換完成後影像中的文字被自動提取到 Word 中❺。點擊螢幕下方的圖示可切換「整頁模式」與「標題」❻。

❶ 使用「掃描」功能

❷ 拍攝資料

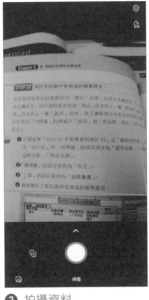

❸ 選擇轉換類型

❹ 開始轉換

❺ 完成轉換在 Word 中打開

❻ 切換到手機設備檢視

006　Word/Excel/PowerPoint 隨手建立

Microsoft 365 Office 最重要的組成仍然是 Word、Excel 和 PowerPoint 三大軟體。這三個軟體被整合到一個套用中，減小 App 體積的同時又保留它們全部的功能，甚至還新增很多提升工作效率的新功能。無論是複雜的排版、圖表、Excel 公式、SmartArt 還是 PowerPoint 的切換動畫效果等都能完美呈現。下面將介紹如何使用手機版 Microsoft 365 Office 建立 Word、Excel 以及 PowerPoint。

打開手機版 Microsoft 365 Office，在首頁底部點擊「建立」，彈出 Word、Excel 以及 PowerPoint 等圖示❶，大家可以建立空白檔，也可以選擇從範本中建立❷。例如要建立空白 Excel 工作表，則點擊「空白活頁簿」圖示，系統隨即會建立一個空白活頁簿❸。若要根據範本建立，則點擊「從範本建立」圖示。選擇一款範本即可建立基於該範本 ❹。

❶ 點擊「建立」圖示

❷ 選擇需要建立的檔案類型

❸ 建立空白活頁簿

❹ 選擇 Excel 範本

手機 Excel 長時間不用忘記密碼怎麼辦

除了集合三大辦公軟體（Word、Excel、PowerPoint）的手機版 Microsoft 365 Office 之外，使用者也可以個別下載手機版 Word、Excel 或 PowerPoint。 在 APP 商店中搜尋到軟體後即可進行下載和安裝，安裝成功後即可使用。這裡將重點解決曾經安裝過手機版 Excel（手機 Word、PowerPoint 同理），但是長時間沒有使用忘記密碼，重新下載安裝後無法登錄的問題。

卸載手機 Excel 重新安裝後再次打開，安裝好軟體❶，先輸入帳號，點擊「下一步」按鈕❷，進入輸入密碼。此時若不記得密碼，將無法登錄，這時候可以選擇密碼重設，這裡點擊「忘記密碼嗎？」❸。

進入身份驗證介面，取得安全性驗證碼，Microsoft 將向註冊帳號時綁定的郵件中發送驗證碼❹。收到驗證碼後將驗證碼輸入驗證介面，點擊「下一步」按鈕❺。接下

❶ 安裝軟體

❷ 輸入帳號

❸ 選擇「忘記密碼嗎？」

來便可以重新設定密碼，設定密碼時應注意，密碼不能少於 8 個字元，最好是數字和字母混合。設定好後點擊「下一步」按鈕⑥。

密碼更改完成後點擊「登入」按鈕⑦，接下來根據螢幕中的提示再次輸入帳號和新密碼即可打開 Excel。在登錄 Excel 後可以在個人帳戶中執行新增或切換帳戶⑧、隱私權設定等操作⑨。

④ 獲取驗證碼

⑤ 輸入驗證碼

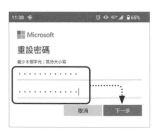

⑥ 重設密碼

⑦ 重新登入

⑧ 註銷或增加帳戶

⑨ 進行其他帳戶設定

008　第一時間查看並儲存重要文件

只要在手機上安裝 Office 辦公軟體，當有人向你的手機發送檔案時，即使不在辦公室或身邊沒有電腦也可以第一時間查看和處理接收到的檔案，檔案的類型包括 Word、Excel、PowerPoint、PDF、圖片等。

點擊接收到的檔案，預設情況下檔案會在手機瀏覽器中打開，此時只能查看檔案內容，不能對檔案進行編輯。這時候使用者可以使用手機版 Office 打開接收到的檔案並進行編輯。

點擊螢幕右上角的…按鈕，從螢幕底部展開的清單中選擇「使用其他應用程式開啟」選項❶。在隨後選擇相對應的軟體打開檔案，此處選擇 Microsoft 365 Office 選項，接下來點擊「總是」按鈕或「僅一次」按鈕，若點擊「總是」按鈕，以後手機中接收到的辦公檔案會預設使用目前所選軟體打開。這裡點擊「總是」按鈕，檔案隨即在手機 Microsoft 365 Office 中打開，用兩根手指在螢幕上滑動可調整顯示比例❷。

此時的檔案為「唯讀」模式，無法將修改過的內容直接儲存到目前檔案，所以應該對檔案執行儲存操作，點擊檔案頂端的圖示，進入「儲存複本」頁面，選擇好儲存位置和檔案名稱，點擊「儲存」按鈕❸。檔案隨即被儲存到手機中，此時，檔案名稱後面顯示為「已儲存」❹。

❶ 選擇「其他應用程式開啟」，Microsoft 365 Office 開啟

❷ 調整顯示比例

❸ 儲存到手機

❹ 檔案已儲存

009 將檔案儲存成列印模式

現在越來越多的人使用手機 Office 編輯和處理工作檔案，有時候急需將檔案列印出來但是身邊沒有電腦來設定檔案的列印參數，例如列印範圍、紙張大小、紙張方向、縮放列印等。這時候可以使用手機版 Office 設定這些參數並產生可供列印的檔案。

在手機版 Microsoft 365 Office 中打開需要設定列印參數的檔案，點擊右上角的圖示❶，螢幕底部選擇「列印」選項❷，打開「列印選項」頁面，在此設定「要列印什麼」

「縮放比例」「紙張大小」「方向」等參數，然後點擊「列印」按鈕❸。

稍作等待後軟體將調整好參數的列印檔案顯示在螢幕中，點擊檔案右上角的圖示❹，進入「下載項目」頁面，選擇好檔案的儲存位置，點擊「儲存」按鈕即可將設定好列印效果的檔案以 PDF 格式儲存到手機中❺。

儲存成功後在手機檔案中能夠找到之前儲存的檔案，點擊該檔案，可重新在手機版 Office 中打開❻。

❶ 打開文件

❷ 選擇「列印」

❸ 設定列印參數

❹ 檔案預覽頁面

❺ 儲存檔案

❻ 在手機中找到儲存的檔案

010 手機也能連接印表機

前面介紹如何在手機中設定檔案的列印效果，列印效果設定好後必須將檔案發送到電腦中才能列印嗎？能不能直接透過手機連接印表機列印檔案呢？答案是肯定的。只需使用手機版 Microsoft 365 Office 增加印表機 IP 位址，即可直接透過手機列印。（注意：能和手機連接的印表機需要支援

Wi-Fi 或藍牙等無線列印功能，並且無線路由器的 Wi-Fi 功能必須處於打開狀態。）

可以在設定好檔案的列印參數後直接列印，也可以打開儲存在手機中的 PDF 直接進行列印。（參考 Article 009 的內容進入檔案預覽頁面）在檔案預覽頁面點擊螢幕頂部的「儲存為 PDF」下拉按鈕，此時會

展開兩個選項，這裡選擇「所有印表機」選項❶。

接下來軟體會自動搜尋附近的印表機，若搜尋到，直接增加該印表機列印檔案即可。當然大家也可以手動增加印表機，點擊螢幕底部的「增加印表機」❷。

進入「新增印表機」頁面，螢幕中間出現「依 IP 位址新增印表機」，在該區域中手動輸入印表機的 IP 位址，點擊「新增」按鈕即可增加該印表機❸。最後選擇好印表機即可列印檔案。

❶ 選擇「所有印表機」

❷ 選擇「新增印表機」

❸ 手動新增印表機

MEMO

011 手機版 Office 自動完成操作

很多新手在開始使用 Microsoft 365 Office 時,由於不熟悉軟體的操作,經常會發生找不到某項功能的情況,這時候,可以使用手機版 Microsoft 365 Office 的一項特色功能自動完成想要的操作。這個功能就是「告訴我您想做什麼」,該功能是手機 Microsoft 365 Office 推出的新功能,當使用者找不到需要的功能時可以直接在這裡尋找。

使用手機 Microsoft 365 Office 打開一份 Excel 表格,選中包含「預計成本」和「實際成本」的儲存格區域,此時螢幕底部會自動展開一個功能表,在功能表的右側有一個燈泡形狀的圖示❶。點擊該圖示,螢幕下方會展開一個清單,列表的最底部有一個文字方塊,可以把想要執行的操作輸進去❷。例如輸入「貨幣」,此時清單中會顯示出和「貨幣」相關的功能❸。點擊需要使用的功能選項,展開該功能中的所有選項,可以選擇一款需要使用的貨幣格式❹。表格中所選區域內的所有數字隨即自動套用該貨幣格式❺。

❶ 選中儲存格區域

❷ 找到「告訴我您想要做什麼」

❸ 輸入關鍵字

❹ 選擇要使用的功能

❺ 自動套用格式

MEMO

012　手機 Excel 的選項在哪裡

使用過 PC 版 Office 軟體的人都知道，無論是 Word、Excel 還是 PowerPoint，它們的功能按鈕和操作選項大部分都在上方選項中。以 Excel 為例，預設情況下功能區中顯示「常用」、「插入」、「繪圖」、「版面配置」、「公式」、「資料」、「校閱」、「檢視」、「開發人員」選項。每個選項中又將各種功能按照類別進行分組❶。例如，「常用」選項中將所有用於設定字體樣式的指令按鈕集合在「字型」中。這樣井然有序的分類有利於使用者快速選擇想要使用的功能。

那麼在手機版 Office 中有沒有和 PC 版 Office 類似的選項呢？下面打開手機版 Microsoft 365 Office 來看一下。

在手機版 Microsoft 365 Office 中打開一份 Excel 檔，在螢幕左下角可以看到一個圖示❷，點擊該圖示，螢幕底部會顯示一行功能表，點擊最右側的圖示，展開功能表。此時功能表中顯示的便是「常用」選項❸。手機版 Microsoft 365 Office 中的 Excel 軟體共包含「常用」、「插入」、「繪圖」、「公式」、「資料」、「校閱」、「檢視」7 個選項❹。

在「常用」選項中可進行邊框、填滿顏色、字體顏色、對齊方式、儲存格樣式等操作；「插入」選項中可進行插入表格、圖片、圖案、文字方塊等操作❺；「繪圖」選項中可進行不同筆觸的線條以及畫筆繪製❻；利用「公式」選項中的選項可插入各種函數、執行常用的自動加總等❼。至於其他選項中還包含哪些選項和指令，可以在使用的過程中發現並套用。

❶ Excel 選項

❷ 按一下右下角按鈕

❸ 打開「常用」選項

❹ 展開所有選項

❺「插入」選項

❻「繪圖」選項

❼「公式」選項

013 資料統計不麻煩

以往在人們的印象中，要想在手機版 Excel 中完成加總、計數、求最大值或最小值等計算是很麻煩的事情，其實，只要了解了操作方法，你就會發現手機版 Excel 也很好用，一點也不比 PC 版 Excel 差。手機版 Office 的 Excel 中具備和 PC 版 Excel 一樣的自動計算功能。

在手機版 Microsoft 365 Office 中打開 Excel 文件，選中 C27 儲存格。展開螢幕底部功能表，選擇「公式」選項，選擇「自動加總」選項❶，在自動加總列表中包含了「加總」、「平均值」、「計算數字項數」、「最大值」、「最小值」5 個計算選項，這裡選擇「加總」選項❷。

所選儲存格中會自動輸入公式，對儲存格上方的所有數值進行加總，此時表格右上角有和兩個圖示，一個圖示可清除儲存格中的公式，另一個圖示則可確認公式的輸入，回傳公式的計算結果。這裡點擊圖示，確認輸入❸。

點擊包含公式的儲存格，儲存格上方顯示出一行選項，選擇「填滿」選項❹。儲存格進入填滿狀態，按住儲存格右下角的綠色小方塊，向右側拖動❺。拖動到 E27 儲存格時鬆開手指，此時拖動過的儲存格中被自動填滿加總公式，並顯示出計算結果❻。

❶ 打開「公式」選項

❷ 選擇「加總」

❸ 自動輸入加總公式

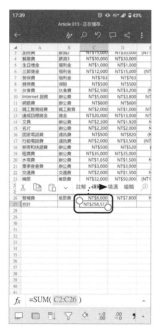

❹ 選擇「填滿」

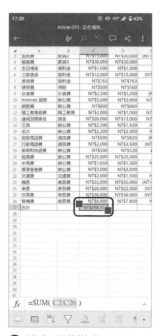

❺ 進入填滿模式

❻ 完成公式填滿

014　公式函數輕鬆執行

除了簡單的自動計算，手機版 Excel 還能夠完成一些更複雜的計算，例如使用函數公式對資料進行計算。手機版 Excel 中包含的函數類型十分豐富，了解一下如何在手機版 Excel 中插入函數並編輯公式。

在使用手機版 Microsoft 365 Office 中打開 Excel 檔，選中 C2 儲存格，透過螢幕底部功能表打開「公式」選項，選擇「邏輯」選項❶。在接下來展開的邏輯函數清單中選擇 IF 函數❷。所選儲存格中自動輸入 IF 函數❸。

在儲存格中設定好 IF 函數的每一個參數，完成公式的編輯，點擊表格右上角的按鈕，傳回公式的計算結果❹。點擊包含公式的儲存格，在彈出的選項中選擇「填滿」❺，接下來向下方填滿公式，完成計算❻。

❶ 選擇「邏輯」選項

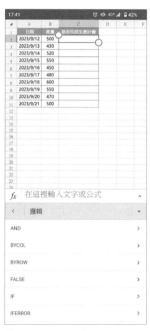

❷ 選擇 IF 函數

❸ 自動輸入函數

❹ 完成公式

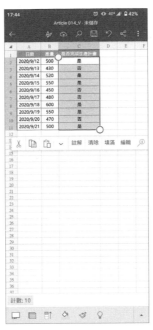
❺ 選擇「填滿」

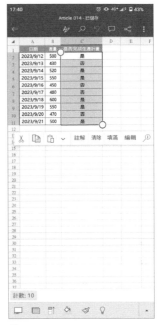
❻ 完成公式填滿

015 小小視窗也能建立圖表

手機版 Microsoft 365 Office 雖然是一款手機辦公軟體，但是「麻雀雖小，五臟俱全」，PC 版 Office 具備的功能手機版 Office 基本都具備，就連建立圖表這種進階操作，在手機版 Office 中也可以輕鬆完成。在建立圖表後還可以對圖表類型、版面配置、項目、色彩、樣式等進行設定。

在手機版 Microsoft 365 Office 中打開 Excel，選中用於建立圖表的資料區域，在螢幕底部功能表中打開「插入」選項，選擇「圖表」選項❶。打開「圖表」清單，從中選擇需要的圖表類型，此處選擇「直條圖」❷。清單中隨即顯示出所有直條圖樣式，在選定的圖表樣式上方點擊❸。

工作表中隨即被插入相應類型的圖表，如果剛建立出的圖表比較大，在手機中可能無法完整顯示，這時候可以按住圖表四周的圓形控制點進行拖動，改變圖表的大小，讓圖表能夠在手機螢幕中完整顯示❹

。從螢幕底部的清單中選擇「切換列/欄」選項，可切換座標軸上的數據❺。最後點擊圖表的標題，將游標定位在圖表標題中，輸入新的標題名稱❻。

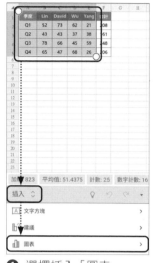

❶ 選擇插入「圖表」

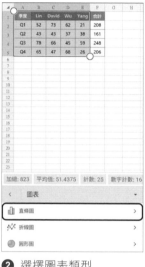

❷ 選擇圖表類型

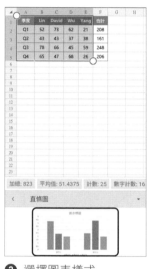

❸ 選擇圖表樣式

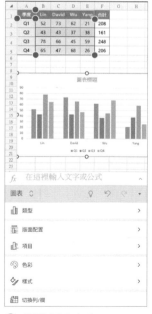

❹ 調整圖表大小

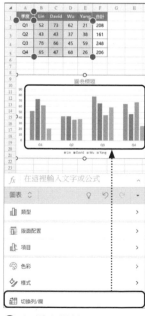

❺ 切換座標軸

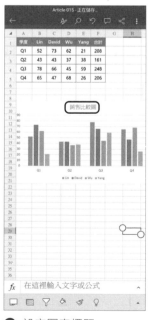

❻ 設定圖表標題

合約、報價單之類的檔案有時候需要手寫簽名，但是電子版的合約或報價單在發送給客戶時如果需要手寫簽名該怎麼辦？可能很多人都還不知道，手機版 Microsoft 365 Office 就有給 PDF 簽字的功能。下面了解一下。

在將檔案轉換成 PDF 格式之前為了保證列印效果，可以先設定檔案的列印參數。參照 Article 010 介紹的方法進入列印設定介面，將檔縮放效果設定成「將工作表調整為一頁」，紙張大小設定成 ISO A4，接著

點擊「列印」按鈕❶，將設定好列印效果的檔案儲存到手機中。

隨後在手機檔中找到剛才儲存的 PDF，使用手機版 Microsoft 365 Office 打開，此時，首頁中會顯示打開過的檔案❷，接下來點擊螢幕底部的「操作」圖示。在打開的頁面中選擇「簽署此 PDF」選項❸。選擇好需要簽名的 PDF。

此時螢幕中會顯示 PDF 內容，根據提示在要簽名的位置點擊❹。進入簽名模式，手機自動切換成橫式螢幕，在螢幕中間的空

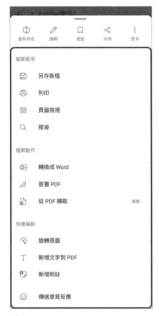

❶ 設定列印效果

❷ 打開儲存的 PDF 文件

❸ 選擇「簽署此 PDF」

白位置簽名，點擊圖示中的不同顏色可切換字體顏色，若對簽名不滿意可以點擊螢幕右下角的按鈕刪除簽名重新進行簽名。簽名完成後點擊螢幕右上角的按鈕，簽名即可出現在 PDF 中❺，調整一下簽名的

大小和位置，點擊檔案左上角的按鈕完成 PDF 的簽名。

最後點擊螢幕右下角的按鈕，可將簽名的 PDF 以傳送檔案的方式分享給其他人❻。

❹　點擊要簽名的位置

❺　完成簽名

❻　分享文件

第二篇

報表格式設計篇

017 世界上第一套試算表軟體的誕生和消失

很少有人知道，世界上第一套商業試算表軟體並不是 Microsoft（微軟公司）研發的，而是 1979 年由美國青年丹．布里克林（Dan Bricklin）發明的，它就是舉世聞名的 VisiCalc 。

VisiCalc 是 Visible Calculator 的縮寫，意為「看得見的計算」。其軟體大小不超過 2752KB。在那個時代，儘管已經有一些資料計算程式，不過均應用於一些企業的大型電腦上，這些程式執行順序操作，在資料發生變化時必須重新計算，還沒有任何一款面向個人使用者的商業化試算表軟體問世。丹．布里克林看到了機會，找到了好友兼專業程式師鮑伯．法蘭克斯頓（Bob Frankston）。兩人合作在 Apple II 電腦上編寫出一個程式來簡化資料計算，特別是在某些資料出錯後不得不重新計算的情況下，他們編寫的程式簡化了計算過程，並且可以即時查看並修改參與計算的各個資料。1979 年，兩人開發出 VisiCalc 第一個版本。1979 年 10 月，VisiCalc 上市，定價 100 美元，軟體一推出立刻引來關注，很快，VisiCalc 成為最暢銷的軟體，到 1983 年，銷量已達每月 3 萬份。它成為大小公司企業的必備辦公應用程式。商業化的頭幾年，VisiCalc 僅適用於 Apple II，因此幫助 Apple 增加銷售額。VisiCalc 大賣的時代，布里克林的最大損失就是他沒有為自己的試算表申請專利。在 1979 年時，軟體還只有版權，無法申請專利。直到 1981 年 5 月 26 日，程式師 S. Pal 才為自己的 SwiftAnswer 申請到世界上第一個軟體專利。對布里克林來説，為時已晚。相繼有軟體公司推出自家的試算表軟體，VisiCalc 也逐漸淡出市場。

❶ 圖片來自 TED：認識電子表格的發明者，丹．布里克林

018 利於分析的數字格式

製表過程中數字格式的設定對報表的處理和分析有著非常重要的作用。另外，規範格式還能使表格看起來更整潔俐落。首先，對比一下圖❶和圖❷中的表格資料，從表面上看，這兩張表中的資料似乎都沒什麼問題，但是從資料分析的角度來看，圖❶表格中的日期格式其實「中看不中用」，因為 Excel 無法識別這種格式的日期。當使用一般的公式計算兩個日期的間隔天數時，是無法返回正確結果的。

能夠被 Excel 識別的日期格式分為短日期和長日期兩種，其中短日期以斜線「/」作為日期間的連接，在手動輸入日期的時候，大家可使用「/」或者「-」符號來連接日期，例如「2023/1/1」或「2023-1-1」，它們最終都會以「201923/1」的形式來顯示。而長日期以「年」「月」「日」這三個字元作為日期之間的連接，例如「2023 年 1 月 1 日」。標準的日期格式不僅能讓日期保持統一的樣式，更重要的是方便進行排序、篩選、分類加總等資料分析。

透過「儲存格格式」對話方塊可對日期類型進行修改❸。按 Ctrl+1 能夠打開「儲存格格式」對話方塊。

對於已輸入的不規範日期，是無法透過「儲存格格式」對話方塊更改日期類型的，此時，可使用「資料剖析」功能將不規範的日期轉換成標準日期格式。操作方法為：在「資料」選項中按一下「資料剖析」按鈕，選中不規範的日期區域後打開「資料剖析精靈」對話方塊，維持前 2 步驟對話方塊中的選項為預設狀態，依次按一下「下一步」按鈕，進入第 3 步驟對話方塊，在該對話方塊中選擇「日期」選項按鈕，隨後選擇好「目標儲存格」❹，按一下「完成」按鈕後，目標儲存格中即可轉換成標準格式的日期。

在圖❶表中代表金額的數字也表現不出其數字類型。可以將其設定成貨幣形式。

設定貨幣格式可在「儲存格格式」對話方塊中進行。或者在「常用」選項的「自

	B	C	D	E	F	G	H
2	員工編號	員工姓名	所屬部門	醫療核銷種類	核銷日期	醫療費用	企業核銷
3	001	許洋	採購部	計劃生育費	2023.4.1	2200	1650
4	002	宋嵐	財務部	藥品費	2023.4.7	2000	1500
5	003	長庚	客服部	理療費	2023.4.10	800	600
6	004	顧昀	銷售部	體檢費	2023.4.15	450	338
7	005	常書影	研發部	針灸費	2023.4.20	300	225
8	006	楚風揚	銷售部	注射費	2023.4.26	2100	1575
9	007	晚星塵	行政部	體檢費	2023.4.29	600	450
10	008	南風	網路部	藥品費	2023.4.30	900	675

❶ 沒有規範的數字日期格式

	B	C	D	E	F	G	H
2	員工編號	員工姓名	所屬部門	醫療核銷種類	核銷日期	醫療費用	企業核銷
3	001	許洋	採購部	計劃生育費	2023/4/1	NT$2,200	NT$1,650
4	002	宋嵐	財務部	藥品費	2023/4/7	NT$2,000	NT$1,500
5	003	長庚	客服部	理療費	2023/4/10	NT$800	NT$600
6	004	顧昀	銷售部	體檢費	2023/4/15	NT$450	NT$338
7	005	常書影	研發部	針灸費	2023/4/20	NT$300	NT$225
8	006	楚風揚	銷售部	注射費	2023/4/26	NT$2,100	NT$1,575
9	007	晚星塵	行政部	體檢費	2023/4/29	NT$600	NT$450
10	008	南風	網路部	藥品費	2023/4/30	NT$900	NT$675

❷ 修改成利於資料分析的格式

「訂」的下拉清單中設定「數字格式」。選中 G3:H10 儲存格區域，打開「常用」選項的「自訂」中的「數字格式」下拉按鈕，在下拉清單中選擇「貨幣」❺選項，就可以將所選區域內的數字設定成「貨幣」形式。

❸ 查看日期類型

❹ 轉換成標準日期格式

❺ 設定貨幣格式

019 利於閱讀的對齊方式

一般情況下，製作表格時，需要對表格中的資料進行設定，其中包括設定資料的對齊方式 如果文字或數字的位置參差不齊，有可能會對閱讀造成障礙。居中對齊是較為常用的對齊方式，但不是所有的資料類型都適合居中對齊，如圖❶所示，當數字居中對齊時很難辨識位數。我們應該根據閱讀習慣設定資料的對齊方式。文字的閱讀方向是從左至右。而數字是按個、十、百、千、萬……的順序讀取的，所以數字的閱讀方向是從右至左。

在為文字或數字設定對齊方式時應注意閱讀方向，沿起點對齊，也就是文字靠左對齊，數字靠右對齊。

文字靠左對齊、數字靠右對齊是資料對齊的基本原則，但在遵守原則的同時也應考慮表格的實際結構，例，數字列的標題往往是文字，這個時候如果完全參照文字左對齊、數字右對齊的原則，那麼，表格中反而會有一部分看起來不協調，專案標題和數字的位置會產生偏差，讓標題和

其對應的數字產生偏離，不利於數字的讀取，如圖❷所示。所以為了讓表格整體看上去更合理，應該將數字列的文字標題也設定成右對齊❸。

設定對齊方式可以在「常用」選項中的「對齊方式」內完成。透過按一下不同的對齊方式按鈕，便可將所選儲存格中的內容設定成相對應的對齊方式❹。除此之外也可以透過設定「儲存格格式」對話方塊設定對齊方式❺。

❶ 所有內容居中對齊

❷ 所有文字標題靠左對齊

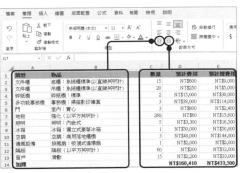

❸ 文字標題配合數字靠右對齊

❹ 使用功能按鈕設定對齊方式

❺ 使用對話方塊設定對齊方式

020　利於展示的字型格式

在一些體系比較完善的公司，文件往往會有一套字型格式規定。如果 Excel 預設的字型格式與公司規定的字型格式不同，那麼每次製作表格都要修改格式，重複操作很麻煩。其實只要進行一次設定就可以將公司規定的字型格式設定成預設格式。設定預設字型格式很簡單，在「檔案」功能表中選擇「選項」，打開「Excel 選項」對話方塊，找到「以此作為預設字型」以及「字型大小」選項，便可按照公司的規定來設定字型和字型大小❶。除了對字型格式有嚴格規定的公司，大多數公司對字型格式並沒有嚴格要求，大家只需確保在正確的格式下所使用的字型是利於資料讀取的就可以。建議中文字型用系統預設的「新細明體」，數字用 Arial。因為這兩種字型的粗細一致，更容易閱讀❷。

而字型的大小可以保持預設的 11 級。在這裡需要強調一點，表格應該儘量避免出現字型大小不統一的情況，因為字型有大有小很難維持整張表格的協調性。如果想要強調可以使用不同的顏色或者加粗顯示，而不是刻意放大字型。

字型和字型大小均可以在「常用」選項的「字型」中設定❸。

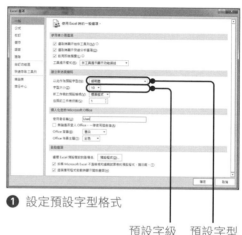

❶ 設定預設字型格式

預設字級　預設字型

A	B	C	D	E	F	G	H
	姓名	部門	工作能力得分	責任感得分	積極性得分	協調性得分	總分
	王富貴	網路部	75	88	98	81	342
	王卓	銷售部	84	95	75	82	336
	劉凱風	行政部	96	67	84	91	338
	林然	財務部	81	84	86	96	347
	袁哲	研務部	75	89	82	74	320
	海棠	行政部	72	74	79	66	291
	謝飛花	研務部	45	72	74	68	259
	王權	網路部	68	79	71	63	281
	趙默	研務部	86	86	68	78	318
	於朝	銷售部	98	91	88	74	351

❷ 文字使用新細明體字型，數字使用 Arial 字型

設定字型　設定字級

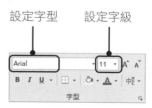

❸ 設定字型大小

021 不從 A1 儲存格開始

使用 Excel 製作表格時，多數人習慣從工作表左上角的 A1 儲存格開始❶，而實際上，從 A1 儲存格開始製表有一個很大的缺點，那就是表格無法顯示上方和左側的外框線，使表格看起來不太完整。所以，若想保持表格在視覺上的完整性，應該從 B2 儲存格開始製作表格❷。如果從 B2 儲存格開始，上面空一列，左邊空一欄。這樣不但能夠看見上方的框線，也能夠很清楚地掌握表格的範圍。此外，把左邊空出一列，也可以確認是不是有多餘的直線，並且整個表格看起來更加美觀大方。

	A	B	C	D	E	F
1	姓名	性別	年齡	教育程度	畢業院校	畢業時間
2	王安石	男	26	本科	復旦大學	2015/6/1
3	歐陽修	男	26	本科	浙江大學	2015/6/1
4	蘇軾	男	29	碩士	清華大學	2018/6/1
5	嶽飛	男	27	本科	南京大學	2015/6/1
6	范仲淹	男	29	碩士	北京大學	2018/6/1
7	沈括	男	30	碩士	武漢大學	2018/6/1
8	蘇轍	男	26	本科	吉林大學	2015/6/1
9	劉永	男	25	本科	四川大學	2015/6/1
10	李清照	女	29	碩士	南開大學	2018/6/1
11	辛棄疾	男	25	本科	天津大學	2015/6/1

❶ 從 A1 儲存格開始

	A	B	C	D	E	F	G
1							
2		姓名	性別	年齡	教育程度	畢業院校	畢業時間
3		王安石	男	26	本科	復旦大學	2015/6/1
4		歐陽修	男	26	本科	浙江大學	2015/6/1
5		蘇軾	男	29	碩士	清華大學	2018/6/1
6		嶽飛	男	27	本科	南京大學	2015/6/1
7		范仲淹	男	29	碩士	北京大學	2018/6/1
8		沈括	男	30	碩士	武漢大學	2018/6/1
9		蘇轍	男	26	本科	吉林大學	2015/6/1
10		劉永	男	25	本科	四川大學	2015/6/1
11		李清照	女	29	碩士	南開大學	2018/6/1
12		辛棄疾	男	25	本科	天津大學	2015/6/1

❷ 從 B2 儲存格開始

022 自訂儲存格格式

表格設定儲存格格式時，若發現 Excel 系統內建的格式無法滿足要求，可以自訂儲存格格式。下面以表格❶為原始範例，進行以下設定：①在年齡之後統一增加「歲」字；②將電話號碼分段顯示；③隱藏年收入中的具體數值。最終可參照表❷。

想要在年齡後面統一加上「歲」字，該怎麼操作呢？一個個輸入顯然是不可取的，那麼使用「自訂」功能是否可以實現呢？

答案是肯定的。首先需要選中「年齡」列中所有儲存格，然後按 Ctrl+1 打開設定「儲存格格式」對話方塊，在「數值」中選擇「自訂」選項，然後在右側的「類型」文字方塊中輸入「00"歲"」③，最後按一下「確定」按鈕，即可看到年齡後面統一加上了「歲」字。

接下來為「電話號碼」設定分段。選中所有包含電話號碼的儲存格，打開設定「數字格式」對話方塊，在「數值」中選「自訂」選項，然後在「類型」文字方塊中輸入 00 0000 0000，最後按一下「確認」按鈕。可以看到「電話號碼」列按照設定的格式分段顯示。接著選「年收入」儲存格

區域，再次打開設定「儲存格格式」對話方塊，在「自訂」選項的「類型」文字方塊中輸入「保密」，然後按一下「確認」按鈕即可。這時可以看到年收入列中的數字被「保密」替代了④。

需要說明的是，年收入的金額並沒有變成「保密」文字，如果想要查看年收入，只需要選中儲存格，在「編輯欄」中就會顯示出數字金額。

其實自訂儲存格格式並不難，只要了解自訂數值格式的規則原理，就能在豐富的內建類型上改造出想要的格式，讓儲存格中的內容隨著自己的心意顯示。

❶ 未設定格式的表格

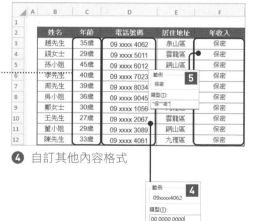

❷ 自訂格式的表格

❸ 自訂年齡格式

❹ 自訂其他內容格式

023 名稱方塊的神奇作用

名稱方塊位於工作區的左上角，看上去很不起眼，但是不要小瞧它。

當選中一個儲存格後名稱方塊中會顯示該儲存格的名稱，這是名稱方塊最常見的作用。除此之外，名稱方塊還能快速定位儲存格，為儲存格區域命名等。

■ 01 定位儲存格

名稱方塊❶可以幫助使用者快速定位指定的儲存格位置，工作表常用區域內的儲存格像 A1、A2、B1、B2 這些儲存格並不需要使用名稱方塊來定位。但是，若要快速定位 W20000 儲存格，拖動捲軸來尋找W20000 儲存格絕對不是明智之舉。這時候只要在名稱方塊中輸入 W20000 然後按下 Enter 鍵，便能立刻定位到 W20000 儲存格❷。

■ 02 定位儲存格區域

儲存格區域包括連續的儲存格區域、不連續的儲存格區域、連續的列和連續的欄。

在名稱方塊中輸入兩個儲存格的名稱，並以半形的「：」符號作為這兩個儲存格名稱的連接❸。按 Enter 鍵後便可選中以這兩個儲存格作為對角線的儲存格區域。

在名稱方塊中以半形的「，」符號連接兩個不連續的儲存格區域❹，按 Enter 鍵後會同時選中這些不連續的儲存格區域。

用半形的「：」符號連接兩個行號❺，按 Enter 鍵後會選中包括這兩個行在內的之間的所有行。連續列的選擇方法和連續行的選擇方法相同，在名稱方塊中輸入連續列標，並用半形的「：」連接❻，按 Enter 鍵後便可選中相應的連續列。

■ 03 創立「秘密空間」

利用名稱方塊可以在工作表中建立一個別人不易察覺的「秘密空間」，存放一些秘密資料。既然是秘密空間，那麼這個區域肯定要遠離 A1 儲存格。Excel 2016 的一個工作表中共有 1048576 行，16384 列，在名稱方塊中定位的儲存格區域不要超過這個範圍。在名稱方塊中輸入 ML10000：MP10010 ❼，按 Enter 鍵快速定位到該儲存格區域，在名稱方塊中輸入「秘密空間」❽，再次按 Enter 鍵，選中的區域即可被命名為「秘密空間」。

以後每次使用該工作簿的時候，只要按一下名稱方塊右側的下拉按鈕，在下拉清單中即可查看到「秘密空間」這個名稱❾，

按一下該名稱，便能夠快速定位到與名稱對應的秘密空間區域。

最後給大家介紹如何統計工作表中的具體行列數。使用 ROWS 函數（計算某一個引用或陣列的行數）和 COLUMNS 函數（計算某一引用或陣列的列數）即可輕鬆統計。統計工作表行的公式為「= ROWS(A:A)」，統計工作列的公式為「=COLUMNS(1:1)」。公式中引用的行和列可以是任意行和列。

❶ 名稱方塊

❷ 定位儲存格

❸ 定位儲存格區域

B3:B5,D2:E8,G4:I10

❹ 定位多個儲存格區域

1000:2000

❺ 定位連續的列

Q:W

❻ 定位連續的欄

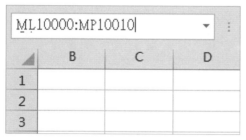

❼ 定位儲存格區域

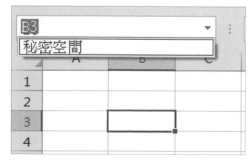

❾ 查看「秘密空間」

❽ 名稱方塊中輸入「秘密空間」

024 自訂數值格式

Excel 中的數值形式多種多樣。透過修改類型能讓數值以不同的樣式顯示，例如修改日期「2023/10/20」為「二〇二三年十月二十日」這種類型是 Excel 內建的。除了內建的類型，自訂是設定 Excel 類型的另一扇大門。開啟自訂的大門，將會獲得更多符合實際應用的格式。

■ 01 日期格式隨心變

選中日期所在儲存格，按 Ctrl+1 打開設定「儲存格格式」對話方塊，從中輸入格式代碼便可將所選日期更改為想用的格式。圖❶中展示的是 2023/9/10 在不同類型下的顯示形式。透過觀察類型代碼可從中發現一些規律，在日期代碼中，y 是 year 的縮寫，代表年；m 是 month 的縮寫，代表月；d 是 day 的縮寫，代表日，字母出現的次數決定年、月、日的位數，例如 4 個 y 以 4 位數顯示年，2 個 y 則以 2 位數顯示年。在表格的最後一行使用了 h：m 的數字格式，h 代表小時；m 代表分鐘。

格式代碼並不需要死記硬背，只要知道如何改造預設分類中的格式，就能靈活創造出各種不同的格式。

■ 02 自動增加單位

從製表的角度來講，資料不需要增加單位名稱，因為增加單位不僅在輸入時浪費時間，而且會為資料分析帶來麻煩❷。若執意要增加單位又不想影響資料分析可透過自訂數字格式統一為資料增加單位❸。

本例中出現的數值均為整數，自訂代碼可寫作 0"℃ "❹，該代碼表示在整數後面增加℃符號。文字型必須在英文雙引號中輸入才有效（也可不輸入，系統會自動為文字增加英文雙引號）。

若儲存格中的值均為兩位小數，統一為這些小數增加單位「元」的話，要修改自訂編碼為 0.00" 元 "。以此類推，可以為其他位數的數字增加單位的編碼方法，使用者可嘗試編寫為三位小數的數字增加單位「千克」的自訂代碼。

0 在自訂格式中表示單個預留位置，一個 0 占一個數字的位元。當小數字數不統一時，可改用 "#" 來編寫自訂代碼。0 和 "#" 都是數字預留位置，0 表示強制顯示，當儲存格的值大於 0 的個數時，以實際數值顯示，如果小於 0 的數量，則用 0 補齊❺。而 "#" 只顯示有意義的 0 而不顯示無意義的 0❻。小數點之後的數字如大於 "#" 的數量，則按 "#" 的位數四捨五入。

03 電話號碼分段顯示

電話號碼❼是重要資訊。在 Excel 中，為了提高電話號碼的可讀性，通常會對其進行分段顯示❽，號碼分段處可使用空格❾也可使用橫線❿。這兩種顯示形式的自訂代碼十分相似。只要在分段顯示的位置增加不同的符號即可。

04 快速輸入指定字元

在輸入具有一定規律的資料時，為了提高輸入速度，可使用簡單的數字代替輸入，使用者要根據儲存格內容，經過判斷再設定格式。例如輸入 1，自動顯示為「優秀」；輸入 2，顯示為「良好」；輸入其他任意內容，顯示為「不合格」⓫。

在自訂類型代碼時需要使用 [ ] 符號，該符號是條件格式代碼。可以將條件或者顏色（顏色代碼也是一種條件）寫入 [ ]，實現自訂條件⓬。

條件格式化共有四個區段，只限於使用三個條件，其中兩個條件是明確的，另一個是「其他」，第四個區段為文字格式⓭。

05 更改字元顏色

自訂格式還可以用指定的顏色顯示字元。可供選擇的顏色代碼有 [黑色]、[白色]、[藍色]、[紅色]、[黃色]、[綠色]、[洋紅]，顏色的兩邊必須加上英文方括號。還可以直接用 [顏色 1]、[顏色 2] 等顏色代碼，顏色數值範圍為 1 ～ 65。

預設情況下自訂格式的四個區段的條件是固定的，即「正數格式、負數格式、零值格式、文字格式」。使用者可使用「[ ]」符號設定每個區段的條件。若編寫自訂代碼為 [藍色]、[紅色]、[綠色]、[洋紅]，那麼顯示結果為正數以藍色顯示，負數以紅色顯示，零以綠色顯示，文字則以洋紅顯示⓮。若設定條件，條件也應放在「[ ]」符號內⓯。

初始日期格式	自訂格式	類型
2023/9/10	2023.9.10	yyyy.mm.dd
2023/9/10	2023-09-10	yyyy-mm-dd
2023/9/10	10-Sep-23	d-mmm-yy
2023/9/10	九月十日	m"月"d"日"
2023/9/10	2023年9月10日	/y"年"m"月"d"日"
2023/9/10	週日	[$-zh-CN]aaa
2023/9/10	星期日	[$-zh-CN]aaaa
2023/9/10	2023/9/10 0:00	yyyy/m/d h:mm

❶ 自訂格式代碼

	A	B	C	D	E	F	G	H	I	J	K	L	M	N	O	P	Q
1																	
2		周六	周日	周一	周二	周三	周四	周五	周六	周日	周一	周二	周三	周四	周五	周六	平均溫度
3		1日	2日	3日	4日	5日	6日	7日	8日	9日	10日	11日	12日	13日	14日	15日	
4		9℃	10℃	0℃	0℃	-1℃	-1℃	-3℃	-2℃	-1℃	0℃	0℃	0℃	3℃	1℃	4℃	0
5		15℃	15℃	12℃	9℃	7℃	10℃	3℃	2℃	6℃	12℃	7℃	8℃	8℃	12℃	14℃	0

Q4 … × ✓ fx 0

❷ 手動輸入單位

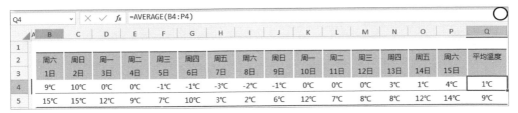

	B	C	D	E	F	G	H	I	J	K	L	M	N	O	P	Q
Q4			fx	=AVERAGE(B4:P4)												

	周六	周日	周一	周二	周三	周四	周五	周六	周日	周一	周二	周三	周四	周五	周六	平均溫度
	1日	2日	3日	4日	5日	6日	7日	8日	9日	10日	11日	12日	13日	14日	15日	
	9℃	10℃	0℃	0℃	-1℃	-1℃	-3℃	-2℃	-1℃	0℃	0℃	0℃	3℃	1℃	4℃	1℃
	15℃	15℃	12℃	9℃	7℃	10℃	3℃	2℃	6℃	12℃	7℃	8℃	8℃	12℃	14℃	9℃

❸ 自訂數值格式統一輸入單位

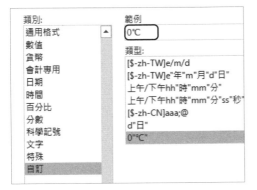

類別:
通用格式
數值
貨幣
會計專用
日期
時間
百分比
分數
科學記號
文字
特殊
自訂

範例
0℃

類型:
[$-zh-TW]e/m/d
[$-zh-TW]e"年"m"月"d"日"
上午/下午hh"時"mm"分"
上午/下午hh"時"mm"分"ss"秒"
[$-zh-CN]aaa;@
d"日"
0"℃"

類型(T):
0.0000"元"

❺ 用 0 編碼

類型(T):
0.####"元"

❻ 用 # 編碼

❹ 自訂數值格式

電話		以空格分段	以橫線分段
09 210987		09 10 987	09 10-987
09 087660		09 87 660	09 87-660
09 541238		09 41 238	09 41-238
09 564426		09 64 426	09 64-426
09 035354		09 35 354	09 35-354
09 054311		09 54 311	09 54-311

類型(T):
0000 000 000

❾ 以空格分段的格式代碼

類型(T):
0000-000-000

❿ 以橫線分段的格式代碼

❼ 電話號碼初始樣式　❽ 號碼分段顯示

綜合評分	輸入	顯示
98	1	優秀
99	1	優秀
75	2	良好
80	2	良好
50	任意字元	不合格
32	任意字元	不合格

類型(T):
[=1]"優秀";[=2]"良好";"不合格"

類型: 區段1; 區段2; 區段3; 區段4
區段1: [條件1]要傳回的值
區段2: [條件2]要傳回的值
區段3: 不滿足條件1, 2要傳回的值
區段4: 文字格式

⓫ 用數字代替指定字元　⓬ 格式代碼　⓭ 圖⓫區段說明

類型	正常顯示	自訂顯示
正數	8	8
負數	-15	15
零	0	0
文字	Excel	Excel

類型(T):

[藍色]G/通用格式;[紅色]G/通用格式;[綠色]G/通用格式;[洋紅]G/通用格式

⑭ 設定顏色

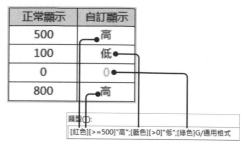

類型(T):

[紅色][>=500]"高";[藍色][>0]"低";[綠色]G/通用格式

⑮ 按條件設定顏色

025 讓 0 值消失或出現

有時會遇到表格中存在 0 值的情況❶，這些 0 值的存在會使整個表格看起來比較凌亂，而且影響閱讀和計算。所以需要將 0 值去掉，不讓其顯示在工作表中。去除 0 值可以透過「Excel 選項」對話方塊進行設定。即選擇「檔案」功能表中的「選項」選項，打開「Excel 選項」對話方塊，在左側列表中選擇「進階」選項，然後在右側的「此工作表的顯示選項」區域中取消勾選「在具有零值的儲存格顯示零」核取方塊，按一下「確定」按鈕後返回工作表中，這時工作表中的 0 值沒有了❷，整個工作表看起來簡單許多，遲到和早退次數看起來一目了然。

如果需要將 0 值顯示出來，可以再次將「在具有零值的儲存格顯示零」核取方塊勾選上，這樣就可以在工作表中顯示 0 值。

	A	B	C	D	E	F	G	H
2		員工編號	姓名	性別	部門	上班打卡	下班打卡	遲到和早退次數
3		001	高長恭	男	行政部	8:21	17:40	0
4		002	衛玠	男	銷售部	8:31	18:30	1
5		003	慕容冲	男	財務部	8:11	17:30	0
6		004	獨孤信	男	研發部	9:10	19:00	1
7		005	宋玉	男	人資部	8:40	17:45	1
8		006	子都	男	宣傳部	8:01	17:35	0
9		007	貂蟬	女	銷售部	10:21	18:50	1
10		008	潘安	男	人資部	9:11	17:20	2
11		009	韓子高	男	研發部	8:15	18:46	0
12		010	嵇康	男	財務部	9:01	19:30	1
13		011	王世充	男	行政部	10:30	17:00	2
14		012	楊麗華	女	宣傳部	8:28	18:20	0
15		013	王衍	男	人資部	8:24	16:40	1
16		014	李世民	男	銷售部	9:30	17:30	1
17		015	武則天	女	研發部	8:12	19:10	0
18		016	李白	男	財務部	10:31	16:30	2
19		017	白居易	男	行政部	8:19	17:52	0

❶ 0 值正常顯示

	A	B	C	D	E	F	G	H
2		員工編號	姓名	性別	部門	上班打卡	下班打卡	遲到和早退次數
3		001	高長恭	男	行政部	8:21	17:40	
4		002	衛玠	男	銷售部	8:31	18:30	1
5		003	慕容冲	男	財務部	8:11	17:30	
6		004	獨孤信	男	研發部	9:10	19:00	1
7		005	宋玉	男	人資部	8:40	17:45	1
8		006	子都	男	宣傳部	8:01	17:35	
9		007	貂蟬	女	銷售部	10:21	18:50	1
10		008	潘安	男	人資部	9:11	17:20	2
11		009	韓子高	男	研發部	8:15	18:46	
12		010	嵇康	男	財務部	9:01	19:30	1
13		011	王世充	男	行政部	10:30	17:00	2
14		012	楊麗華	女	宣傳部	8:28	18:20	
15		013	王衍	男	人資部	8:24	16:40	1
16		014	李世民	男	銷售部	9:30	17:30	1
17		015	武則天	女	研發部	8:12	19:10	
18		016	李白	男	財務部	10:31	16:30	2
19		017	白居易	男	行政部	8:19	17:52	

❷ 0 值被隱藏

026　為數字增加色彩

為了讓表格中的數字更容易理解，可以利用色彩來強調資料的類型。但是，資料的顏色不能亂用，混亂的顏色只會使人眼花撩亂，讓閱讀造成障礙。所以如何在適當的範圍內運用色彩，簡單明確地標示出資料的類型很重要。

工作表中的數字可以分為三種類型，第一種類型是手動輸入的數字，第二種是由公式計算得到的數字，第三種則是從其他工作表得來的數字。只要將這三類數字設定成不同的顏色就能夠快速區分出該數字的類型。

類型	範例	顏色
手動輸入的數字	150	藍色
由公式計算得到的數字	=A1+B1	綠色
從其他工作表得來的數字	=sheet3!A1	黑色

❶ 數字顏色標準

給數字增加色彩可自訂一套顏色標準或者使用本書推薦的顏色標準。本書推薦的顏色標準如圖❶所示。

設定字型顏色的方法很簡單。以設定手動輸入的數字為藍色為例❷，首先選中手動輸入的數字所在的儲存格區域，按一下「常用」選項中的「字型顏色」下拉按鈕，從清單中選擇藍色，所選數字即可被設定成藍色❸。

⏢	A	B	C	D	E	F	G	H	I
1									
2		工號	部門	姓名	職位	銷售金額	分紅比率	銷售分潤	銷售排名
3		SK001	銷售部	韓磊	經理	NT420,000	2%	NT8,400	1
4		SK002	銷售部	李梆	主管	NT59,000	2%	NT1,180	3
5		SK003	銷售部	李琳	員工	NT40,000	2%	NT800	5
6		SK004	銷售部	張亭	員工	NT12,000	1%	NT120	10
7		SK005	銷售部	王驥	員工	NT50,000	2%	NT1,000	4
8		SK006	銷售部	越軍	主管	NT60,000	2%	NT1,200	2
9		SK007	銷售部	李瑤	員工	NT40,000	1%	NT400	5
10		SK008	銷售部	白嫦婷	員工	NT30,000	1%	NT300	8
11		SK009	銷售部	慧瑤	員工	NT32,000	1%	NT320	7
12		SK010	銷售部	陳清	員工	NT15,000	1%	NT150	9
13		SK011	銷售部	章澤閏	員工	NT10,000	1%	NT100	11

❷ 所有數字使用一種顏色

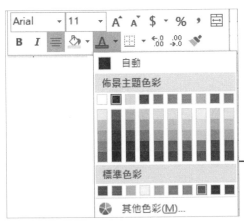

❸ 按數字類型設定顏色

⏢	A	B	C	D	E	F	G	H	I
1									
2		工號	部門	姓名	職位	銷售金額	分紅比率	銷售分潤	銷售排名
3		SK001	銷售部	韓磊	經理	NT420,000	2%	NT8,400	1
4		SK002	銷售部	李梆	主管	NT59,000	2%	NT1,180	3
5		SK003	銷售部	李琳	員工	NT40,000	2%	NT800	5
6		SK004	銷售部	張亭	員工	NT12,000	1%	NT120	10
7		SK005	銷售部	王驥	員工	NT50,000	2%	NT1,000	4
8		SK006	銷售部	越軍	主管	NT60,000	2%	NT1,200	2
9		SK007	銷售部	李瑤	員工	NT40,000	1%	NT400	5
10		SK008	銷售部	白嫦婷	員工	NT30,000	1%	NT300	8
11		SK009	銷售部	慧瑤	員工	NT32,000	1%	NT320	7
12		SK010	銷售部	陳清	員工	NT15,000	1%	NT150	9
13		SK011	銷售部	章澤閏	員工	NT10,000	1%	NT100	11

027　讓表格看起來更舒服

製作表格時如果直接使用 Excel 預設的行高和欄寬，由於行列之間的間隙過小，表格的最終效果往往不盡人意。如果儲存格中的內容受到欄寬限制，可能會導致儲存格中的內容無法完整顯示，或者顯示為「#」，造成表格內容顯示不全❶。因此，調整列高和欄寬是製表過程中非常重要的一步❷。

例如表格列高可設成 18，這樣就能讓文字的上下多出適當的空間。下面先設定列高，具體操作方法為在工作表左上角空白處按一下，全選工作表❸，然後在工作表上方按右鍵，在彈出的快速鍵功能表中選擇「列高」選項❹。打開「列高」對話方塊，設定列高為 18，按一下「確定」按鈕❺，即可完成行高設定。

欄寬則需根據表格中的內容手動調整。將游標移動到需調整寬度的列的右側，當游標變成雙向箭頭時按住滑鼠左鍵❻，拖動滑鼠便可以根據需要調整該列的寬度。若同時選中多列，再拖動任意選中列的右側列標線❼，那麼所有選中的列，其寬度都會得到調整。

▲	A	B	C	D	E	F	G
1							⊘
2		姓名	性別	年齡	學歷	畢業院校	畢業時間
3		韓磊	男	26	大學	文化大學	########
4		李梅	男	26	大學	世新大學	########
5		李琳	女	29	碩士	交通大學	########
6		張亭	男	27	大學	清華大學	########
7		王驥	男	30	碩士	台北大學	########
8		趙軍	男	26	碩士	交通大學	########
9		李瑤	女	25	大學	文化大學	########
10		白娉婷	女	29	碩士	嘉義大學	########
11		葛瑤	女	25	大學	逢甲大學	########

❶ 預設列高和欄寬

▲	A	B	C	D	E	F	G
1							◯
2		姓名	性別	年齡	學歷	畢業院校	畢業時間
3		韓磊	男	26	大學	文化大學	2015年5月1日
4		李梅	男	26	大學	世新大學	2015年6月1日
5		李琳	女	29	碩士	交通大學	2015年6月1日
6		張亭	男	27	大學	清華大學	2015年6月1日
7		王驥	男	30	碩士	台北大學	2015年6月1日
8		趙軍	男	26	碩士	交通大學	2018年6月1日
9		李瑤	女	25	大學	文化大學	2015年6月1日
10		白娉婷	女	29	碩士	嘉義大學	2015年6月1日
11		葛瑤	女	25	大學	逢甲大學	2018年6月1日

❷ 重新設定行高和欄寬

▲	A	B	C	D	E
1					
2		姓名	性別	年齡	學歷
3		韓磊	男	26	大學
4		李梅	男	26	大學
5		李琳	女	29	碩士
6		張亭	男	27	大學
7		王驥	男	30	碩士
8		趙軍	男	26	碩士
9		李瑤	女	25	大學
10		白娉婷	女	29	碩士
11		葛瑤	女	25	大學

❸ 全選工作表

　✂　剪下(T)
　　　複製(C)
　　　貼上選項：
　　　
　　　選擇性貼上(S)...
　　　插入(I)
　　　刪除(D)
　　　清除內容(N)
　　　儲存格格式(F)...
　　　列高(R)...
　　　隱藏(H)
　　　取消隱藏(U)

❹ 選擇「列高」

設定列高
列高(R): 18
確定　取消

❺ 設定列高為 18

❻ 調整單欄寬度　　　　　❼ 同時調整多欄寬度

028 換行顯示隱藏的內容

資料不能在儲存格中完全顯示時❶，首選的處理方法自然是增加欄寬。但是增加欄寬勢必會讓表格的整體寬度變大，若有特殊的因素不能改變欄寬，那該如何讓儲存格中的內容全部顯示呢？其實可以讓儲存格中超出欄寬範圍的內容轉到下一行顯示。

設定換行顯示有自動和手動兩種方法。自動換行可以將儲存格中的內容轉為多行顯示，但是換行的位置是根據儲存格的寬度來決定的。若想要自訂換行的位置，可以使用快速鍵來操作。

下面介紹設定換行的方法。自動換行需要先選中目標儲存格，然後在「常用」選項的「對齊方式」組中按一下「自動換列」按鈕；手動換行則需要將游標定位在儲存格中想要換行的位置，按 Alt+Enter 即可❷。

A	B	C	D	E	F
1					
2	課程編號	課程代號	課程名稱	上課時數	學分
3	00132370	MTH-1-102	遙感基礎與 圖像	3	3
4	00132312	MTH-1-103	生態學與 環境學	3	2
5	00130163	MTH-1-107	數理統計	3	3
6	00132330	MTH-1-104	微電子與 電路基	3	3
7	00132356	MTH-1-106	自然地理概論	3	3
8	00130192	MTH-1-108	證券投資學	3	3
9	00130075	MTH-1-109	微觀經濟學	3	2

❶ 內容不能完全顯示

1 設定自動換行

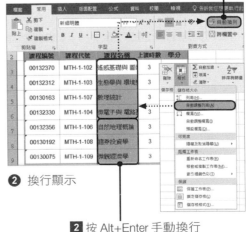

❷ 換行顯示

2 按 Alt+Enter 手動換行

受列高的限制，換行顯示後儲存格中的內容可能還是無法完整顯示，這時還需根據儲存格中的內容自動調整列高。操作方法為在「常用」選項中的「儲存格」中按一下「格式」下拉按鈕，選擇「自動調整列高」選項，即可完成對行高的調整。

029 隱藏格線

格線是指儲存格周圍能讓儲存格看起來更醒目的灰線❶。有時候，隱藏格線反而能夠讓表格結構更清晰，資料更突出❷。隱藏格線的方法很簡單，在「檢視」選項中取消勾選「格線」核取方塊❸，即可隱藏格線。

若只想隱藏工作表中某個區域的格線，可先選中該區域，然後將該區域的背景色設定成白色❹。

❶ 顯示格線

❷ 隱藏格線

❸ 設取消勾選「格線」核取方塊

❹ 設定背景顏色為白色

030 設定表格外框線

製作表格時，設定合適的外框線能夠使表格結構更加清晰，使資料更容易閱讀。大多數 Excel 使用者為表格增加外框線時，會直接使用預設的實線框，將表格製作成格子狀❶。由於整張表格的線條粗細都是相同的，因此表格線看起來相當呆板。設定表格框線有兩點禁忌，第一是不要使用太粗的線條，第二是不要使用多餘的線條，可以不設定直框線。不過，表格的最上端和最下端可以使用粗線，以此來標識表格的範圍。表格中間的橫線只需要使用最細的虛線即可❷。框線的顏色也有講究，未必所有線條都使用黑色，例如灰色的線條閱讀起來反而會更加舒服。

下面將介紹框線設定方法，首先選擇需要設定框線的區域，按 Ctrl+1 打開「儲存格格式」對話方塊，切換至「外框」選項，便可設定外框線的格式、色彩、框線位置等❸。

除了為表格增加外框線，利用「外框」功能還可以製作斜線表頭。例如，在製作像課程表這樣的表格時，需要在表頭中繪製一條斜線，用於標識行與列代表的不同含義。設定方法很簡單，首先選擇需要繪製斜線的儲存格，打開「儲存格格式」對話方塊，在「外框」選項中按一下右下角處的斜線按鈕❹，然後按一下「確定」按鈕即可。

	A	B	C	D	E
1					
2		項　　目	行次	本月數	本年累計數
3		一、營業收入	1	70000	70000
4		減：營業成本	2	30000	30000
5		營業稅金及附加	3	0	0
6		銷售費用	4	2600	2600
7		管理費用	5	0	0
8		財務費用	6	2540	2540
9		資產減值損失	7	20000	20000
10		加：公允價值變動淨收益	8	0	0
11		投資淨收益	9	0	0
12		二、營業利潤	10	14860	14860
13		加：營業外收入	11	0	0
14		減：營業外支出	12	0	0
15		三、利潤總額	13	14860	14860
16		減：所得稅費用	14	6312.01	6312.01
17		四、淨利潤	15	8547.99	8547.99

❶ 所有儲存格設定黑色框線

	A	B	C	D	E
1					
2		項　　目	行次	本月數	本年累計數
3		一、營業收入	1	70000	70000
4		減：營業成本	2	30000	30000
5		營業稅金及附加	3	0	0
6		銷售費用	4	2600	2600
7		管理費用	5	0	0
8		財務費用	6	2540	2540
9		資產減值損失	7	20000	20000
10		加：公平價值變動淨收益	8	0	0
11		投資淨收益	9	0	0
12		二、營業利潤	10	14860	14860
13		加：營業外收入	11	0	0
14		減：營業外支出	12	0	0
15		三、利潤總額	13	14860	14860
16		減：所得稅費用	14	6312	6312
17		四、淨利潤	15	8548	8548

❷ 中間使用細虛線

此外，還有一種很容易被忽視的外框製作方法，即手動繪製外框。只需要在「常用」選項中按一下「框線」按鈕，清單下方包含一個「繪製框線」，選擇「繪製框線」或者「繪製外框格線」選項，便可手動繪製外框線或者繪製格線。透過「線條色彩」以及「線條樣式」選項還可設定外框線的顏色和樣式❺。

❸ 設定外框樣式

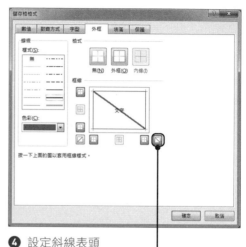

❹ 設定斜線表頭

1 切換至「外框」選項
2 選擇外框線格式
3 設定外框線色彩
4 設定框線位置

❺ 繪製外框

1 繪製框線
2 繪製框線格線
3 設定線條色彩
4 設定線條樣式

031 文字標注注音

當在表格中記錄一些成語時，遇到比較生疏的字❶，可為其標注注音❷。操作步驟為先選中需要增加注音的儲存格，然後按一下「常用」選項的「顯示注音標示欄位」右側的下拉按鈕，從清單中選擇「編輯注音標示」選項，儲存格文字的上方會顯示一個編輯方塊，在此輸入注音即可❸。輸入完成後，注音不會顯示出來，要想將其顯示出來，則需要再次按一下「顯示注音標示欄位」右側的下拉按鈕，從清單中選擇「編輯注音標示」。

❶ 文字正常顯示

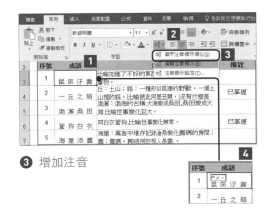

❸ 增加注音

❷ 文字顯示注音

032 文字也能旋轉

如果覺得製作的表格不夠精采，這時可以嘗試改變儲存格中文字的方向和角度，使儲存格看起來別具一格，例如可以將文字水平顯示❶修改為文字傾斜顯示❷。那麼該如何改變文字的方向和角度呢？

選擇要調整文字角度的儲存格區域，然後打開「儲存格格式」對話方塊，在「對齊方式」選項中設定文字的方向，最後按一下「確認」按鈕即可。

除此之外，也可以透過按一下「常用」選項中的「方向」按鈕，對文字的方向進行設定。設定後的表格比沒設定的表格在版式上看起來更生動。

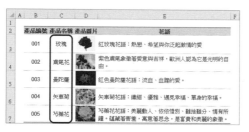

❶ 文字水平顯示

❷ 文字傾斜顯示

033 按兩下就能完成的十大快速鍵操作

滑鼠的使用是為了使電腦的操作更加簡便快捷。在 Excel 中，按兩下就能完成的操作非常多，但是很多人卻忽略這些簡單卻非常實用的操作。下面將列舉按兩下便能輕易完成的十個操作。

■ 01 調整視窗大小

在 Excel 標題區按兩下滑鼠可快速將 Excel 視窗最大化❶或者還原為最近一次使用的視窗大小❷。

■ 02 顯示功能區

按兩下任意選項名稱，可快速展開或折疊選項。在功能區被隱藏的狀態下，按兩下視窗最頂端，可臨時顯示功能區。

■ 03 快速進入編輯狀態

選中某個儲存格後，按兩下可進入編輯狀態。在儲存格中輸入資料時無須提前進入編輯狀態，在修改資料或公式的時候才需要啟動編輯狀態。

■ 04 填滿公式

選中公式所在儲存格，將游標放在儲存格右下角，當游標變成十字形狀時按兩下滑鼠❸，可向下自動填滿選項至具有相同計算的最後一個儲存格❹。

■ 05 調整合適的行高欄寬

按兩下列或欄分界線❺，會自動調整列高或欄寬，以最合適的高度或寬度顯示列和

欄⑥。同時選中多列或多欄還能同時調整多列或多欄。

■ 06 快速定位儲存格

選中儲存格後，按兩下儲存格四邊任意外框可快速到達該外框對應方向上的第一個空白儲存格的前一個儲存格。例如按兩下儲存格右側外框可快速定位到該儲存格右側第一個空白儲存格之前的儲存格⑦。

■ 07 取消隱藏行或列

將游標放在隱藏的行號或列標之後，游標變成雙線樣式的雙向箭頭時按兩下可取消行或列的隱藏。按兩下一次只能取消一行或一列的隱藏⑧，如果選中包含隱藏行或隱藏列的連續區域再按兩下，則會取消選區內所有行或列的隱藏⑨。

② 視窗最大化

① 縮放的視窗

抽樣數	成品 不良數	加工 不良數	良品數
100	1	1	98
180	2	2	
120	2	1	
200	5	3	
180	2	5	
100	2	2	
100	2	3	
160	1	5	
180	3	2	
150	3	5	
100	3	1	
200	1	2	

③ 按兩下儲存格控制

抽樣數	成品 不良數	加工 不良數	良品數
100	1	1	98
180	2	2	176
120	2	1	117
200	5	3	192
180	2	5	173
100	2	2	96
100	2	3	95
160	1	5	154
180	3	2	175
150	3	5	142
100	3	1	96
200	1	2	197

④ 自動填滿公式

	A	B	C
1			
2		十一月份生	NT211,800

⑤ 按兩下列標分界線

	A	B	C
1			
2		十一月份生產總量	NT211,800

⑥ 自動調整欄寬

	B	C	F	G	H	I
1	訂單編號	銷售員	銷售數量	銷售單價	銷售金額	銷售提成
2	B5X001-1	青禪	10	50	500	10
3	B5X001-4	鄭妙可	5	60	300	6
4	B5X001-6	鄭妙可	15	50	750	15
5	C5X-001-03	夏蓮	20	45	900	18
21	C5X-001-06	鄧瑞	30	55	1650	33

⑧ 按兩下一次取消一個隱藏列

	B	C	F	G	H	I
1	訂單編號	銷售員	銷售數量	銷售單價	銷售金額	銷售提成
2	B5X001-1	青禪	10	50	500	10
3	B5X001-4	鄭妙可	5	60	300	6
4	B5X001-6	鄭妙可	15	50	750	15
5	C5X-001-03	夏蓮	20	45	900	18
21	C5X-001-06	鄧瑞	30	55	1650	33

⑨ 取消所有隱藏列

產品品質檢驗記錄

⑦ 快速定位到區域末尾

2-23

■ 08 重複使用複製格式

按一下「複製格式」按鈕只能使用一次，按兩下「複製格式」按鈕可以重複使用複製格式⑩。

■ 09 打開圖表元素設定視窗

按兩下圖表上的任意元素，能夠打開對應的設定視窗，例如按兩下水平座標軸⑪，則會打開設定「座標軸格式」視窗⑫。

■ 10 取得樞紐分析表明細

按兩下樞紐分析表任意欄位可在新增工作表中產生該欄位的明細值。按兩下加總結果⑬，則會產生來源資料明細⑭。這對樞紐分析表被移動到其他位置，與資料來源

斷開聯繫後，於資料表再重新獲取資料來源十分有用。

當然，在 Excel 中按兩下能完成的操作絕不僅僅只有以上這十種，例如，按兩下還能夠重命名工作表名稱，輸入函數時按兩下提示框中的函數名稱快速完成輸入，按兩下取消視窗拆分狀態，在舊版本的 Excel 中按兩下左上角的 Excel 圖示可關閉工作表等。

⑩ 按兩下「複製格式」按鈕

⑫ 「座標軸格式」視窗

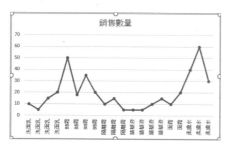

⑪ 按兩下水平座標軸

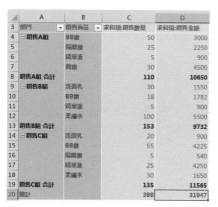

⑬ 按兩下總計結果　　　⑭ 取得來源資料

034 輸入以 0 開頭的數據

在製作表格時，經常需要填寫以 0 開頭的數字，例如工號、學號等。但在一般格式下輸入以 0 開頭的數字後，數字前面的 0 會自動消失。若想保留數字之前的 0，最簡單的操作的方法是在輸入數字之前先輸入一個英文狀態下的單引號「'」，然後再輸入數字❶。在數字之前增加英文的撇號可以將數字轉換成文字格式，這也是數字之前的 0 得以保存的原因。但是這種方法只適合在資料量較少時使用，如果資料較多，可以直接將需要輸入數字的儲存格設定成文字格式。操作方法：選中將要輸入數值的儲存格區域後打開「儲存格格式」對話方塊，在「數字」選項下選擇「文字」選項即可。當數字以文字格式儲存時，儲存格的左上角會出現一個綠色的小三角，

這個綠色的三角雖然不會影響資料的展示，但卻會影響美觀。

其實還可以使用更進階、更隱秘的方法來顯示數字前面的 0，那就是自訂數字格式。操作方法為在「儲存格格式」對話方塊中的「數字」選項下選擇「自訂」選項，在「類型」文字方塊中輸入 000#，最後按一下「確定」按鈕即可❷。自訂的類型需要根據實際數值的位數來定，在輸入的 000# 中，0 和 # 分別代表一個數字預留位置，0 在無意義的位置強制顯示 0，而 # 只顯示有意義的數字❸。

❶ 輸入少量以 0 開頭的數字

❷ 自訂數值「類型」

❸ 自動輸入數字之前的 0

035　特殊字元怎麼輸入

在實際工作中，有時候需要輸入一些特殊字元，例如，輸入版權符號或者商標符號等。其實輸入方法並不難，只需在「插入」選項中按一下「符號」按鈕，打開「符號」對話方塊，然後切換至「特殊字元」選項，便可從中選擇需要的符號❶。

❶「符號」對話方塊

036　長串數字和手機號碼的輸入技巧

在製作員工資訊表之類的表格時常需要輸入長串數字以及手機號碼等。輸入這些長串的數字時也有一定的技巧及注意事項。

長串的數字以中國第二代身份證，身份證號碼為 18 位舉例。預設情況下在儲存格中輸入 18 位的中國身份證號碼，按 Enter 鍵後會出現以下兩個問題，即中國身份證號碼以科學記數法顯示❶；中國身份證號碼 15 位元以後的數字會遺失。

為了避免這樣的問題，在輸入身份證號碼之前必須先對儲存格的格式進行設定。通常只要將儲存格設定成「文字」格式即可錄入完整的身份證號碼。

由於中國身份證號碼較長，輸入時很容易出錯，為了降低操作時的錯誤率，可對儲存格的輸入範圍進行限制，相對再輸入長串數字亦可用此方法。

在「資料」功能表項目中的「資料工具」中按一下「資料驗證」按鈕，打開「資料驗證」對話方塊，在該對話方塊中設定儲存格內允許文字長度等於 18 ❷。所選儲存格中便只能輸入字元長度為 18 的資料。

手機號碼只有 10 位數，可直接輸入到儲存格中。為了防止輸入無效的手機號碼，也可使用資料驗證功能限制輸入文字的長度，即只能向儲存格中輸入 10 位數的數字，並用文字進行提醒。

打開「資料驗證」對話方塊，設定「儲存格內允許」為自訂，公式為「=ISNUMBER (F2) * (LEN(F2)=10)」❸。隨後在「提示訊息」選項下設定文字提示內容「只能在此輸入 10 位數的數字」❹。按一下「確定」按鈕關閉對話方塊後，所選儲存格中只能輸入 10 位數的數字❺。

❶ 輸入的中國身份證號碼以科學記數法顯示

❷ 設定文字長度等於 18

❸ 設定自訂公式

❹ 設定提示訊息

❺ 輸入手機號碼

037 方程式的準確呈現

如果需要在表格中輸入帶有上標的數字或符號單位的情況，不用擔心，並不是只有在 Word 中才可以設定上標，Excel 表格中照樣可以。接下來將以輸入方程組為例，介紹具體操作方法。首先在方程組中選中需要設定為上標的數字❶，然後按 Ctrl+1 打開「儲存格格式」對話方塊，在「字型」選項中特殊效過勾選「上標」核取方塊，按一下「確定」按鈕，即可將數字設定為上標❷。按照同樣的方法完成所有上標的設定❸。

同理，當需要設定下標時，例如，將 CO2 設定為 CO_2，只需在「儲存格格式」對話方塊中勾選「下標」核取方塊即可。

需要注意的是，雖然可以使用「插入」選項中的「公式」功能來插入包含上標的數學運算式，但這種方法建立的文字是以文字方塊的形式存在的，並不存在某個特定儲存格中。

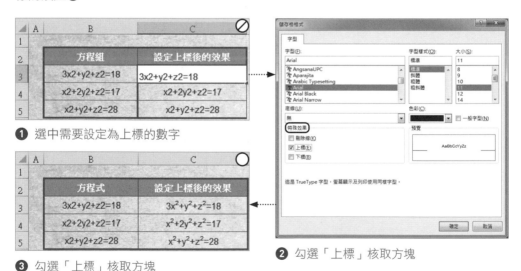

❶ 選中需要設定為上標的數字

❸ 勾選「上標」核取方塊

❷ 勾選「上標」核取方塊

038 自動輸入小數點

在實際工作中，製作如財務報表之類的表格時，往往需要輸入大量的資料，如果這些資料包含大量的小數，那麼可以提前進行設定，免去重複輸入小數點的麻煩。於「檔案」打開「選項」開啟「Excel 選項」，選擇「進階」選項，在右側區域勾選「自動插入小數點」核取方塊，並設定小數的位數為 3 ❶，設定好後，在表格中輸入 134 即可顯示為小數 0.134，輸入 8 則會顯示為 0.008。由此可以看出，當自動插入小數點的位數設定成 3 時，在 Excel 中輸入的數字會自動縮小為原來的 1/1000。以此類推，當設定自動插入小數點位數為 2 時，在表格中輸入的數字會縮小為原來的 1/100；當設定自動插入小數點位數為 1 時，數字會縮小為原來的 1/10……

需要注意的是，此設定不僅對目前工作表有效，對所有的工作簿都有效。就算重啟 Excel 後依然有效，所以，如果不再需要使用此功能，應及時將其關閉，在「Excel 選項」對話方塊中取消對「自動插入小數點」核取方塊的勾選即可關閉該功能。

❶ 設定自動小數字數

039　記憶式輸入功能

當輸入的資料中包含較多的重複性文字，例如，在「畢業院校」列中重複輸入「清華大學」「北京大學」「復旦大學」「南開大學」「南京大學」幾個固定詞彙時，為了避免重複操作，可透過記憶性輸入的方法來實現資料的快速錄入。

首先於「檔案」打開「選項」，開啟「Excel 選項」，然後選擇「進階」選項，在右側區域中勾選「啟用儲存格值的自動完成功能」核取方塊❶，一般該核取方塊預設是勾選狀態。啟動此項功能後，當在同一列輸入重複的資訊時，重複的內容會自動輸入。

例如，當在 F6 儲存格中輸入「北」時，Excel 會從上面的已有資訊中找到「北」字開頭的一條記錄「北京大學」，並自動輸入到儲存格中❷。如果輸入的第一個文字在已有的資訊中存在多條對應的記錄，則必須再增加文字的輸入，直到能夠僅與一條單獨的資訊符合為止。例如，當在 F10 儲存格中輸入「南」時，由於前面輸入「南開大學」和「南京大學」，所以 Excel 不能在此提供唯一的建議輸入項目，直到輸入第二個字「開」時，Excel 才能找到唯一符合項目「南開大學」❸。

❶ 勾選「啟用儲存格值的自動完成功能」核取方塊

⊿ A	B	C	D	E	F	G
1						
2	姓名	性別	年齡	教育程度	畢業院校	畢業時間
3	王安石	男	26	大學	清華大學	104/6/1
4	歐陽修	男	26	大學	北京大學	104/6/1
5	蘇軾	男	29	碩士	復旦大學	107/6/1
6	嶽飛	男	27	大學	北京大學	104/6/1
7	范仲淹	男	29	碩士		107/6/1
8	沈括	男	30	碩士		107/6/1
9	蘇轍	男	26	大學		104/6/1
10	劉永	男	25	大學		104/6/1
11	李清照	女	29	碩士		107/6/1

❷ 在 F6 儲存格中輸入「北」

⊿ A	B	C	D	E	F	G
1						
2	姓名	性別	年齡	教育程度	畢業院校	畢業時間
3	王安石	男	26	大學	清華大學	104/6/1
4	歐陽修	男	26	大學	北京大學	104/6/1
5	蘇軾	男	29	碩士	復旦大學	107/6/1
6	嶽飛	男	27	大學	北京大學	104/6/1
7	范仲淹	男	29	碩士	南開大學	107/6/1
8	沈括	男	30	碩士	北京大學	107/6/1
9	蘇轍	男	26	大學	南京大學	104/6/1
10	劉永	男	25	大學	南開大學	104/6/1
11	李清照	女	29	碩士		107/6/1

❸ 找到唯一符合項目「南開大學」

040 為儲存格數據資料做準備

當查看表格中的內容時，如果一些內容變動了或者描述得不夠清楚，可以利用新增註解對其中的內容作出註解，方便以後的尋找和審核。那麼怎樣才能為儲存格增加註解呢？

首先選中需要增加註解的儲存格，然後在「校閱」選項中按一下「新增註解」按鈕

❶，所選儲存格的右側就會出現一個註解框，在其中輸入內容即可。如果以後不需要使用註解，可以先選中需要刪除註解的儲存格，再按一下「刪除」按鈕。

此外，如果想要將註解顯示或隱藏，可以按一下「校閱」選項中的「顯示／隱藏註解」按鈕❷。

❶ 按一下「新增註解」按鈕

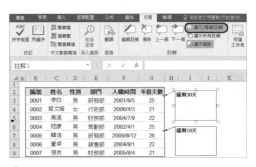

❷ 編輯註解

041 表格背景不再單調

如果覺得表格單調，不夠美觀，可為其設定背景效果。Excel 表格的背景樣式包括圖片背景、純色背景、漸層背景及圖案背景。

下面先來瞭解一下如何設定圖片背景。打開「版面配置」選項，在「版面設定」中按一下「背景」按鈕，打開「插入圖片」

對話方塊。根據對話方塊中的操作提示從電腦中選擇一張圖片，便可將該圖片設定成工作表背景。設定圖片背景時，無法控制圖片的顯示比例，只能任由圖片使用原始尺寸不斷地拼接成鋪滿整張工作表的背景。所以在選擇圖片時既要注意圖片的尺寸也要注意圖片的顏色，以免影響閱讀❶。為了更好地展示背景圖片的效果，可以取消格線的顯示，這樣的表格看起來既簡單又美觀❷。

❶ 不合適的圖片背景

❷ 合適的圖片背景

除了圖片背景，其他的背景效果均可透過「儲存格格式」對話方塊來設定。選擇需要設定背景的儲存格區域，按 Ctrl+1 打開「儲存格格式」對話方塊，切換到「填滿」選項，在此處可設定合適的背景填滿效果。設定完成後按一下「確定」按鈕即可❸。在工作中，大多數情況下並不需要為整個表格設定背景，只需要隔行設定填滿色彩讓表格行與行之間的關係更加清晰。當表格資料較多時，手動隔行填滿無疑是很麻煩的操作，這時可以套用預設的表格樣式❹，迅速完成隔行填滿❺。

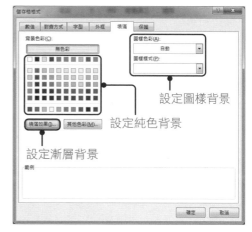

❸ 設定其他背景

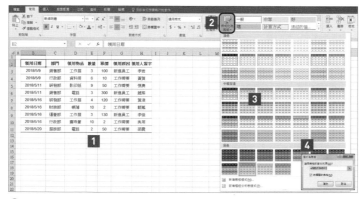

❹ 套用格式化表格樣式

❺ 表格隔行填上顏色

042 化簡為繁

如果收到來自朋友寄來的表格，發現裡面全是簡體字❶，閱讀起來有困難，那麼該怎麼辦呢？其實這個問題很好解決，可以利用 Excel 自帶的簡繁轉換功能，將表格中的簡體字轉換為繁體字。首先，選中需要轉換的儲存格區域，在「校閱」選項中按一下「繁簡轉換」按鈕，彈出「中文繁簡轉換」對話方塊；然後從中根據需要進

行選擇，這裡選擇「簡體中文轉成繁體中文」選項按鈕；最後按一下「確定」按鈕即可。

還可以在「校閱」選項中直接按一下「簡轉繁」按鈕，即可將表格中的簡體字轉換為繁體字❷。

▲	A	B	C	D	E	F	G	H
1								
2		工号	姓名	性别	年龄	教育程度	毕业院校	毕业时间
3		DS001	辛弃疾	男	26	大学	复旦大学	104/6/1
4		DS002	欧阳修	男	26	大学	浙江大学	104/6/1
5		DS003	苏轼	男	29	硕士	清华大学	107/6/1
6		DS004	李清照	女	27	大学	南京大学	104/6/1
7		DS005	范仲淹	男	29	硕士	北京大学	107/6/1
8		DS006	沈括	男	30	硕士	武汉大学	107/6/1
9		DS007	苏辙	男	26	大学	吉林大学	104/6/1
10		DS008	刘永	男	25	大学	四川大学	104/6/1

❶ 文字以簡體字顯示

❷ 簡體文字轉換繁體文字

043 文字大小取決於儲存格

當儲存格中的內容長度超出欄寬時❶，除了增大欄寬或將內容換行顯示，還可讓儲存格中的內容根據儲存格的寬度自動縮放顯示。自動縮小字型只適用於儲存格中的內容超出欄寬的字元不多時使用，因為當

儲存格中超出範圍的內容較多時，即便是縮放到儲存格中顯示，字型也會變得相當小，閱讀起來會很困難。設定自動縮放其實很簡單，接下來介紹其操作方法。

首先選中需要設定格式的儲存格區域，按 Ctrl+1，打開「儲存格格式」對話方塊，在「對齊方式」選項中勾選「縮小字型以適合欄寬」核取方塊❷，然後按一下「確定」按鈕。操作完成後，當增加或減小欄寬時，儲存格中的字型也會隨之放大或縮小，並且始終在儲存格內部顯示❸。

❶ 內容超出儲存格

❸ 內容根據儲存格大小自動縮放

❷ 勾選「縮小字型以適合欄寬」核取方塊

044 錯誤字元批次修改

在檢查表格時，如果發現不小心將幾名員工的郵件信箱尾碼登記成錯誤的 163 電子信箱❶，那麼該如何全部修正過來呢？方法很簡單，只需要按 Ctrl+F 或 Ctrl+H，打開「尋找及取代」對話方塊，然後切換至「取代」選項，在「尋找目標」文字方塊中輸入 163，接著在「取代成」文字方塊中輸入 qq❷，然後按一下「全部取代」按鈕，即可將郵件信箱尾碼中163 全部取代成 qq❸。但隨即就會發現「郵件信箱」@ 前面的數字和「手機號碼」中的數字包含 163 的記錄也一併被替換了。顯然這不是想要的結果，那該怎麼辦呢？此時就需要更多的輔助條件來限定尋找的範圍，即在「尋找目標」文字方塊中輸入 @163，在「取代成」文字方塊中輸入 @qq❹，最後按一下「全部取代」按鈕即可，此時把 @ 加進去連成一個整體❺，達到縮小符合範圍的作用，可更精確地進行比對。

此外，如果要將郵箱的 qq 功能變數名稱、163 功能變數名稱全部統一換成 deshengsf 功能變數名稱或者其他功能變數名稱也是可以實現的，只需要進行一次模糊比對就可以統一替換，即在「尋找目標」文字方塊中輸入 @*.com，在「取代成」文字方塊中輸入 @deshengsf.com ❻，然後按一下「全部取代」按鈕即可❼。

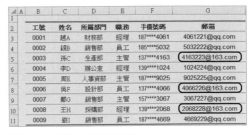

❶ 包含錯誤資訊的表格

❷ 設定「尋找目標」和「取代成」選項

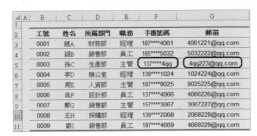

❸ 初步替換後的結果

❹ 設定「尋找目標」和「取代成」選項

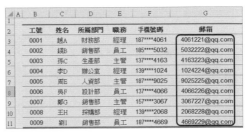

❺ 初步替換後的結果

❻ 設定「尋找目標」和「取代成」選項

❼ 將 qq 功能變數名稱、163 功能變數名稱，全部統一換成 deshengsf 功能變數名稱

045 儲存格資料空格及多餘字元也可以批次刪除

核對資料時會發現，明明看起來一模一樣的資料，就是無法比對。原因通常是因為其中一個資料中有看不見的字元存在，例如空格等❶。那麼接下來就介紹如何利用尋找取代將表格中的所有空格全部刪除。

首先，按 Ctrl+H，打開「尋找及取代」對話方塊，在「尋找目標」文字方塊中輸入一個空格，「取代成」文字方塊中不做任何設定❷，然後按一下「全部取代」按鈕，即可將表格中的空格全部清除❸。

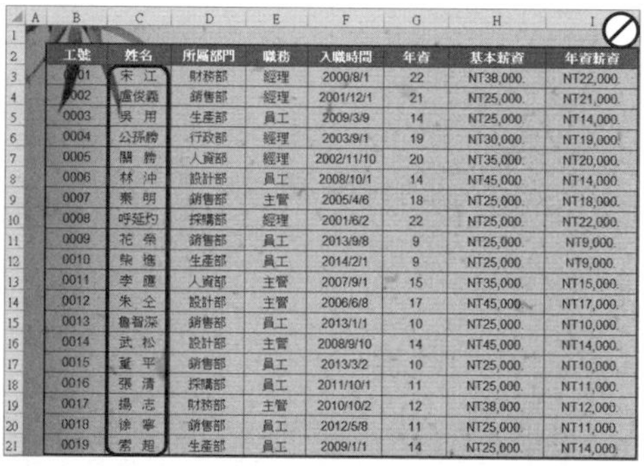

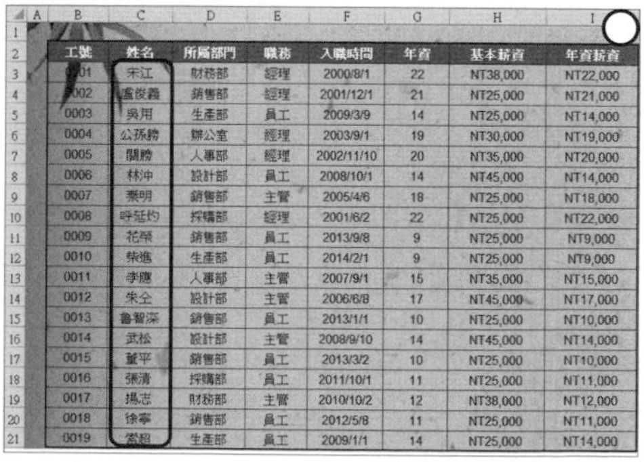

其他任何數字、符號、文字都可以按照此方法批次刪除，例如，在表格中，員工列包含序號 001-、002-、003- 等❹，現將這些序號全部刪除。在此可以結合萬用字元進行操作，在「尋找目標」文字方塊中輸入 *- ❺，「取代成」文字方塊中不填寫任何內容，接著按一下「全部取代」按鈕，即可將表格中的 001-、002- 等資料全部刪除❻。

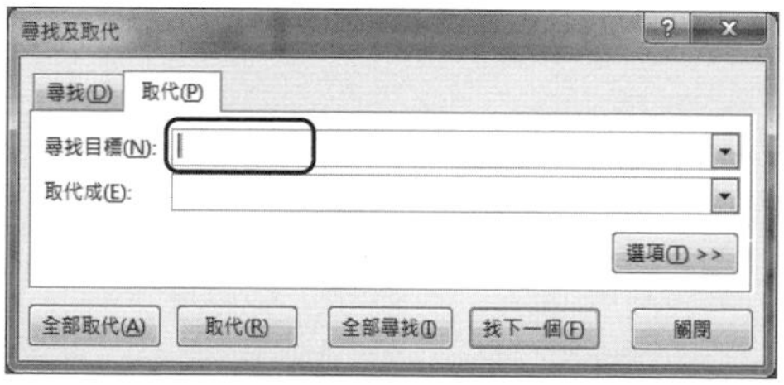

❶ 字元中包含空格

❷ 設定「尋找目標」和「取代成」選項

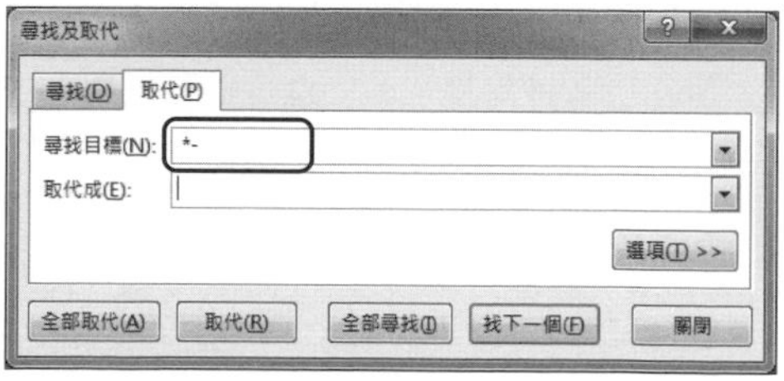

❸ 刪除字元中的空格

❹ 輸入符號

職工	所屬部門	職務	入職時間	年資	基本薪資	年資薪資
001-宋江	財務部	經理	2000/8/1	22	NT3,800	NT22,000
002-盧俊義	銷售部	經理	2001/12/1	21	NT25,000	NT21,000
003-吳用	生產部	員工	2009/3/9	14	NT25,000	NT14,000
004-公孫勝	行政部	經理	2003/9/1	19	NT30,000	NT19,000
005-關勝	人資部	員工	2002/11/10	20	NT35,000	NT20,000
006-林冲	設計部	員工	2008/10/1	14	NT45,000	NT14,000
007-秦明	銷售部	主管	2005/4/6	18	NT25,000	NT18,000
008-呼延灼	採購部	經理	2001/6/2	22	NT25,000	NT22,000
009-花榮	銷售部	員工	2013/9/8	9	NT25,000	NT9,000
010-柴進	生產部	員工	2014/2/1	9	NT25,000	NT9,000
011-李應	人事部	主管	2007/9/1	15	NT35,000	NT15,000
012-朱仝	設計部	主管	2006/6/8	17	NT45,000	NT17,000
013-魯智深	銷售部	員工	2013/1/1	10	NT25,000	NT10,000
014-武松	設計部	主管	2008/9/10	14	NT45,000	NT14,000
015-董平	銷售部	員工	2013/3/2	10	NT25,000	NT10,000
016-張清	採購部	員工	2011/10/1	11	NT25,000	NT11,000
017-揚志	財務部	主管	2010/10/2	12	NT3,800	NT12,000
018-徐寧	銷售部	員工	2012/5/8	11	NT25,000	NT11,000
019-索超	生產部	員工	2009/1/1	14	NT25,000	NT14,000

❺ 包含序號的員工列

職工	所屬部門	職務	入職時間	年資	基本薪資	年資薪資
宋江	財務部	經理	2000/8/1	22	NT38,000	NT22,000
盧俊義	銷售部	經理	2001/12/1	21	NT25,000	NT21,000
吳用	生產部	員工	2009/3/9	14	NT25,000	NT14,000
公孫勝	辦公室	經理	2003/9/1	19	NT30,000	NT19,000
關勝	人事部	員工	2002/11/10	20	NT35,000	NT20,000
林冲	設計部	員工	2008/10/1	14	NT45,000	NT14,000
秦明	銷售部	主管	2005/4/6	18	NT25,000	NT18,000
呼延灼	採購部	經理	2001/6/2	22	NT25,000	NT22,000
花榮	銷售部	員工	2013/9/8	9	NT25,000	NT9,000
柴進	生產部	員工	2014/2/1	9	NT25,000	NT9,000
李應	人事部	主管	2007/9/1	15	NT35,000	NT15,000
朱仝	設計部	主管	2006/6/8	17	NT45,000	NT17,000
魯智深	銷售部	員工	2013/1/1	10	NT25,000	NT10,000
武松	設計部	主管	2008/9/10	14	NT45,000	NT14,000
董平	銷售部	員工	2013/3/2	10	NT25,000	NT10,000
張清	採購部	員工	2011/10/1	11	NT25,000	NT11,000
揚志	財務部	主管	2010/10/2	11	NT38,000	NT12,000
徐寧	銷售部	員工	2012/5/8	11	NT25,000	NT11,000
索超	生產部	員工	2009/1/1	14	NT25,000	NT14,000

❻ 刪除員工列中的序號

046 字元可以這樣批次增加

前面的內容詳細介紹如何批次刪除字元，那麼如果想要批次增加字元該如何操作呢？例如，為表格中的 Mail 批次增加 qq.com ❶。使用尋找及取代功能同樣可以批次增加內容。增加內容和刪除內容的操作方法類似，首先打開「尋找及取代」對話方塊，在「尋找目標」文字方塊中輸入 @，在「取代成」文字方塊中輸入 @qq.com，最後按一下「全部取代」按鈕❷，即可將郵箱地址批次增加 qq.com ❸。

❷「尋找及取代」對話方塊

❶ Mail 不完整

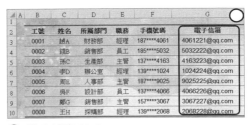

❸ 批次補齊 Mail

047 拒絕重複內容

當表格中存在重複的資料時❶，為了避免重複的資料造成錯誤的資料分析結果，需要將重複的資料刪除❷。當表格資料不多時只要手動刪除重複的資料即可，若是大型的表格，一個個地尋找重複項目會非常麻煩，這裡介紹一種簡單又迅速的刪除重複項目的方法，即選中資料表中的任意儲存格，在「資料」選項中按一下「移除重複」按鈕，彈出「移除重複」對話方塊，從中按一下「全選」按鈕，將全部的列選中，然後按一下「確定」按鈕❸。

這時就可以看到工作表中的重複內容被刪除了。

❶ 包含重複項目

❷ 重複項目被刪除

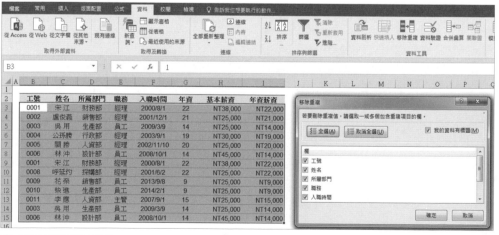

❸ 移除重複項目操作

048 多種快速填入序列的方法

工作中經常需要輸入各種各樣的編碼、序號、有序的時間等,例如 1~1000 的序號,員工編號、一個月的日期等。如果手動輸入這些號碼或日期,十分浪費時間。因為這些資料是有一定順序的,所以完全可以利用填滿的方式快速輸入這些編號或日期。

填滿分為複製填滿和序列填滿。下面先來瞭解一下如何利用滑鼠拖動填滿資料。首先在 B3 儲存格中輸入 1,然後將滑鼠游標移至 B3 儲存格右下角,按住滑鼠左鍵向下拖動滑鼠進行填滿,可以看到滑鼠拖曳過的儲存格內自動進行複製填滿❶。

如果在拖動滑鼠的同時,按住 Ctrl 鍵,那麼複製填滿就會變成序列填滿。

在執行填滿操作之後在所填滿的儲存格區域右下角會出現一個「自動填滿選擇」按鈕,按一下這個按鈕,在展開的清單中可以重新選擇填滿方式。

進行序列填滿時,還可以根據指定的間隔進行填滿,在 B3 儲存格中輸入 1,在 B4 儲存格中輸入 4,然後選擇 B3:B4 儲存格區域,將游標移至 B4 儲存格右下角,按住滑鼠左鍵向下進行填滿,便可以按照 3 的間隔值進行有序填滿,填滿的結果為 1、4、7、10、13、16⋯⋯

除了拖動滑鼠,按兩下滑鼠也可以實現資料的填滿。其操作方法和拖動滑鼠填滿十分相似,將游標移動到儲存格右下角,當游標變成十字形狀時按兩下滑鼠即可。只是此方法只適用於在具有一定資料基礎的表格中使用。也就是説需要執行填滿操作的欄,其相鄰的列中必須有已經輸入了資料,因此,按兩下滑鼠法更適合在填滿公式時使用。

如果表格中的資料比較多,而且對所產生的序列有明確的起始值和間隔值要求,可以使用「數列」對話方塊設定條件,然後按照指定的條件自動批次產生序列。例如,要求在表格中的「日期」列批次產生 2018/8/1~ 2018/8/20 期間的工作日期(去除週六和週日的日期)。

首先在 C3 儲存格中輸入日期 2018/8/1,然後在「常用」選項中按一下「填滿」按鈕,從清單中選擇「數列」選項,打開「數列」對話方塊,從中設定序列產生在「欄」,類型為「日期」,日期單位為「工作日」,間隔值為 1,終止值為 2018/8/20,設定完成後按一下「確定」按鈕即可❷。

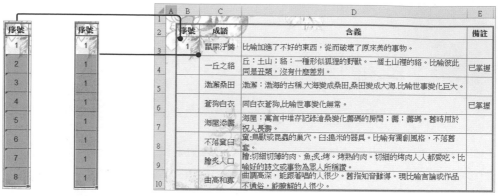

按住 Ctrl 鍵同時拖動滑鼠進行填滿　　直接拖動滑鼠複製填滿　　❶ 向下拖動滑鼠進行填滿

❷ 產生連續日期

MEMO

049 自訂序列的填滿

如果需要經常輸入一些固定的但卻無法直接使用填滿功能輸入的內容時，有沒有什麼辦法可以提高輸入速度呢？例如輸入大寫的一、二、三、四……，十二生肖，26個字母等。其實，利用 Excel 隱藏的自訂序列功能可以讓使用者將常用的內容設定成可快速填入的序列。下面介紹自訂序列的方法，打開「檔案」功能表，選擇「選項」，開啟「Excel 選項」切換到「進階」選項，按一下「編輯自訂清單」按鈕❶。打開「自訂清單」對話方塊，在「清單項目」清單

方塊中輸入自訂的序列，然後按一下「新增」按鈕，最後按一下「確定」按鈕即可❷。

自訂序列增加完成後在圖❸ B3 儲存格中輸入「第一節」，然後將其向下填滿即可自動輸入自訂的序列❹。

使用這種方法的好處就是，以後再需要填寫「第一節、第二節、第三節……」這種內容時，不需要一個一個地手動輸入，直接向下填滿就行了。

❶ 按一下「編輯自訂清單」按鈕

❷ 增加自訂清單

❸ 輸入第一個資料後向下填滿

❹ 填滿結果

050　你可能還不知道的快速填入技巧

即使是對 Excel 非常熟悉的人也不一定能夠掌握 Excel 的全部操作技巧。除了使用率高的功能，Excel 還包含很多「你不知道，卻很好用」的功能。自 Excel 2013 版開始，新增「快速填入」功能，該功能可以快速填入資料。「快速填入」並非「自動填滿」的升級，它強大到足以讓使用者拋棄分列功能和文字函數。在此基礎上，Excel 2016 中的「快速填入」功能更強大。

在 2016 版的 Excel 中，使用者可透過多種方式執行「快速填入」指令。例如，①在「常用」選項的「編輯」中按一下「填滿」下拉按鈕，在下拉清單中選擇「快速填入」選項；②在「資料」選項中按一下「快速填入」按鈕；③使用 Ctrl+E。

■ 01 選取同類字元

如圖❶所示，來源資料存在 B 欄，B 欄中一個儲存格內輸入了多種資訊，現在需要將這些資訊分列存取出來。

首先分別在 C2、D2、E2 儲存格中手動輸入 B2 儲存格中的機種、解析度和品牌。然後選中 C2：C8 儲存格區域，執行「快速填入」指令，即可根據第一個手動輸入的規格範例自動存取出其他規格資訊❷。

最後參照上述方法分別存取出「解析度」和「品牌」資訊。

■ 02 智慧合併文字

使用快速填入功能除了可以實現資料分列顯示效果，還能夠根據第一個合併範例對多列資料進行智慧合併。在合併的過程中不需要使用任何公式或連結符號。

在儲存格 D2 中手動輸入合併範例文字，隨後選中 D2：D9 儲存格區域❸。按下 Ctrl+E，所有作用儲存格隨即根據範例文字對左側三列中的資料進行自動合併填入。快速填入後第一個被填入的儲存格右側會出現「快速填入選項」快捷按鈕，按一下該按鈕，在下拉清單中可執行「復原快速填入」和「接受建議」等操作❹。

■ 03 資料重組及大小寫轉換

這裡所說的資訊重組是指將儲存格中的文字結構進行重新組合，當文字內容中包含英文時，快速填入功能甚至能對英文進行大小寫轉換。

先對儲存格 B2 中的文字結構進行重新組合，並將英文的首字母修改為大寫。在 C2 儲存格中輸入重新組合後的內容。最後選中 C2 儲存格❺，直接按 Ctrl+E，執行快

速填入指令。Excel 即可根據 B 欄資料自動完成填滿❻。

填滿後的資料已經根據範例完成資訊的重新組合以及英文首字母的大小寫轉換。

■ 04 規範日期格式

使用者在製作表格時一定要使用規範的日期格式，否則後期的資料分析造成很大的麻煩。如果已經輸入了大量格式不符的日期，將無法透過設定儲存格格式的方法直接進行修改，全部刪除再重新輸入又太浪費時間。這個時候應該想一想有沒有辦法將這些日期統一修正過來。

其實在 Excel 中有很多修正日期格式的方法，其中利用快速填入功能也可以完成此項任務。

在表格右側輸入格式正確的日期範例，按 Ctrl+E 執行「快速填入」操作，得到 A 欄中所有日期❼。隨後，先修改 A 欄的日期格式為「長日期」，再複製快速填入得來的日期，以「值」方式貼上 A 欄中的日期區域❽。A 欄中的日期便能夠以長日期形式顯示。

❶ 執行「快速填入」操作

❷ 自動填入來源資料中的同性質資料

❸ 輸入合併範例後選中快速填入區域

❹「快速填入選項」按鈕

	A	B	C
1	序號	資料重組前	資料重組後
2	1	name（員工姓名）	員工姓名　Name：
3	2	employee（員工ID）	
4	3	department branch（部門名稱）	
5	4	contact number（聯絡電話）	
6	5	location（工作地點）	
7	6	final estimate（結算情況）	
8	7	total advanced funds（預支金額）	
9	8	reimbursement amount（報銷金額）	
10	9	refunding amount（退還金額）	
11	10	reissue amount（補發金額）	

Ctrl+E

❺ 輸入範例文字

	A	B	C
1	序號	資料重組前	資料重組後
2	1	name（員工姓名）	員工姓名　Name：
3	2	employee（員工ID）	員工ID　Employee：
4	3	department branch（部門名稱）	部門名稱　Department：
5	4	contact number（聯絡電話）	聯絡電話　Contact：
6	5	location（工作地點）	工作地點　Location：
7	6	final estimate（結算情況）	結算情況　Final：
8	7	total advanced funds（預支金額）	預支金額　Total：
9	8	reimbursement amount（報銷金額）	報銷金額　Reimbursement：
10	9	refunding amount（退還金額）	退還金額　Refunding：
11	10	reissue amount（補發金額）	補發金額　Reissue：
12			

❻ 根據範例進行快速填入

	A	B	C	D	E	F	G	H
1					訪客登記表			訪客登記表
2	日期	時間	來賓姓名	受訪科系	來訪事由	聯絡電話	來訪人數	日期
3	2023.5.8	08:32	王大島	物理系	找講師	09XXXXX665	1	2023/5/8
4	2023.5.9	10:02	李參	實管系	送教材	09XXXXX123	2	2023/5/9
	2023.5.8		生管系	驗收教具		09XXXXX555		2023/6/4
		一瓶	物理系	維修器材	09XXXXX148			2023/5/14
7	君君		戲劇系	維修器材	09XXXXX654			
8	2023.7.18	11:00	一	生物系	送教材	09XXXXX545		2023/5/8
9	2023.7.22	08:20	李綠	實管系	找主任	09XXXXX546	1	2023/7/22
10	2023.7.30	11:03	王浩島	中文系	送教材	09XXXXX215	2	2023/7/30
11	2023.8.1	10:20	陳律依	戲劇系	維修器材	09XXXXX333	3	2023/6/1
12	2023.8.15	09:08	李青青	實管系	送教材	09XXXXX845	1	2023/6/15
13	2023.8.18	12:02	周盧	生物系	找失主任	09XXXXX332	1	2023/8/18

❼ 快速填入格式正確的日期

	A	B	C	D	E	F	G	H
1					訪客登記表			訪客登記表
2	日期	時間	來賓姓名	受訪科系	來訪事由	聯絡電話	來訪人數	日期
3	2023年5月8日	08:32	王大島	物理系	找講師	09XXXXX665	1	2023/5/8
4	2023年5月9日	10:02	李參	實管系	送教材	09XXXXX123	2	2023/5/9
5	2023年6月14日	08:25	昌生	生管系	驗收教具	09XXXXX555	2	2023/6/4
6				物理系	維修器材	09XXXXX148	3	2023/5/14
7	2023年6月20日			戲劇系	維修器材	09XXXXX654		2023/6/20
8	2023年7月8日	11:00	一	生物系	送教材	09XXXXX545	2	2023/7/18
9	2023年7月22日	08:20	李綠	實管系	找主任	09XXXXX546	1	2023/7/22
10	2023年7月30日	11:03	王浩島	中文系	送教材	09XXXXX215	2	2023/7/30
11	2023年8月1日	10:20	陳律依	戲劇系	維修器材	09XXXXX333	3	2023/8/1
12	2023年8月15日	09:08	李青青	實管系	送教材	09XXXXX845	1	2023/8/15
13	2023年8月18日	12:02	周盧	生物系	找失主任	09XXXXX332	1	2023/8/18

❽ 以「值」方式貼上日期

051 不再重複輸入

製作報表時常常需要輸入重複的內容，如果靠人工一遍遍地輸入是非常浪費時間和精力的，下面將介紹幾種快速輸入重複內容的方法。

第一種方法是使用複製貼上功能按鈕。

第二種方法是使用快速鍵。Ctrl+C 和 Ctrl+V 這兩組快速鍵在製表過程中使用的頻率非常高，它們相當於功能按鈕，操作起來更方便快捷，但是需要注意的是，使用快速鍵會預設使用「保留來源格式」的貼上方式，所以當表格使用較複雜的網底、外框時不推薦使用 Ctrl+C 和 Ctrl+V 快速鍵。

第三種方法是同時選擇需要輸入相同內容的多張工作表，然後在目前工作表的儲存格中輸入內容，則被選中的工作表中也會出現相同的內容。

052 部分相同內容也可以快速輸入

在製作報表時，如果有大量相同的內容需要輸入時，可以使用一些快捷方式避免重複操作。輸入相同的內容又分多種情況，比較常見的是在相鄰區域內輸入相同內容以及在不相鄰的區域內輸入相同內容，這兩種情況都可以使用複製和填上的方法解決。然而在填上相同內容時還會遇到一些比較棘手的情況，例如在每個儲存格中輸入部分相同的內容。以圖❶為例，D 欄中的每一個住址之前都需要填上「新北市」，形成圖❷中的效果，用以往掌握的方法很難根據要求快速完成操作。

這時可變換思路，嘗試其他方式。自 Excel 2013 版開始，新增「快速填上」功能，該功能可以於範例快速填上資料。先在本例表格的右側空白儲存格內輸入一個範例「新北市板橋區」，然後按 Ctrl+E 快速鍵，範例下方的儲存格隨即會根據 D 欄中的內容自動完成填上❸。隨後將填上得來的內容複製到住址列即可❹。

除此之外，透過自訂除存格格式也能夠完成操作。首先選中需要輸入部分相同內容的儲存格區域，打開「儲存格格式」對話方塊，在「數值」選項中選擇「自訂」選項；然後在「類型」文字方塊中輸入「新北市 @」；最後按一下「確定」按鈕關閉對話方塊❺。這時可看到選中的儲存格區域前面統一出現了「新北市」。

❶ 沒有輸入新北市

❷ 批次輸入新北市

❸ 使用快速鍵填滿功能

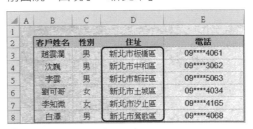

❹ 複製貼上結果

2-45

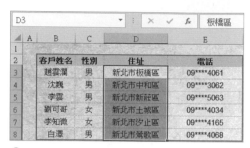

❺ 顯示效果

053 只允許對指定區域進行編輯

對於一些具有特殊性質的表格，為了保證其安全性往往需要對其加以保護。根據報表的類型以及使用範圍可選擇不同的保護方式。如果報表的機密程度較高，可採用設定訪問密碼的形式進行保護；若報表可以公開展示，但不希望他人隨意更改其中的內容，可限制報表的編輯範圍；同一份報表有的人只能查看內容，而有的人卻可以藉由密碼對限制編輯的區域進行編輯……以上列舉的這些都是保護工作表和活頁簿時的常用操作。下面將對一份常見的公司差旅費報銷單進行保護。

要求如下，①只顯示報銷單，報銷單以外區域不可編輯；②限制只能對表格中的黃色網底區域進行編輯，其他區域不可選

中，不可編輯；③隱藏格線、編輯欄及標題列。

想只顯示表格區域很簡單，將表格以外的列和欄隱藏即可。由於工作表中的行列數太多，手動拖選比較麻煩，這時候可以借助快速鍵選擇。選中圖❶中的 N 列，按 Ctrl+Shift+ →可選中 N 列向右的所有欄，然後透過右鍵功能表執行「隱藏」指令，將所有選中的列隱藏❷。隱藏列的方法和隱藏列相似。向下選中多餘列的快速鍵為 Ctrl+ Shift+ ↓。

限制編輯區域時，要注意對區域的鎖定以及解鎖順序。按一下列和欄相交處的按鈕 ◢，全選表格。按 Ctrl+1 打開「儲存格格式」對話方塊，在「保護」選項中

勾選「鎖定」按鈕❸。選中表格中填滿黃色網底的多個儲存格區域，再次打開「設定儲存格格式」對話方塊，在「保護」選項中取消「鎖定」核取方塊的勾選❹。在「校閱」選項中按一下「保護工作表」按鈕，打開「保護工作表」對話方塊，勾選「選取未鎖定的儲存格」核取方塊❺。

此時工作表中只有填滿黃色網底的儲存格區域可以編輯，其他儲存格區域處於不可選中的狀態。

最後在「檢視」選項中取消「格線」「資料編輯列」「標題」核取方塊的勾選，將多餘的表格元素隱藏，使介面看上去更清爽❻。

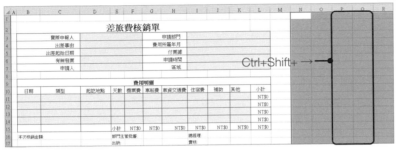

❶ 選中多餘的欄

❷ 隱藏列

❸ 鎖定表格中所有儲存格

❹ 取消鎖定表格中黃色網底區域

❺ 保護鎖定的儲存格

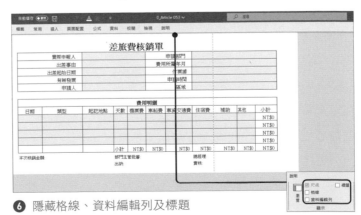

❻ 隱藏格線、資料編輯列及標題

054　從長數列中選取所需資訊

舉例以中國身份證號碼中提取生日的 n 種方法。

一個 18 位元的中國身份證號碼包含許多資訊，如果將這些資訊提取出來就可以了解這個人的大概情況，如戶籍所在地、出生年月日、性別等。

從中國身份證號碼中提取資訊之前需要先瞭解中國身份證號碼中的每個數字代表的含義。

18 位的中國身份證號碼前 6 位為位址碼，表示編碼物件第一次申領居民身份證時的常住戶口所在地，其中第 1、2 位是省、自治區、直轄市程式碼；第 3、4 位是地級市、自治州、盟程式碼；第 5、6 位是縣、縣級市、區程式碼；第 7~14 位表示編碼物件出生的年、月、日；15~17 位是縣、區級政府所轄派出所的分配碼，其中單數為男性分配碼，雙數為女性分配碼，也就是說透過第 17 位號碼即可判斷出身份證持有人的性別。身份證最後一位是校驗碼，可以是數字 0~9 或者 X。

圖❶用表格的形式清晰地展示中國身份證號碼對應的資訊情況。

公司人事部的職員可能經常和員工檔案、員工基本資訊之類的表格打交道，在此類表格中使用者完全可以透過中國身份證號碼批次採集有用的資訊。從中國身份證號碼中提取出生日期便是很常見的操作，提取方法也有很多種。

■ 01 用公式提取

會用函數的人只需要編寫正確的公式便能從中國身份證號碼中提取出生日期。並根據公式類型返回相對應的日期格式，例「短日期」❷和「長日期」❸。

如果中國身份證號碼發生變動或者有新的中國身份證號碼輸入，公式都會自動從新號碼中提取出生日期，由此可見使用公式提取中國身份證號碼中的出生日期不僅方便快捷，而且能夠防止錯誤資訊的產生。

使用公式提取出的日期只是形式上看起來像日期，其本質上還是文字字串，要想將文字日期轉換成真正的日期格式還需進行一系列操作。

■ 02 利用「快速填入」提取

雖然函數功能強大，但是並非每個人都會用函數，在從中國身份證號碼中提取出生日期時其實有更簡單的方法。之前的方法中介紹過「快速填入」功能，利用該功能提取生日更簡單。在提取之前，需要將保

存出生日期的儲存格設定成 2012-03-04
日期格式 **④**。

在出生日期列中手動輸入前兩個中國身份
證號碼中的出生日期（即身份證號碼的第
7~14 位數）並用「-」符號將年、月、日
隔開。然後選中所有需要填滿出生日期的
儲存格，按 Ctrl+E **⑤**，即可從中國身份證
號碼列中批次提取出生日期。

■ **03 用分列功能提取**

「分列」功能即按固定寬度進行分列的特
性，將出生日期從中國身份證號碼中拆分
出來。

選中所有中國身份證號碼，在「資料」選
項中按一下「資料剖析」按鈕 **⑥**。打開「資
料剖析精靈」對話方塊。該對話方塊共分

3	1	0	1	0	1	Y	Y	Y	Y	M	M	D	D	0	0	6	X
地址碼						出生日期碼								分配碼			驗證碼

① 中國身份證號碼中隱藏的個人資訊

② 公式提取「短日期」格式的出生日期

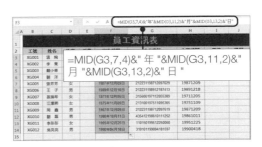

③ 設式提取「長日期」格式的出生日期

④ 設定日期類型

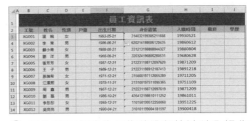

⑤ 輸入前兩個出生日期後進行快速填入操作

⑥ 按一下「資料剖析」按鈕

3步。在第1步對話方塊中選擇「固定寬度」❼；第2步在對話方塊的「預覽分欄結果」區域中分別在出生日期之前和之後按一下，增加兩條分隔線❽；第3步在對話方塊中依次按一下出生日期之前及之後的區域，並分別選中「不匯入此欄」選項按鈕❾。最後按一下出生日期區域，並選中「日期」選項按鈕。設定好「目標儲存格」（匯出出生日期的儲存格區域，或首個儲存

格）。按一下「完成」按鈕❿，便可將所選中國身份證號碼中的所有出生日期提取出來，並儲存到指定的儲存格中。

使用「快速填入」和「資料剖析」功能提取出生日期，省去編寫公式的麻煩，提取出的生日是標準的日期格式。這兩種方法更適用於所有中國身份證號碼已輸入完成，並且以後不會再對中國身份證號碼進行修改的情況。

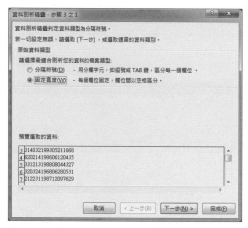

❼ 選擇「固定寬度」

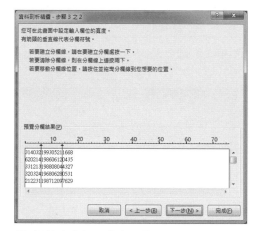

❽ 根據寬度分隔出生日期

❾ 設定「不導入此欄」的號碼段

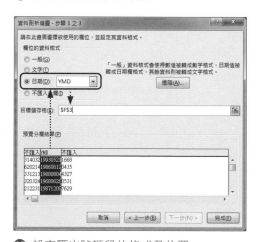

❿ 設定匯出號碼段的格式及位置

055 為活頁簿／表上鎖

實際工作中，財務表、銷售表、採購表之類的報表往往會涉及一些保密資訊，為了防止他人洩露資訊，需要為這些報表加密。那如何進行加密呢？首先打開需要加密的工作表所在的活頁簿，這裡為「員工薪資統計表」進行加密，按一下「檔案」按鈕，打開「檔案」選單；然後在「資訊」選項中「保護活頁簿」下拉按鈕❶，從清單中選擇「以密碼加密」選項，隨即彈出「加密文件」對話方塊，在其中設定密碼後按一下「確定」按鈕，隨後彈出「確認密碼」對話方塊，再次輸入設定的密碼後按一下「確定」按鈕即可；最後再次打開該活頁簿就會發現只有填寫正確的密碼才可以查看表格中的資訊❷，這樣就防止他人隨意查看，確保資訊的安全性。

此外，還可以透過隱藏工作表來防止他人查看資訊，方法為選擇需要隱藏的工作表，然後右擊，從彈出的功能表中選擇「隱藏」指令❸，該工作表就被隱藏起來了，他人就無法查看了。

有時候發送出去一張表格，沒有經過允許就被擅自更改表格中的資料，最後導致整張表格中的資料加總錯誤。為了避免這種情況，最直接的方法就是將工作表加密。

打開工作表，在「校閱」選項中按一下「保護工作表」按鈕，彈出「保護工作表」對話方塊，在其中設定密碼，並將「允許此工作表的所有使用者能」內容取消核取方塊的勾選，按一下「確定」按鈕後彈出「確認密碼」對話方塊，重新輸入密碼，按一下「確定」按鈕即可❹。此時表格中的資料則只能被查看，他人無法選中，若想要更改表格中的資料則會彈出提示資訊，提示只有輸入密碼後才可以進行修改❺。

有一些表格需要在特定的區域填寫資料，這時可為表格設定允許編輯的區域，限定只能在受允許的區域內填寫資料。以圖❻為例，現在需要設定只允許在增加網底的區域內填寫資料。首先選中藍色區。在「常用」選項「儲存格」中按一下「格式」按鈕，從清單中取消「鎖定儲存格」選項的選擇，然後在「校閱」選項中按一下「允許編輯區域」按鈕，彈出「允許使用者編輯區域」對話方塊，從中按一下「新增」按鈕，彈出「新區域」對話方塊，從中為區域命名，然後按一下「確定」按鈕返回「允許使用者編輯區域」對話方塊，按一下「保護工作表」按鈕❼，打開「保護工作表」對話方塊，為藍色區域以外預設鎖定保護區域設定編輯密碼，接著取消勾選「選定鎖定儲存格」核取方塊❽，最後按一下「確定」按鈕。保護工作表後，藍色區以外的範圍是無法被選中的，也無法做任何更改。

❶ 按一下「保護活頁簿」下拉按鈕

❷ 活頁簿設定密碼保護

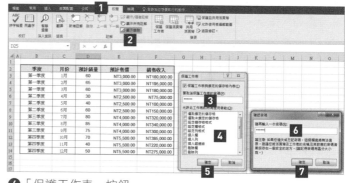

❸ 選擇「隱藏」指令　　❹ 「保護工作表」按鈕

❺ 禁止更改提醒對話方塊

❻ 取消鎖定儲存格

❼ 增加設定允許使用者編輯區域

❽ 「保護工作表」
　 對話方塊

056 來去自由的捲軸

當打開一張工作表時，發現沒有垂直和水平捲軸❶，那麼遇到這種情況該怎麼辦呢？其實不用著急，稍微設定一下，捲軸就會出現。首先在「檔案」功能表中選擇「選項」，打開「Excel 選項」對話方塊，從中選擇「進階」選項，然後在右側區域中勾選「顯示水平捲軸」「顯示垂直捲軸」核取方塊❷，最後按一下「確定」按鈕即可。

同樣，如果不想讓捲軸出現，直接取消「顯示水平捲軸」與「顯示垂直捲軸」核取方塊的勾選即可。

❶ 視窗中不顯示水平捲軸及垂直捲軸

❷ 勾選「顯示水平捲軸」「顯示垂直捲軸」核取方塊

057　你選擇的資料就是「焦點」

核對資料很考驗眼力，尤其是在資料量很大的情況下。如果在核對資料的時候滑鼠點到哪裡，儲存格對應的行和列就明顯顯示形成聚光燈效果，那就再也不用擔心會看錯行列了。排除干擾，工作品質自然提高很多。

在 Excel 中製作聚光燈效果可透過以下兩個步驟來完成。第 1 步是設定條件式格式設定；第 2 步是編寫 VBA 程式碼。

下面來瞭解製作過程。

第 1 步，設定條件式格式設定之前先要選中整個資料區域，當資料區域較大時，滑鼠拖動選擇比較麻煩。可將儲存格定位在資料區域內，按 Ctrl+A 全選包含資料的儲存格區域。隨後在「常用」選項中「樣式」按一下「條件式格式設定」按鈕，在其下拉清單中選擇「新增規則」選項❶。打開「新增格式化規則」對話方塊，從中選擇「使用公式來決定要格式化哪些儲存格」選項，輸入公式「=OR(CELL("row")=ROW(), CELL("col")=COLUMN())」，隨後按一下「格式」按鈕，在「儲存格格式」對話方塊中設定字型為白色，儲存格背景填滿為橙色。設定完成後返回「新增格式化規則」對話方塊，按一下「確定」按鈕關閉對話方塊❷。

此時工作表中還不能形成聚光燈效果。接下來還需要編寫 VBA 程式碼。

第 2 步，右擊工作表標籤，選擇「查看程式碼」選項，打開 Visual Basic 視窗。輸入下面這段程式碼❸，輸入完成後關閉 Visual Basic 視窗。此時在工作表中選中任意一個儲存格，該儲存格所在的列和欄即可被提升亮度，形成標題所述的聚光燈效果❹。

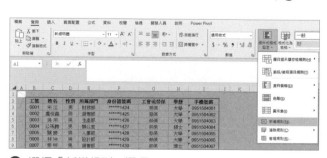

❶ 選擇「新增規則」選項

❷ 自訂規則

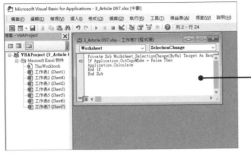

```
Private Sub Worksheet_
SelectionChange(ByVal Target As
Range)
If Application.CutCopyMode = False
Then
Application.Calculate
End If
End Sub
```

❸ 編寫 VBA 程式碼

由於設定聚光燈效果時使用 VBA，所以在
關閉活頁簿的時候需要將該活頁簿儲存為
啟用巨集的活頁簿，這樣才能保證程式碼
長期有效。

	A	B	C	D	E	F	G	H	I
1									
2	工號	姓名	性別	所屬部門	身份證號碼	工會或勞保	學歷	手機號碼
3	0001	宋江	男	財務部	******1424	勞保	大學	0951504061
4	0002	盧俊義	男	銷售部	******1425	勞保	大學	0951504062
5	0003	吳用	男	生產部	******1426	勞保	大學	0951504063
6	0004	公孫勝	男	辦公室	******1427	勞保	碩士	0951504064
7	0005	關勝	男	人事部	******1428	勞保	大學	0951504065
8	0006	林沖	男	設計部	******1429	勞保	大學	0951504066
9	0007	秦明	男	銷售部	******1430	勞保	博士	0951504067
10	0008	呼延灼	男	採購部	******1431	工會	大學	0951504068
11	0009	花榮	男	銷售部	******1432	勞保	大學	0951504069
12	0010	柴進	男	生產部	******1433	勞保	碩士	0951504002
13	0011	李應	男	人事部	******1434	工會	大學	0951504063
14	0012	朱仝	男	設計部	******1435	勞保	大學	0951504064
15	0013	魯智深	男	銷售部	******1436	勞保	大學	0951504060
16	0014	武松	男	設計部	******1437	工會	大學	0951504065
17	0015	董平	男	銷售部	******1438	勞保	博士	0951504066
18	0016	張清	男	採購部	******1439	勞保	大學	0951504067
19	0017	楊志	男	財務部	******1440	勞保	大學	0951504068

❹

058 1 秒鐘在所有空白儲存格中輸入資料

當表格中有部分儲存格需要輸入相同的內
容時，可以按住 Ctrl 鍵依次選中這些儲存
格，然後在最後一個選中的儲存格內輸入
資料，按 Ctrl+Enter 便可將這些資料填滿
到選中的每一個空白儲存格中。

若空白儲存格數量較多且分散在不同的區
域時，逐一選擇這些儲存格比較麻煩，這
種情況可使用「特殊目標」功能快速選取

所有空白儲存格。首先選中工作表中的資
料區域❶，按 Ctrl+G 打開「到」按鈕，按
一下「特殊」按鈕❷，打開「特殊目標」
對話方塊，從中選擇「空格」選項按鈕並
按一下「確定」按鈕❸。這時工作表中的
所有空白儲存格都被選中了，接著在「編
輯欄」中輸入資料 70，再按 Ctrl+Enter 進
行填上即可❹。

此外，使用「尋找及取代」功能也能夠完成批次填上相同內容，且操作起來更為便捷，打開「尋找及取代」對話方塊，在「取代」文字方塊中輸入 70 ❺，最後按一下「全部取代」按鈕即可完成資料的填滿。

❶ 選中工作表中的資料區域

❷「到」對話方塊

❸ 選擇「空格」選項按鈕

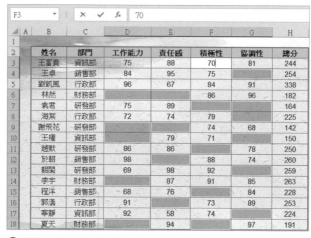

❹ 批次輸入相同資料

❺ 將空值取代成相同內容

059 只能輸入指定資料

在工作表中輸入資料時，為了確保輸入資訊的準確性，提高輸入速度，減少工作量，可以使用資料驗證功能，限定資料登錄的範圍，例如在輸入手機號碼時，會不小心多輸入一位或少輸入一位數字，在這裡可以設定只能輸入 10 位數字。

首先選中 I3:I19 儲存格區域，在「資料」選項中按一下「資料驗證」按鈕，打開「資料驗證」對話方塊，在「儲存格內允許」下拉清單中選擇「文字長度」選項，然後在「資料」下拉清單中選擇「等於」選項，最後在「長度」文字方塊中輸入 10，按一下「確定」按鈕即可❶。

此時選中的儲存格區域只能輸入 10 位數的手機號碼。如果輸入的不是 10 位數字

❷，系統會跳出提示資訊對話方塊，按一下「重試」按鈕，輸入正確的手機號碼即可❸。

此外，還可以設定系統提示資訊的內容，即在「資料驗證」對話方塊中的「錯誤提醒」選項中進行設定。

❶ 設定「文字長度」

❷ 輸入 11 位手機號碼

❸ 輸入正確的手機號碼

060 圈選無效數據

在製作報表的過程中，填寫資料時由於疏忽會填寫一些不符合要求的資料❶，這時就需要對表格進行檢查，把不符合要求的資料圈選出來。首先在此工作表中設定「領用日期」列，即 B3:B17 儲存格區域中的「資料驗證」，在「儲存格內允許」下拉清單中選擇「日期」「資料」下拉清單中選擇「介於」，然後設定「開始日期」和「結束日期」選項，最後按一下「確定」按鈕❷；然後設定「數量」列，即 E3:E17 儲存格區域中的「資料驗證」，在「儲存格內允許」下拉清單中選擇「整數」，「資料」下拉清單中選擇「介於」，「最小值」設定為 1，「最大值」設定為 10，設定好後按一下「確定」按鈕❸；最後按一下「資料」選項中的「資料驗證」下拉按鈕，從清單中選擇「圈選無效資料」選項，即可將表格中不符合要求的資料圈選出來❹。

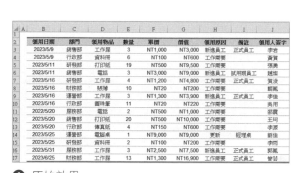

❶ 原始效果

❷ 設定「領用日期」

❸ 設定「數量」

❹ 圈選無效資料

061 連動的下拉清單列表

當輸入到報表中的內容有一個已知的範圍時，例如教育程度的範圍為大學、碩士、博士，性別的範圍為男和女等，輸入時可以先將這部分內容透過資料有效增加到下拉清單中，在輸入時只需要從列表中進行選擇即可輸入想要的內容❶。在工作表中需要為「教育程度」建立下拉清單❷。操作方法為選中需要增加下拉清單的儲存格區域 E3:E17，在「資料」選項中按一下「資料驗證」按鈕，打開「資料驗證」對話方塊，在「儲存格內允許」下拉清單中選擇「清單」，然後在「來源」文字方塊中輸入將要增加到下拉清單中的內容，即「大學,碩士,博士」，每個內容之間用英文逗號隔開，最後按一下「確定」按鈕即可❸。

使用資料驗證還能製作出層級列表的效果，下面介紹如何製作層級下拉清單。

圖❹和圖❺是同一份表格，該表中 B~E 列保存一份菜系及菜系下包含的菜單，現在希望能夠在 F 列選擇菜系，在 G 列選擇該菜系下的菜單。操作方法為首先選擇 F3:F16 儲存格區域，在「資料」選項中按一下「資料驗證」按鈕。打開「資料驗證」對話方塊，在「儲存格內允許」下拉清單中選擇「清單」選項，在「來源」文字方塊中輸入公式「=$B$2:$E$2」，然後按一下「確定」按鈕❻。此時 F3:F16 區域的下拉清單即設定完成。

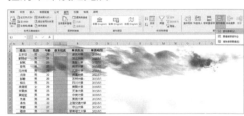

❷ 按一下「資料驗證」按鈕

A	B	C	D	E	F	G
1						
2	姓名	性別	年齡	教育程度	畢業院校	畢業時間
3	王安石	男	26		復旦大學	2015/6/1
4	歐陽修	男	31	大學	浙江大學	2021/6/1
5	蘇軾	男	29	碩士	清華大學	2018/6/1
6	岳飛	男	27	博士	南京大學	2015/6/1
7	范仲淹	男	29		北京大學	2018/6/1
8	沈括	男	32		武漢大學	2021/6/1
9	蘇轍	男	26		吉林大學	2015/6/1
10	柳永	男	25		四川大學	2015/6/1
11	李清照	女	29		南開大學	2018/6/1
12	辛棄疾	男	26		天津大學	2015/6/1
13	黃庭堅	男	29		中南大學	2018/6/1
14	朱熹	男	26		東南大學	2015/6/1
15	晏殊	男	32		上海交通大學	2021/6/1
16	秦觀	男	27		中山大學	2018/6/1
17	陸遊	男	31		華南理工大學	2021/6/1

❶ 透過下拉清單輸入內容

❸ 設定驗證條件

接著設定 G3:G16 儲存格區域的層級下拉清單。設定資料驗證之前先要為菜系及菜單定義名稱。選中 B2：E16 儲存格區域，按 Ctrl+ Shift+F3，打開「以選取範圍建立名稱」對話方塊，只保留「頂端列」核取方塊為選中狀態，按一下「確定」按鈕❼。定義名稱後選中 G3:G16 儲存格區域，再次打開「資料驗證」對話方塊，設定驗證條件中的「儲存格內允許」為「清單」，在「來源」文字方塊中輸入公式「=INDIRECT($F3)」，❽按一下「確定」按鈕，G3:G16 儲存格區域的下拉清單設定完成。

❹ 透過下拉清單選擇名稱

❺ 透過層級下拉清單選擇名稱

❻ F3：F16 區域資料驗證

❼ 定義名稱

❽ G3:G16 區域資料驗證

MEMO

062 銷售報表的資料隨單位而變

有時需要將報表中的金額以不同單位顯示，以滿足更多場合的使用。接下來介紹關於金額顯示的技巧，操作步驟並不複雜，首先選中 G2 儲存格❶，在「資料」選項中按一下「資料驗證」按鈕，打開「資料驗證」對話方塊。然後在「儲存格內允許」下拉清單中選擇「清單」選項，接著在「來源」文字方塊中輸入「元，萬元，十萬元，百萬元」❷。設定完成後按一下「確定」按鈕。

然後選中金額列所在範圍，即 G4:G14 儲存格區域，在「常用」選項中按一下「條件式格式設定」按鈕，從清單中選擇「新增規則」選項，打開「新增格式化規則」對話方塊，在「選擇規則類型」清單方塊

中選擇「使用公式來決定要格式化哪些儲存格」選項。然後輸入公式「=$G$2=" 萬元 "」❸，接著按一下「格式」按鈕，打開「設定儲存格格式」對話方塊，在「數值」選項中選擇「自訂」選項，然後在「類型」文字方塊中輸入「0!.0,」❹，最後按一下「確定」按鈕即可。按照同樣的方法設定金額列條件式格式設定的公式為「=$G$2=" 十萬元 "」，格式程式碼為「0!.00,」。然後按照同樣的方法再次設定金額列條件式格式設定的公式為「=$G$2=" 百萬元 "」，格式程式碼為「0!.000,」。設定完成後，只要從下拉清單中選擇金額單位❺，就可以按指定的單位顯示金額❻，這樣表格看起來一目了然。

A	B	C	D	E	F	G	H
1							
2					單位：		
3	序號	商品名稱	規格型號	單位	銷售數量	金額	
4	001	材料1	01	箱	50	NT16,500	
5	002	材料2	02	箱	60	NT30,000	
6	003	材料3	03	箱	70	NT40,060	
7	004	材料4	04	箱	34	NT19,040	
8	005	材料5	05	箱	60	NT20,400	
9	006	材料6	06	箱	50	NT26,000	
10	007	材料7	07	箱	42	NT25,020	
11	008	材料8	08	箱	20	NT10,400	
12	009	材料9	09	箱	10	NT60,050	
13	010	材料10	10	箱	15	NT70,500	
14	011	材料11	11	箱	25	NT14,050	
15							

❶ 選中 G2 儲存格

❷ 設定驗證條件

❸ 輸入公式

❹ 設定自訂格式

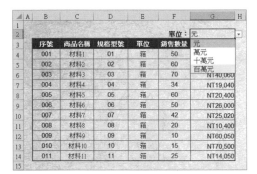

❺ 選擇金額單位

❻ 按指定的單位顯示金額

063 一眼看穿儲存格的性質

如果想知道一張表格中儲存格是否有設定資料驗證，那就來個精確定位。首先按 Ctrl+G 打開「到」對話方塊❶，然後按一下「特殊」按鈕，打開「特殊目標」對話方塊❷，選中「資料驗證」選項按鈕，最後按一下「確定」按鈕，這時設定資料驗證的儲存格會全部被選中。如果彈出提示對話方塊，顯示「找不到所要找的儲存格」，則說明該工作表中沒有設定資料驗證的儲存格。

❶「到」對話方塊

❷「特殊目標」對話方塊

064 多種尋找

經常使用 Excel 的人應該都用過尋找及選取功能，但一般只是用其在茫茫的資料海中尋找指定的資料。其實尋找及選取功能很強大，如果瞭解其更多的用法，那麼，工作起來將事半功倍。下面就對尋找功能進行詳細的介紹。

■ 01 按儲存格格式尋找

在實際工作中，有時候會對表格中的資料設定格式，來突出顯示該資料。但有時候設定的資料格式過多反而很難找出想要的資料。例如，在表格中將各項得分大於 90 和小於 60 的資料設定儲存格格式❶，現在透過尋找儲存格格式的方法將各項得分大於 90 的資料尋找出來。操作方法為打開「尋找及取代」對話方塊，在「尋找」選項中按一下「尋找目標」右側的「格式」按鈕，然後在清單中選擇「從儲存格選擇格式」選項❷。此時進入工作表編輯區，游標變為吸管形狀，這時按一下需要尋找資料的儲存格格式。選擇格式後，「未設定格式」按鈕將變為「預覽」形式，接著按一下「全部尋找」按鈕❸。此時對話方塊中便會顯示出尋找到的所有符合條件的儲存格資訊❹。

■ 02 使用萬用字元進行尋找

當不能確定所要尋找的內容時，可以透過模糊尋找查詢需要的內容，所謂模糊尋找，是指使用萬用字元進行尋找。在進行模糊尋找前需要對萬用字元的類型及使用方法進行說明。在 Excel 中的萬用字元有三種，分別是星號「*」，表示占多個字元；問號「？」，表示占一個字元；波浪「~」，表示波浪右側的符號為普通字元。萬用字元之間組合應用能夠表達許多不同的含義，組合範例如圖❺所示。

下面將在實際範例中介紹萬用字元在尋找及選取功能中的應用。先在表格中尋找產品名稱最後一個字為「機」的儲存格。首先選中「產品名稱」列，按 Ctrl+F 打開「尋找及取代」對話方塊，在「尋找目標」文字方塊中輸入「*機」，隨後按一下「全部尋找」按鈕，便可尋找到選區內所有最後一個字為「機」的儲存格。如果想要選中這些儲存格，按 Ctrl+A 全選對話方塊中的尋找記錄即可❻。

接下來繼續尋找字元總個數是 5 個字元，前兩個字元是「無線」的儲存格。再次打開「尋找及取代」對話方塊，展開對話方塊中的所有選項，勾選「儲存格內容須完全相符」核取方塊，之後再按一下「全部尋找」按鈕❼，這樣才能夠準確地尋找到與要求相符的儲存格，若不勾選「儲存格內容須完全相符」核取方塊，而直接進行尋找，那麼所有以「無線」開頭的儲存格都會被尋找出來❽。

■ 03 使用區分大小寫

有些表格中同時包含大寫字母和小寫字母，若要使用尋找及選取功能尋找某個大寫字母，需要啟動區分大小寫功能。例如，尋找「等級」為 A 的大寫字母。打開「尋找及取代」對話方塊，輸入尋找目標為大寫的 A，先勾選「大小寫須相符」核取方塊，再進行尋找。即可尋找到表格中所有包含大寫 A 的儲存格。

▲	A	B	C	D	E	F	G	H
1								
2		姓名	部門	工作能力	責任感	積極性	協調性	總分
3		王富貴	資訊部	75	88	98	81	342
4		王卓	銷售部	84	95	75	82	336
5		劉凱鳳	行政部	96	67	84	88	335
6		林然	財務部	81	84	86	96	347
7		袁君	研發部	75	89	82	74	320
8		海棠	行政部	72	74	79	66	291
9		謝飛花	研發部	45	72	74	68	259
10		王權	資訊部	68	79	71	63	281
11		越默	研發部	86	86	68	50	290
12		於朝	銷售部	98	80	88	74	340
13		朝聞	研發部	69	98	89	76	332
14		李宇	財務部	78	87	91	85	341
15		程洋	銷售部	68	76	59	84	287
16		郭濤	行政部	91	75	73	89	328
17		寧靜	資訊部	70	58	74	98	300
18		夏天	財務部	86	85	86	70	327

❶ 包含多種格式的表

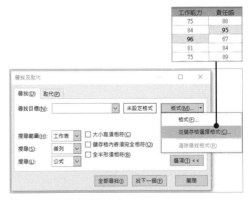

❷ 從儲存格選擇格式

❸ 按一下「全部尋找」按鈕

字元	含意	範例	可以符合的字元
?	任何單一字元。	?果	水果、蘋果、因果、後果等
??	任何兩個字元。	??果	火龍果、長生果、奇異果等
???	任何三個字元。	果???	果不其然、果然如此等
*	任何數目的字元。	*你*	你好、你在哪裡、你是大海星辰等
??-???	共6個字元，第三個字元為"-"。	??-???	XY-051、00-18X等
abc	包含"abc"的字元。	*風*	春風十里不如你、妳如一夜春風來等
*-~?	結尾是"?"的字元。	*~?	你是Excel大神嗎?我要亮亮?等

❺ 萬用字元組合使用範例

❹ 顯示尋找結果

❻ 尋找最後一個字是「機」的儲存格

❼ 設定符合內容的儲存格

❽ 未設定符合內容儲存格

❾ 尋找目標為大寫字母 A 的儲存格

065 用色塊歸類資料資訊

在工作中，常常需要為表格中的儲存格填滿顏色，使該儲存格中的內容與其他儲存格區分開來，這樣也便於尋找和閱讀❶。在這裡需要將包含同類課程的儲存格填上統一的顏色，例如，將健身課程表中相同的課程填上統一的顏色，可以使用「尋找及取代」功能來實現快速操作。

首先，按 Ctrl+H 打開「尋找及取代」對話方塊，然後在「尋找目標」文字方塊中輸入要尋找的內容，這裡輸入「普拉提」，接著按一下「取代成」右側的「格式」按鈕❷，打開「取代格式」對話方塊，然後在「填滿」選項中設定儲存格的填滿顏色❸。如果沒有滿意的顏色，可以按一下「其他顏色」按鈕，從中選擇滿意的顏色。還可以根據需要設定儲存格的填滿效果或者設定儲存格填滿圖樣的樣式和色彩，設定完成後按一下「確定」按鈕返回「尋找及取代」對話方塊，可以看到「取代成」右側的預覽顏色。接著按一下「全部取代」按鈕，將所有課程是「普拉提」的儲存格填滿顏色。此時表格中課程是「普拉提」的儲存格全部被填滿淺藍色❹。最後按照同樣的方法為其他相同的課程填滿統一的顏色。

此外，還可以使用「填滿顏色」功能為儲存格填滿顏色，即選中 G2:H2 儲存格區域，在「常用」選項中按一下「填滿色彩」按鈕，從清單中選擇合適的顏色，即可為所選儲存格填滿顏色。例如，根據屬於同一類別的課程顏色，為「團課有氧操」填滿顏色。

BCC 健身達人					團課有氧操 動感單車課程 瑜伽課程		8月
時間	星期一	星期二	星期三	星期四	星期五	星期六	星期日
12:10-13:10	皮拉提斯	肚皮舞	哈達瑜伽	哈達瑜伽	異國熱舞	Zumba	肚皮舞
18:10-19:00	燃脂炸彈	異國熱舞	叢林越野	有氧操	肚皮舞	Zumba	肚皮舞
18:30-19:20	拳擊有氧	Zumba	燃脂炸彈	燃脂炸彈	Zumba	燃脂炸彈	叢林越野
18:10-19:10	養生瑜伽	哈達瑜伽	養生瑜伽	養生瑜伽	有氧操	皮拉提斯	有氧操
19:00-19:50	燃脂炸彈	異國熱舞	拳擊有氧	燃脂炸彈	Zumba	燃脂炸彈	Zumba
19:10-20:00	肚皮舞	叢林越野	拳擊有氧	拳擊有氧	叢林越野	異國熱舞	肚皮舞

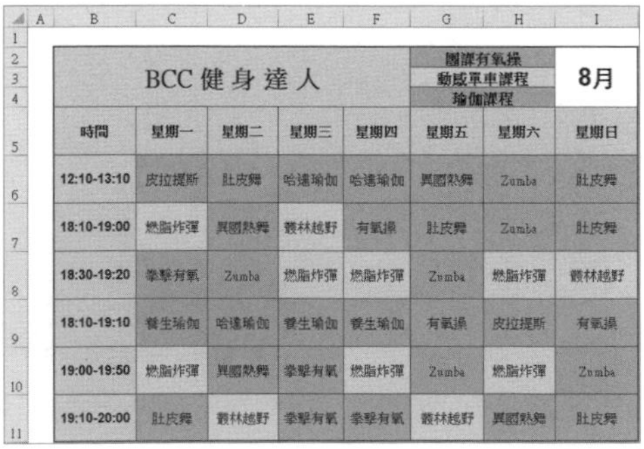

❶ 儲存格填滿顏色的表格

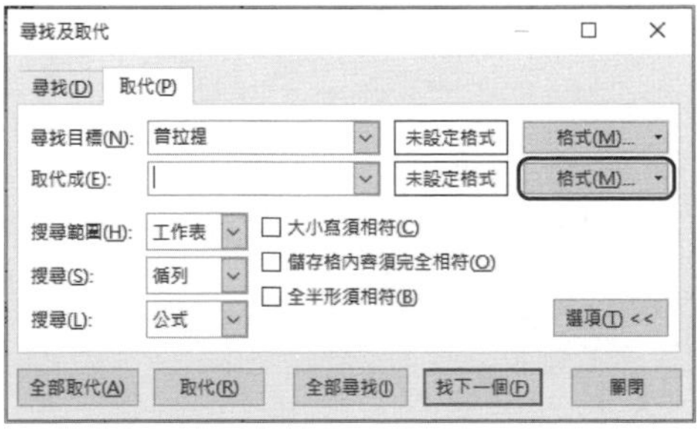

❷ 輸入「普拉提」

❸ 選擇合適的填滿顏色

❹ 填滿顏色效果

066 突顯符合條件的報表資料

如果表格中的資料量非常大,想要從大量的資料中找出需要的資料是非常費時間的,這時,可以將符合條件的資料突顯出來。例如,在工作表中找出銷售金額大於50000的資料。此時可以使用條件式格式設定設定功能,將銷售金額大於50000的儲存格突顯出來❶。

操作方法為選中F3:F19儲存格區域,然後在「常用」選項中按一下「條件式格式設定設定」下拉按鈕,從清單中選擇「醒目提示儲存格規則」選項,然後選擇「大於」選項,打開「大於」對話方塊,從中輸入50000,然後設定填滿顏色為「淺紅色填滿與深紅色文字」,設定完成後按一下

「確定」按鈕即可。這時可以在工作表中看到銷售金額大於50000的儲存格被突顯出來。

此外,在「醒目顯示儲存格規則」選項中還可以設定銷售金額小於某值、介於某兩個值、等於某值等,可以根據需要進行設定。

如果功能表中沒有需要的選項,可以選擇「其他規則」進行自訂設定。

在查看工作表時,還可以根據需要將符合條件範圍的資料突顯出來,例如將表格中的「總分」最大的3個資料尋找並突顯出來❷。此時不需要對比查看找出最大的3

個總分，只需要選中 H3:H20 儲存格區域，然後在「常用」選項中按一下「條件式格式設定」下拉按鈕，從清單中選擇「前段 / 後段項目規則」選項，然後在其聯及功能表中選擇「前 10 個項目」選項，彈出「前 10 個項目」對話方塊，在文字方塊中輸入 3，接著設定填滿顏色為「綠色填滿與深綠色文字」，設定完成後按一下「確定」按鈕即可。此時在工作表中可以看到「總分」最大的前 3 個的儲存格已被突出顯示出來。

❶ 設定突顯顯示大於 50000 的銷售金額

❷ 設定突顯總分的前 3 名

┌─ **MEMO** ─────────────────────────────┐
│   │
│   │
│   │
│   │
│   │
│   │
└───┘

067 被忽視的資料橫條

資料條屬於圖形化條件式格式設定，使用資料條可以使資料更加直覺地展現出來。例如，為了對比「期中成績」和「期末成績」的情況，可以分別為其增加資料橫條，即選中 C3:C11 儲存格區域❶，在「常用」選項中按一下「條件式格式設定設定」按鈕，從清單中選擇「資料橫條」選項，選擇「實心填滿」綠色資料橫條。接著按照同樣的方法為 D3:D11 和 E3:E11 儲存格區域增加合適的資料橫條❷。

「分數增減」列中同時存在正數和負數，當應用資料橫條時，會呈現出雙色反向對比的效果。此方法常用來進行盈虧平衡分析、漲跌幅度分析、偏離平均值的分析等。

增加完資料橫條後，如果想要反向顯示左側的資料橫條，得到像「旋風」一樣的效果圖❸，可以選中 C3:C11 儲存格區域，在「條件式格式設定」清單中選擇「管理規則」選項，打開「設定格式化的條件規則管理員」對話方塊，按一下「編輯規則」按鈕。打開「編輯格式化規則」對話

方塊，將「橫條圖方向」設定為「從右到左」❹，最後按一下「確定」按鈕即可。可以看到 C 列中的橫條圖方向發生改變，得到「旋風圖」效果。

從上面的「旋風型」橫條圖中可以看到，部分資料被資料橫條遮住，而且每個數列的最大數值均占滿儲存格，代表 100%。這就意味著兩個數列對比的是各自的百分比，而不是絕對數值。如果想要對比「期中成績」和「期末成績」分數的大小，則必須統一兩個數列的取值範圍。操作方法為首先選中 C3:C11 儲存格區域，打開「編輯格式化規則」對話方塊，將「最小值」和「最大值」的類型更改為「數值」，然後將最小值改為 0，最大值改為 120❺。這裡需説明，由於兩組資料的最大值為 90，所以 120>90，這樣就可以為資料留出空間，防止遮擋最大的數值。設定完成後按一下「確定」按鈕即可，然後按照同樣的方法設定 D3:D11 儲存格區域。最後將 C 列資料左對齊，將 D 列資料右對齊，即可完成設定❻。

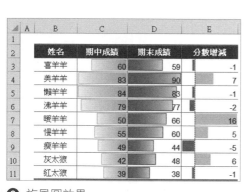

❶ 選中 C3：C11 儲存格區域

❷ 用資料橫條展示數值

❸ 旋風圖效果

❹ 更改「橫條圖方向」

❺ 設定資料橫條最大值和最小值

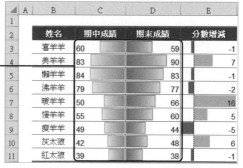

❻ 資料橫條以數值實際大小顯示

漂亮的色階

日常生活中經常會看到一些用顏色反映資料變化的圖形，利用 Excel 色階功能也可以實現類似的效果。例如，對一週的即時溫度使用色階功能，可以更加直觀地反映溫度變化情況❶。

選中 C4:I27 儲存格區域，在「常用」選項中按一下「條件式格式設定」按鈕，從展開的清單中選擇「色階」選項，然後選擇「紅 - 黃 - 綠色階」選項❷，資料即可應用所選色階效果。

從完成的溫度色階中可以看出，溫度越高，顏色越紅，溫度越低，顏色越綠。如果大家覺得色階的漸層效果不夠明顯，可以自訂色階的取值範圍以及色階顏色。

操作方法為在「條件式格式設定」下拉清單中選擇「管理規則」選項，打開「設定格式化的條件規則管理員」對話方塊，按一下「編輯規則」按鈕，彈出「編輯格式化規則」對話方塊，重新選擇類型為「數值」並分別設定最小值、中間值及最大值，透過「色彩」下拉清單可以重新選擇最小值、中間值以及最大值的顏色❸，設定完成後按一下「確定」按鈕即可顯示修改後的效果❹。

❷ 設定色階

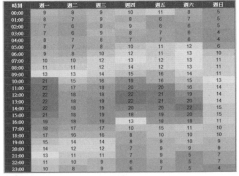

❶ 色階顯示一週氣溫變化

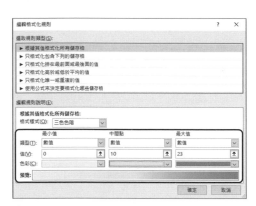

❸ 設定色階的取值範圍及顏色　　　　　　❹ 色階的取值範圍及顏色得到修改

069　將資料圖像化的圖示集

在進行展示資料時，可以使用「圖示集」功能將資料劃分等級，使資料等級更具體地展示出來。圖示集預設劃分方式是以資料區域內的最小值和最大值作為兩個端點，按照圖示的個數等距劃分，接下來以「完成進度」為標準等級劃分❶，介紹如何為專案進度增加圖示集，操作方法為選中資料區域❷，在「常用」選項中按一下「條件式格式設定」按鈕，從清單中選擇「圖示集」選項，然後選擇合適的圖示集，即可為表中資料增加圖示集❸。這時如果更改表格中的資料，會發現圖示集並不能同步變化❹，那麼該如何修改呢？其實很簡單，首先打開「編輯格式化規則」對話方

塊，對圖示的「值」和「類型」進行設定❺，設定完成後按一下「確定」按鈕即可❻。

接下來再講解一個範例，要求將績效考核成績進行等級劃分，即大於或等於 80 為一個等級，大於或等於 60 而小於 80 為一個等級，小於 60 為一個等級。

操作方法為選中 D3:G20 儲存格區域❼，在「條件式格式設定」清單中選擇「圖示集」選項，然後選擇「其他規則」選項，打開「新增格式化規則」對話方塊，進行設定❽，設定完成後按一下「確定」按鈕即可。此時可以看到為績效考核成績增加圖示集後的效果❾。

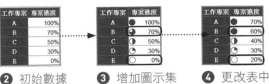

① 標準等級劃分　② 初始數據　③ 增加圖示集　④ 更改表中資料　⑥ 圖示取值範圍得到修改

⑤ 設定「值」和「類型」

⑦ 績效考核資料

⑧ 設定圖示集參數

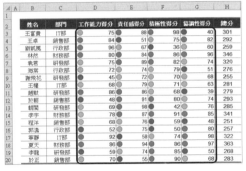

⑨ 增加圖示集後的效果

070　標記重複姓名

財務人員在製作薪資發放表時，由於疏忽重複輸入員工姓名，這樣可能會造成同一個員工發放兩次薪資的情況。因此在薪資發放表製作完成時，需要對表格進行

檢查，檢查是否輸入重複的員工姓名和資訊，並將重複的姓名標記出來，再進行仔細核對。

這種情況可以使用條件式格式設定對其進行標記。操作方法為選擇「姓名」列，在「常用」選項中按一下「條件式格式設定」下拉按鈕，從清單中選擇「新增規則」選項❶，打開「新增格式化規則」對話方塊，在「選取規則類型」清單方塊中選擇「只格式唯一或重複的值」，然後在「選取範圍值」列表中選擇「重複的」，接著按一下「格

式」按鈕❷，彈出「設定儲存格格式」對話方塊，從中對字型色彩及背景色進行設定❸，設定完成後按一下「確定」按鈕即可。此時工作表中重複的姓名就被標記出來了❹。

此外，還可以在「條件式格式設定」清單中選擇「醒目提示儲存格規則」選項❺，然後從其聯及功能表中選擇「重複的值」，打開「重複的值」對話方塊，按照需求進行設定❻，將工作表中重複的姓名標記出來。

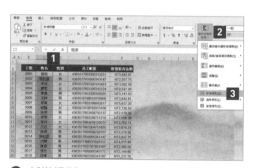

❶ 新增規則

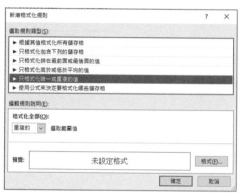

❷「新增格式化規則」對話方塊

❸ 設定儲存格格式

A	B	C	D	E	F
1					
2	工號	姓名	性別	員工帳號	貫發薪資金額
3	0001	張燕	女	4363517603300343231	NT3,642.01
4	0002	陳曉	男	4363517656900343147	NT2,937.75
5	0003	李佳	女	4363517603300343423	NT3,052.50
6	0004	顧君	女	4363517603300343124	NT2,547.00
7	0005	李勇	男	4363517603300345525	NT3,141.50
8	0006	王辭	男	4363517895420164466	NT3,942.81
9	0007	周菁	女	4363517603398643517	NT5,637.20
10	0008	劉豔	女	4363513158792013168	NT2,726.50
11	0009	吳玉	男	4363517603458703137	NT2,510.50
12	0010	李愛	女	4363517603348751210	NT2,000.50
13	0011	辛欣	女	4363517664879120515	NT2,762.13
14	0012	王玨	女	4363517603364751825	NT3,876.24
15	0013	吳玉	男	4363517603458703137	NT2,510.50
16	0014	陳曉	男	4363517656900343147	NT2,937.75
17	0015	沈觴	男	4363517368791543157	NT4,615.99
18	0016	陳晨	男	4363517603367853167	NT2,482.00
19	0017	張良	男	4363517600000343177	NT3,144.80
20	0018	陸軍	男	4363007603300343187	NT5,237.15

❹ 重複值醒目顯示

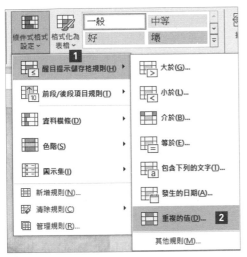

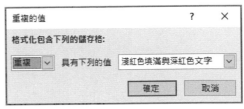

❺ 選擇「醒目提示儲存格規則」選項　　❻ 按照需要進行設定

071 保留條件式格式設定的顯示

對工作表中的資料設定條件式格式後❶，還可以將儲存格中的資料隱藏起來，只保留條件式格式設定的顯示，讓其看起來具有類似於圖表的效果❷。

操作方法為選中 D3:H20 儲存格區域，在「條件式格式設定」清單中選擇「管理規則」選項❸，彈出「設定格式化的條件規則管理員」對話方塊，然後選擇「資料條」規則，按一下「編輯規則」按鈕，打開「編輯格式化規則」對話方塊，勾選「僅顯示資料橫條」核取方塊❹，最後按一下「確定」按鈕即可，然後按照同樣的方法設定「圖示集」的規則。設定完成後，即可成功

隱藏數值，只顯示資料橫條和圖示集。

大多數情況都是為數值類型的資料增加圖示集，其實文字型的資料也可以增加圖示集，設定的前提是，將表格中的文字❺轉換成數值，相同的文字需要轉換成統一的數字❻，這樣文字型資料便能夠以圖示集顯示❼。

選擇好文字型資料區域後，在「條件式格式設定」清單中選擇「新增規則」選項，然後打開「新增格式化規則」對話方塊，進行相關設定❽。

當不再需要工作表中的條件式格式設定時，可以將其清除，那麼該如何操作呢？

有兩種方法可以選擇，一種方法是直接刪除，即在「條件式格式設定」清單中選擇「清除規則」選項，然後選擇合適的清除範圍；另一種方法是在「設定格式化的條件規則管理員」對話方塊中選擇需要刪除的條件式格式設定規則，然後按一下「刪除規則」按鈕即可。

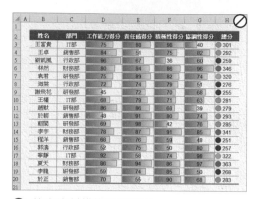

❶ 值和資料橫條同時顯示

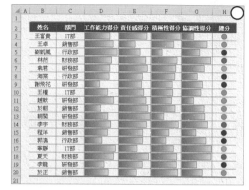

❷ 只顯示資料橫條

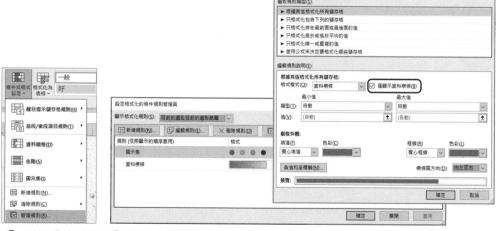

❸ 選擇「管理規則」選項　❹ 設定僅顯示資料橫條

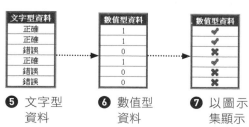

❺ 文字型資料　❻ 數值型資料　❼ 以圖示集顯示　❽ 設定參數

072 變化儲存格樣式

表格製作完成後，有時候需要為儲存格設定特定的儲存格樣式❶，以增強可讀性和規範性，方便後端進行資料處理。這時可以直接套用系統預設的一些典型樣式，快速實現儲存格格式的設定。操作方法為選中需要設定儲存格樣式的儲存格區域，在「常用」選項中按一下「儲存格樣式」下拉按鈕，從清單中選擇合適的樣式即可。這時就可以看到為列標題應用儲存格樣式的效果❷。

編號	姓名	性別	部門	入職時間	年資	年假天數
0001	李白	男	研發部	2001/8/5	16	25
0002	蔡文姬	女	行政部	2006/4/3	12	21
0003	高湛	男	財務部	2004/7/9	13	22
0004	嵇康	男	企劃部	2002/4/1	16	25
0005	韓信	男	研發部	2000/8/12	17	26
0006	董卓	男	銷售部	2004/8/1	13	22
0007	張良	男	財務部	2005/8/4	12	21
0008	範鑫	男	銷售部	2003/6/4	15	24
0009	項羽	男	行政部	2001/2/20	17	26
0010	西施	女	企劃部	2002/8/12	15	24
0011	劉邦	男	財務部	2003/4/1	15	24
0012	房玄齡	男	研發部	2003/4/12	15	24
0013	齊小白	男	銷售部	2001/7/1	16	25
0014	呂布	男	行政部	2007/1/2	11	20

❶ 表格沒有設定特定格式

編號	姓名	性別	部門	入職時間	年資	年假天數
0001	李白	男	研發部	2001/8/5	16	25
0002	蔡文姬	女	行政部	2006/4/3	12	21
0003	高湛	男	財務部	2004/7/9	13	22
0004	嵇康	男	企劃部	2002/4/1	16	25
0005	韓信	男	研發部	2000/8/12	17	26
0006	董卓	男	銷售部	2004/8/1	13	22
0007	張良	男	財務部	2005/8/4	12	21
0008	範鑫	男	銷售部	2003/6/4	15	24
0009	項羽	男	行政部	2001/2/20	17	26
0010	西施	女	企劃部	2002/8/12	15	24
0011	劉邦	男	財務部	2003/4/1	15	24
0012	房玄齡	男	研發部	2003/4/12	15	24
0013	齊小白	男	銷售部	2001/7/1	16	25
0014	呂布	男	行政部	2007/1/2	11	20

❷ 列標題套用儲存格樣式

如果不想要系統預設的儲存格樣式，也可以自訂儲存格樣式來滿足需求，那麼如何自訂儲存格樣式呢？首先在「常用」選項中按一下「儲存格樣式」下拉按鈕，從清單中選擇「新增儲存格樣式」選項❸，然後打開「樣式」對話方塊，在「樣式名稱」文字方塊中輸入名稱「標題樣式」，然後按一下「格式」按鈕❹，打開「儲存格格式」對話方塊，從中對「字型」和「填滿」進行設定❺，設定完成後按一下「確定」按鈕即可。接著再按一下「儲存格樣式」下拉按鈕，在「自訂」區域可以看到新增的「標題樣式」，便可以套用該自訂標題樣式❻。

❸ 選擇「新增儲存格樣式」選項

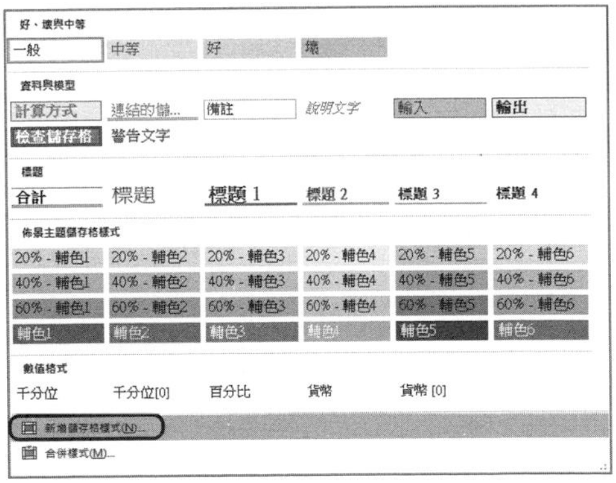

如果想要刪除應用的標題樣式，可以在「儲存格樣式」清單中右擊應用的標題樣式，然後從彈出的快顯功能表中選擇「刪除」指令即可。除此之外，按一下「常用」選項中的「清除」按鈕，從清單中選擇「清除格式」選項，也可以刪除應用的標題樣式。

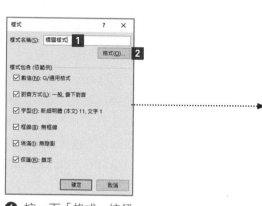

❹ 按一下「格式」按鈕

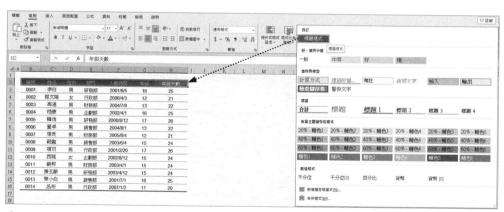

❺ 對「字型」和「填滿」進行設定

❻ 自訂標題樣式

MEMO

073 小圖示大作為的快速分析

當選中兩個以上包含內容的儲存格後，儲存格右下角會出現一個小圖示，這個圖示即「快速分析」工具圖示❶。游標靠近所選區域時，圖示出現，游標遠離所選區域時，圖示消失。這個快捷工具是自 Excel 2013 開始新增的功能。它可以透過內建的工具方便、快速地分析資料。

下面來看一下快速分析工具究竟能執行哪些資料分析。

按一下「快速分析」按鈕，觀察展開的清單可以發現，該列表中有設定格式、圖表、總計、表格及走勢圖五種工具。

打開快速分析工具清單後預設顯示的是設定格式工具，在不同的工具名稱上方按一下，可切換到相對應的工具組。

快速分析工具清單會根據所選資料的類型自動提供不同類型的分析工具。以設定格式工具為例，當選擇的資料為數字時，設定格式工具會提供資料橫條、色階、圖示集等資料分析工具❷；當選擇的資料為文字時，則會提供文字包含、重複的值、唯一值等文字資料分析工具❸。將游標移動到某個工具圖示上方時可預覽相對應的效果，按一下可套用該工具❹。

另外，利用快速分析工具還能夠快速插入圖表❺，以不同的方式對資料進行總計❻，建立表格❼，建立走勢圖❽。快速分析看上去雖小，卻擁有這麼多好用的功能，絕對不容忽視。

❶ 快速分析工具

❷ 選擇數字資料時顯示的設定格式工具

❸ 選擇文字資料時顯示的設定格式工具

	姓名	現職位	升遷考核職位	硬體得分(30%)	面試得分(30%)	公司考核得分(40%)		總分
			公司內部職工升遷考核成績表					
4	牛萌萌	生產統計	廠　長　助　理	23	23	27		73
5	魏愛姍	生產班長	生產單位主任	29	28	28		85
6	劉思懇	生產技術員	技　術　工　程　師	24	28	40		92
7	魏克強	生產統計	廠　長　助　理	24	27	39		90
8	吳曉蘇	生產文員	廠　長　助　理	27	28	31		86
9	陳　曉	生產班長	生產單位主任	30	20	32		82
10	張　帆	物料組長	生產單位主任	21	28	21		70
11	陽明路	生產文員	生產單位主任	26	27	39		92
12	朱伶俐	生產技術員	技　術　工　程　師	22	23	36		81
13	馬小榮	包裝組長	生產單位主任	23	21	29		73
14	劉　翔	生產統計	廠　長　助　理	28	20	32		80
15	章　敏	生產文員	廠　長　助　理	28	28	39		95
16	趙大義	生產技術員	技　術　工　程　師	29	26	21		76
17	孫　瑞	生產班長	生產單位主任	22	27			
18	尤　磊	生產文員	廠　長　助　理	28	20			
19	陳　龍	生產統計	廠　長　助　理	26	29			
20	許　超	生產班長	生產單位主任	27	23			
21	蘇　三	生產技術員	技　術　工　程　師	28	26			
22	劉　海	生產文員	廠　長　助　理	22	20			
23	孟愛國	物料組長	生產單位主任	21	24			

❹ 應用圖示集

❺ 插入圖表

❻ 總計資料

❼ 建立圖表

❽ 建立走勢圖

074 預設表格格式

前面的內容中講解如何為儲存格快速套用樣式，那麼能不能為整個工作表❶套用一種樣式❷，讓其看起來更加美觀呢？其實使用格式化為表格功能就能實現。

首先選中表格中的任意儲存格，然後在「常用」選項中按一下「格式化為表格」下拉按鈕，從清單中選擇合適的表格樣式。接著彈出「建立表格」對話方塊，然後保持預設設定，按一下「確定」按鈕❸，工作表便可成功套用所選樣式。

此時的表格已經由普通的表格轉換成資料分析表，頂端標題出現下拉按鈕，用於排序和篩選，功能區中自動新增「表格設計」選項❹，利用該選項中的指令，可以對表格的樣式、屬性進行設定，或者對表中的資料進行處理與分析。

如果希望將表變回原來的表格樣式，可以在「表格設計」選項中按一下「轉換為範圍」按鈕，然後再根據需要，對表格進行美化。

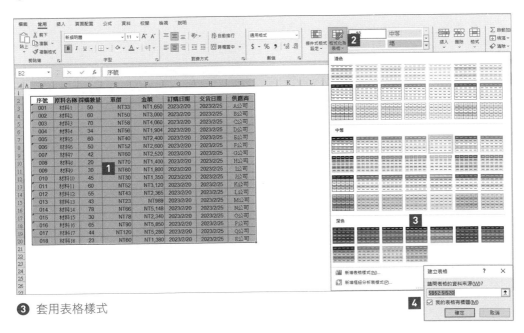

❶ 表格未設定樣式

❷ 表格套用預設格式

❸ 套用表格樣式

❹「表格設計」選項

075　插入欄／列的方式由我定

當製作好表格後，發現還需要補充資料，這時就需要插入新的欄或列❶。下面總結幾種常用的插入欄或列的方法，以供大家參考。

（1）右鍵插入法。按一下需要插入列的下方，選中該列，然後右擊選中的列，從彈出的快顯功能表中選擇「插入」指令❷即可插入一個空白列。

（2）功能區按鈕插入法。選中要插入欄下方的列，然後在「常用」選項中按一下「插入」按鈕，從清單中選擇「插入工作表列」選項即可❸。

（3）快速鍵插入法。選中要插入欄下方的列，接著按 Ctrl+Shift+= 即可在其上方插入空白列❹。

（4）儲存格插入法。選擇要插入列下方的任意儲存格，然後右擊，從快顯功能表中選擇「插入」指令，打開「插入」對話方塊，從中選中「整列」選項按鈕即可❺。

插入列的方法和插入欄的方法基本相同。

最後，再介紹一種隔列插入一個空列的方法，操作方法為在表格右側列中輸入兩組序號，第一組序號為從 1 開始的奇數序列，第二組序號是從 2 開始的偶數序列，這兩組輔助資料可以使用滑鼠拖曳，自動填滿❻。然後選中輔助列中的任意一個儲存格。在「資料」選項中的「排序和篩選」組中按一下「從最小到最大排序」按鈕。此時的表格已經隔列插入了空列❼。最後需要刪除輔助列並對表格外框進行修飾即可。

此操作方法其實是利用資料排序的原理，將表格下方的空白列向上移動，形成隔行插入空白列的效果，事實上，表格中並沒有被插入新的空白列。

	員工編號	員工姓名	所屬部門	醫療報銷種類	核銷日期	醫療費用	企業報銷金額
	001	辭洋	採購部	計劃生育費	2023/4/1	NT 2,200	NT 1,650
	002	宋嵐	財務部	藥品費	2023/4/7	NT 2,000	NT 1,500
	003	長庚	客服部	理療費	2023/4/10	NT 800	NT 600
	004	顧昀	銷售部	體檢費	2023/4/15	NT 450	NT 338
	005	君書影	研發部	針灸費	2023/4/20	NT 300	NT 225

❶ 插入空列

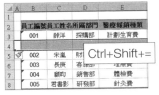

② 右鍵插入法　　**③** 功能區按鈕插入法　**④** 快速鍵插入法　　　**⑤** 儲存格插入法

⑥ 插入一個輔助列

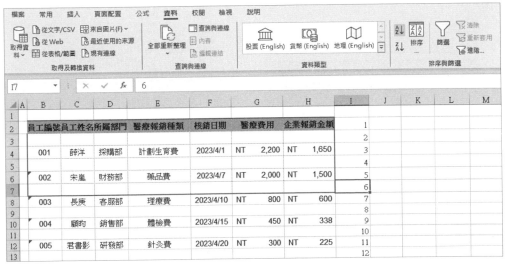

⑦ 隔列插入一個空列的效果

076 讓所有的空白列消失

如果工作表中包含大量的空白列❶，為了節省資源和方便對表格中的資料進行分析處理，需要將空白列全部刪除。但是若一個個找出空白列並將其刪除非常費時，那麼如何才能快速將所有的空白列刪除並且做到不漏刪、不誤刪呢？

方法很簡單，首先可以採取排序刪除的方法，即選擇整個工作表，然後在「排序和篩選」列表中選擇「從A到Z排序」選項，即可發現所有的空列都集中在底部❷，此時只要將其全部刪除即可。此外，還可以採用篩選刪除的方法，即選擇整個工作表，在「排序和篩選」列表中選擇「篩選」選項，工作表中的列標題右側出現篩選按鈕，然後在每一列的篩選條件列表中僅勾選「空白」核取方塊。這時就把表格中的所有空白行篩選出來❸，然後執行刪除操作即可，最後再按一下「資料」選項中的「篩選」按鈕，取消「自動篩選」，可以看到工作表中的所有空白列都被刪除了❹。

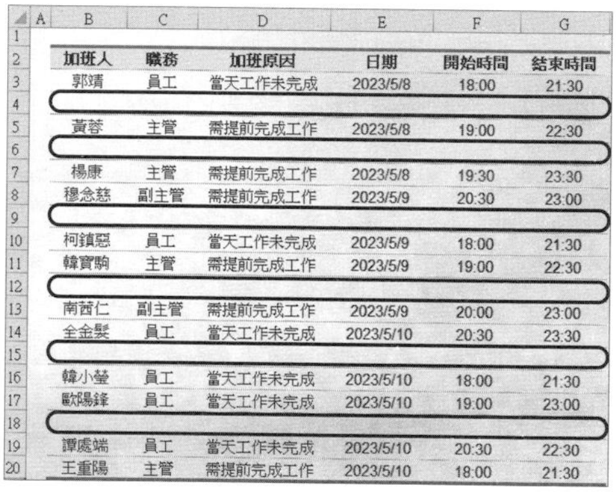

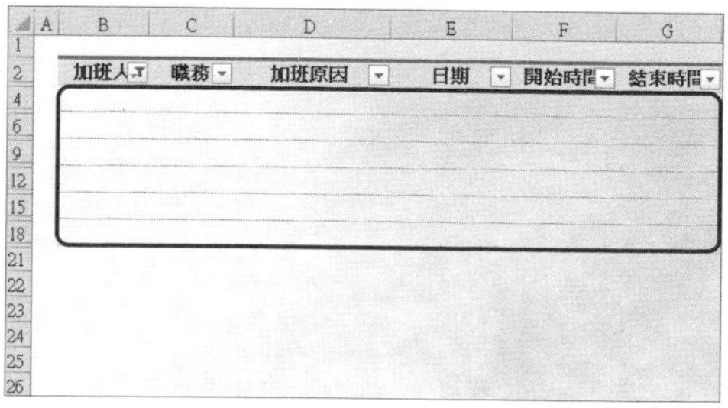

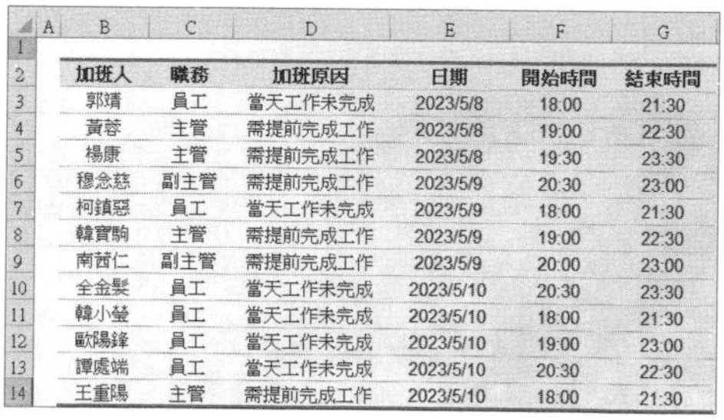

	加班人	職務	加班原因	日期	開始時間	結束時間
3	郭靖	員工	當天工作未完成	2023/5/8	18:00	21:30
4						
5	黃蓉	主管	需提前完成工作	2023/5/8	19:00	22:30
6						
7	楊康	主管	需提前完成工作	2023/5/8	19:30	23:30
8	穆念慈	副主管	需提前完成工作	2023/5/9	20:30	23:00
9						
10	柯鎮惡	員工	當天工作未完成	2023/5/9	18:00	21:30
11	韓寶駒	主管	需提前完成工作	2023/5/9	19:00	22:30
12						
13	南茜仁	副主管	需提前完成工作	2023/5/9	20:00	23:00
14	全金髮	員工	當天工作未完成	2023/5/10	20:30	23:30
15						
16	韓小瑩	員工	當天工作未完成	2023/5/10	18:00	21:30
17	歐陽鋒	員工	當天工作未完成	2023/5/10	19:00	23:00
18						
19	譚處端	員工	當天工作未完成	2023/5/10	20:30	22:30
20	王重陽	主管	需提前完成工作	2023/5/10	18:00	21:30

❶ 表格中包含大量空白列

	加班人	職務	加班原因	日期	開始時間	結束時間
3	王重陽	主管	需提前完成工作	2023/5/10	18:00	21:30
4	全金髮	員工	當天工作未完成	2023/5/10	20:30	23:30
5	南茜仁	副主管	需提前完成工作	2023/5/9	20:00	23:00
6	柯鎮惡	員工	當天工作未完成	2023/5/9	18:00	21:30
7	郭靖	員工	當天工作未完成	2023/5/8	18:00	21:30
8	黃蓉	主管	需提前完成工作	2023/5/8	19:00	22:30
9	楊康	主管	需提前完成工作	2023/5/8	19:30	23:30
10	歐陽鋒	員工	當天工作未完成	2023/5/10	19:00	23:00
11	穆念慈	副主管	需提前完成工作	2023/5/9	20:30	23:00
12	韓小瑩	員工	當天工作未完成	2023/5/10	18:00	21:30
13	韓寶駒	主管	需提前完成工作	2023/5/9	19:00	22:30
14	譚處端	員工	當天工作未完成	2023/5/10	20:30	22:30

❷ 所有的空列都集中在底部

	加班人	職務	加班原因	日期	開始時間	結束時間

❸ 篩選出所有空白列

	加班人	職務	加班原因	日期	開始時間	結束時間
3	郭靖	員工	當天工作未完成	2023/5/8	18:00	21:30
4	黃蓉	主管	需提前完成工作	2023/5/8	19:00	22:30
5	楊康	主管	需提前完成工作	2023/5/8	19:30	23:30
6	穆念慈	副主管	需提前完成工作	2023/5/9	20:30	23:00
7	柯鎮惡	員工	當天工作未完成	2023/5/9	18:00	21:30
8	韓寶駒	主管	需提前完成工作	2023/5/9	19:00	22:30
9	南茜仁	副主管	需提前完成工作	2023/5/9	20:00	23:00
10	全金髮	員工	當天工作未完成	2023/5/10	20:30	23:30
11	韓小瑩	員工	當天工作未完成	2023/5/10	18:00	21:30
12	歐陽鋒	員工	當天工作未完成	2023/5/10	19:00	23:00
13	譚處端	員工	當天工作未完成	2023/5/10	20:30	22:30
14	王重陽	主管	需提前完成工作	2023/5/10	18:00	21:30

❹ 所有空白列被刪除

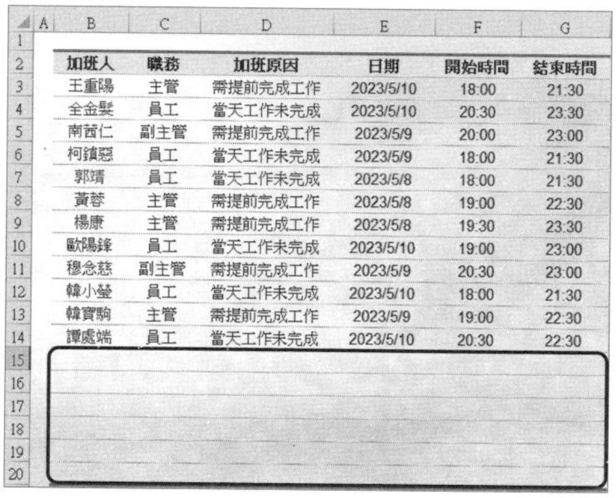

077 報表中合理的列與欄關係

表格製作完成後，為了使工作表的佈局更加合理，就需要手動調整資料列或欄的順序❶，那麼如何才能快速調整呢？有兩種方法可以選擇。一種方法是剪下插入法，即選擇要改變位置的資料列，然後將其剪下，接著選中目標欄右擊，從快顯功能表中選擇「插入剪下的儲存格」指令即可。另一種方法是拖動改變法，即選擇所需調整順序的資料列，然後將游標置於右側框線處出現十字箭頭符號，接著按住 Shift 鍵同時進行拖動即可❷。

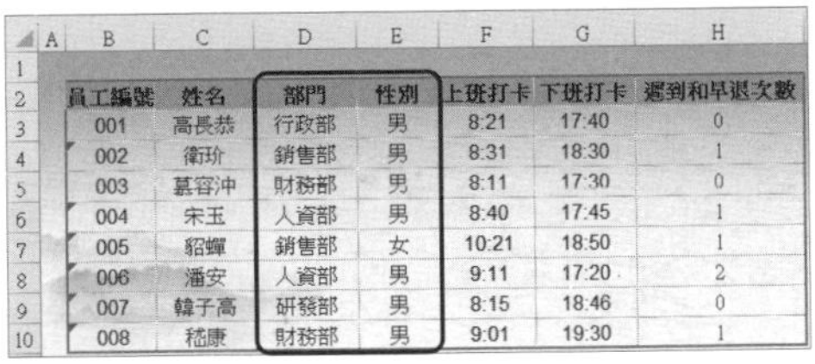

員工編號	姓名	部門	性別	上班打卡	下班打卡	遲到和早退次數
001	高長恭	行政部	男	8:21	17:40	0
002	衛玠	銷售部	男	8:31	18:30	1
003	慕容沖	財務部	男	8:11	17:30	0
004	宋玉	人資部	男	8:40	17:45	1
005	貂蟬	銷售部	女	10:21	18:50	1
006	潘安	人資部	男	9:11	17:20	2
007	韓子高	研發部	男	8:15	18:46	0
008	嵇康	財務部	男	9:01	19:30	1

❶ 初始表格

員工編號	姓名	性別	部門	上班打卡	下班打卡	遲到和早退次數
001	高長恭	男	行政部	8:21	17:40	0
002	衛玠	男	銷售部	8:31	18:30	1
003	慕容沖	男	財務部	8:11	17:30	0
004	宋玉	男	人事部	8:40	17:45	1
005	貂蟬	女	銷售部	10:21	18:50	1
006	潘安	男	人事部	9:11	17:20	2
007	韓子高	男	研發部	8:15	18:46	0
008	嵇康	男	財務部	9:01	19:30	1

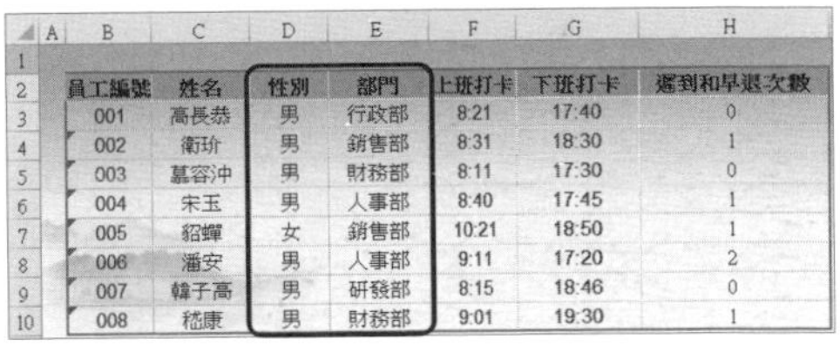

❷ 調整「性別」和「部門」列的位置

078 固定表頭

當表格中的資料較多時，無法顯示工作表的首行和首列❶，為便於查看資料，應該固定住表頭❷。表頭通常位於工作表首行或首列。

那麼如何固定表頭，讓首行或首列一直顯示呢？方法很簡單，首先在「檢視」選項中按一下「凍結窗格」下拉按鈕，在清單中選擇「凍結頂端列」選項❸，此時在工作表中拖動上下捲軸後發現頂端列一直顯示在工作表的頂部❹。若在「凍結窗格」列表中選擇「凍結窗格」選項，則拖動左右捲軸後，會發現首欄始終顯示在工作表的最左端。

如果想要同時固定首行和首列，可以選中 B2 儲存格，然後按一下「分割」按鈕，接著在「凍結視窗」列表中選擇「凍結窗格」選項❺，這樣首行和首列就可以始終同時顯示了。

若要取消表頭的固定，再次打開「凍結窗格」下拉清單，選擇「取消凍結窗格」選項即可❻。

❶ 視窗中無法顯示首欄和首列

❷ 視窗中始終顯示首欄和首列

❸ 選擇「凍結頂端列」選項

❹ 設定預設字型格式首欄被凍結

凍結窗格

❺ 選擇「凍結窗格」選項

❻ 取消凍結窗格

079 為儲存格區域命名

為儲存格區域定義名稱，可以便於根據名稱尋找相關的內容。那麼既然定義名稱有這樣的優點，該如何進行操作呢？接下來將進行詳細的講解。

首先選中 D3:H18 儲存格區域，在「公式」選項中按一下「定義名稱」按鈕，彈出「新名稱」對話方塊，然後在「名稱」文字方塊中輸入要定義的名稱 Data，最後按一下「確定」按鈕即可❶。

除此之外，還有一個更為簡便的操作方法，即透過名稱方塊建立。選中 D3:H18 儲存格區域，在「名稱方塊」中輸入要定義的名稱，然後按 Enter 鍵，即可完成名稱的定義。

如果想讓定義的名稱顯示在儲存格區域內，讓指定區域中的資料更容易辨認，增加表格的專業性，該如何操作呢？其實要製作這樣的效果並不難，首先將 B2:H18 儲存格區域定義名稱為 MyData，然後在「常用」選項中將「字型大小」設定為30；接著選中第 2~18 列，右擊，從快顯功能表中選擇「列高」指令，打開「列高」對話方塊，將列高設定為 44.25 ❷，然後再選中 B:H 列，打開「欄寬」對話方塊，將欄寬設定為 30 ❸，接著在「檢視」選項中按一下「縮放」按鈕，彈出「縮放比例」對話方塊，然後在「自訂」文字方塊中輸入一個小於 40 的數字，例如 39，最後按

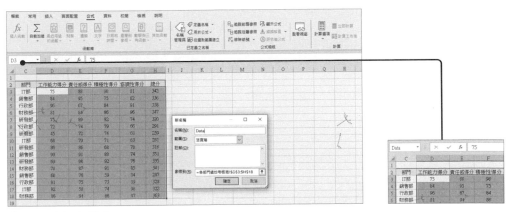

❶ 表格未設定樣式

一下「確定」按鈕即可❹。這時可以看到定義的名稱顯示在工作表中的資料區域內了❺。

如果不再使用定義的名稱，可以將其刪除，操作方法為在「公式」選項中按一下「名稱管理器」按鈕，或者直接按 Ctrl+F3，打開「名稱管理器」對話方塊，從中選擇需要刪除的名稱，然後按一下「刪除」按鈕即可將其刪除❻。

❷ 設定「列高」

❸ 設定「欄寬」

❹ 「縮放比例」選項

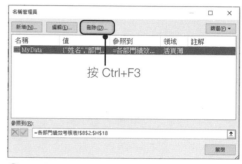

❺ 定義的名稱顯示在工作表中的資料區域內

❻ 刪除定義的名稱

080 手動選擇儲存格區域

在選擇儲存格區域時，一般會使用滑鼠進行拖選，其實除了使用滑鼠，還可以使用快速鍵或滑鼠 + 按鍵的方法進行選擇。接下來將介紹對不同儲存格區域的選擇方法。

如果想要選擇連續區域，可以先選擇一個儲存格，例如 B3 儲存格，然後在按住 Shift 鍵的同時選擇儲存格 D8，即可選中該矩形區域內的所有儲存格❶。如果想要選擇多個不連續的區域，可以在選取一個儲存格區域後，按住 Ctrl 鍵，拖動滑鼠選取第二個儲存格區域，如此反覆操作即可❷。若想要選擇目前資料區域，可先選擇

目前資料區域中的任何一個儲存格，然後按 Ctrl+A 即可全部選中❸。若想要選擇從作用儲存格至 A1 儲存格的區域，只需按 Ctrl+Shift+ Home 即可。若按 Ctrl+Shift+ End 則可選中自作用儲存格至工作表最後一個儲存格間的所有區域❹。

此外，還可以在被選中的儲存格區域中移動某個儲存格，例如，在已選定儲存格區域按 Enter 鍵，可將作用儲存格下移❺。在選中的儲存格區域中按 Tab 鍵，可將作用儲存格向右移動❻。

按 Shift+Enter，可將儲存格在已選中區域中向上移動。而按 Shift+Tab，可將作用儲存格在已選中儲存格區域中左移。

❶ 選擇連續區域

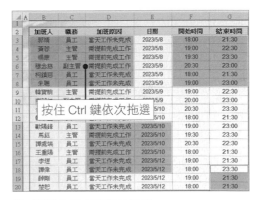

❷ 選擇多個不連續的區域

❸ 選擇目前資料區域

❹ 選中自儲存格至工作表最後一個儲存格間的所有區域

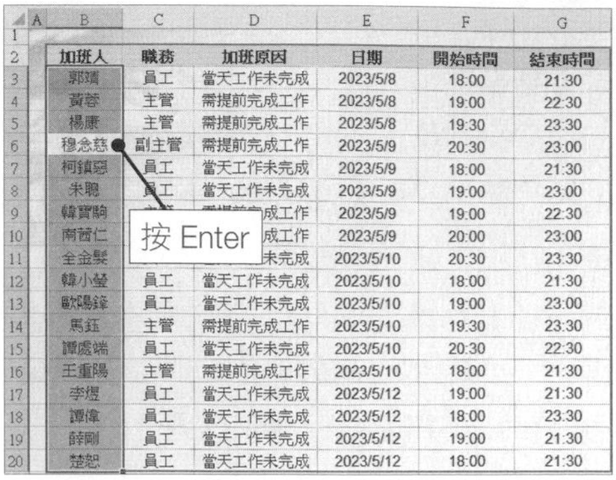

⑤ 選取範圍內儲存格下移

⑥ 選取範圍內儲存格向右移動

081 快速鍵輸入目前日期／時間

在製作表格時，有時需輸入目前的日期和時間。一般情況下會採用傳統手動輸入，下面將介紹一個快速輸入方法。透過快速方式輸入日期，首先選中要輸入目前日期的儲存格，然後按 Ctrl+; 即可**❶**；透過快捷方式輸入目前時間，首先選中要輸入目前時間的儲存格，然後按 Ctrl+Shift+; 即可**❷**。最後根據需要設定日期和時間的格式。

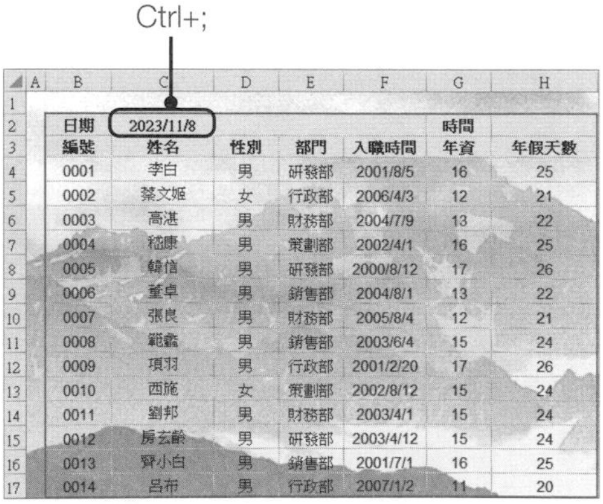

Ctrl+;

❶ 輸入目前日期

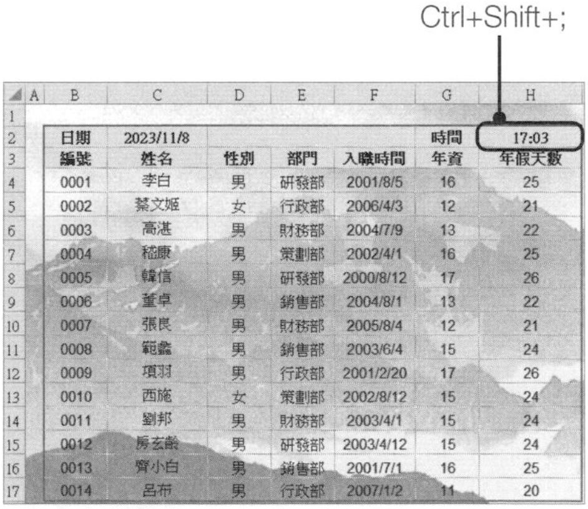

Ctrl+Shift+;

❷ 輸入目前時間

082 清除報表也是有學問的

當拿到一張工作表時❶，可以根據需要對工作表進行一些清除操作，例如，清除工作表中的內容和格式、清除內容保留格式或者清除格式保留內容，那麼該如何操作呢？如果想清除內容保留格式，則可以選中工作表中的資料區域，在「常用」選項中按一下「清除」按鈕，從清單中選擇「清除內容」選項，即可將工作表中的資料

清除，並且保留格式❷。如果想要清除格式，保留內容，則在「清除」列表中選擇「清除格式」選項即可❸。如果既不想保留內容也不想保留格式，可在「清除」清單中選擇「全部清除」即可❹。此外，若表格中含有註解和超連結，也可以透過「清除」清單中的選項清除。

工號	姓名	所屬部門	職務	入職時間	年資	基本薪資	年資薪資
0001	宋江	財務部	經理	2000/8/1	22	NT38,000.00	NT22,000.00
0002	盧俊義	銷售部	經理	2001/12/1	21	NT25,000.00	NT21,000.00
0003	吳用	生產部	員工	2009/3/9	14	NT25,000.00	NT14,000.00
0004	公孫勝	行政部	經理	2003/9/1	19	NT30,000.00	NT19,000.00
0005	關勝	人資部	經理	2002/11/10	20	NT35,000.00	NT20,000.00
0006	林沖	設計部	員工	2008/10/1	14	NT45,000.00	NT14,000.00
0007	呼延灼	採購部	經理	2001/6/2	22	NT25,000.00	NT22,000.00
0008	花榮	銷售部	員工	2013/9/8	10	NT25,000.00	NT10,000.00
0009	柴進	生產部	員工	2014/2/1	9	NT25,000.00	NT9,000.00
0010	朱仝	設計部	主管	2006/6/8	17	NT45,000.00	NT17,000.00
0011	魯智深	銷售部	員工	2013/1/1	10	NT25,000.00	NT10,000.00
0012	武松	設計部	主管	2009/9/10	14	NT45,000.00	NT14,000.00
0013	董平	銷售部	員工	2013/3/2	10	NT25,000.00	NT10,000.00

❶ 包含資料的完整表格

❷ 清除資料，保留格式

工號	姓名	所屬部門	職務	入職時間	年資	基本薪資	年資薪資
1	宋江	財務部	經理	36739	22	38000	22000
2	盧俊義	銷售部	經理	37226	21	25000	21000
3	吳用	生產部	員工	39881	14	25000	14000
4	公孫勝	行政部	經理	37865	19	30000	19000
5	關勝	人資部	經理	37570	20	35000	20000
6	林沖	設計部	員工	39722	14	45000	14000
7	呼延灼	採購部	經理	37044	22	25000	22000
8	花榮	銷售部	員工	41525	10	25000	10000
9	柴進	生產部	員工	41671	9	25000	9000
10	朱仝	設計部	主管	38876	17	45000	17000
11	魯智深	銷售部	員工	41275	10	25000	10000
12	武松	設計部	主管	39701	14	45000	14000
13	董平	銷售部	員工	41335	10	25000	10000

❸ 清除格式，保留內容

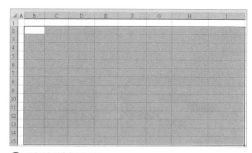

❹ 清除所有內容

083 從啟動介面看 Excel 的起源和變遷

現在最常用的試算表軟體就是 Excel（全稱 Microsoft Excel），是 Microsoft 為 Windows 和 Apple Macintosh 作業系統的電腦而編寫和運行的一款試算表軟體，1993 年 Excel 第一次被加入 Microsoft Office 中，成為微軟辦公套裝軟體 Microsoft Office 的一個重要的組成，它可以進行各種資料的處理、統計分析和輔助決策操作，廣泛地應用於管理、統計財經、金融等眾多領域。

據説 Excel 是從單詞 Excellent（優秀、卓越）的前半部分截取而來，那麼 Excel 從什麼時候出現，又是如何發展起來的？

1982 年，Microsoft 推出它的第一款電子製表軟體 Multiplan，並在 CP/M 系統上大獲成功，但在 MS-DOS 系統上，Multiplan 敗給了 Lotus 1-2-3（Lotus 公司最著名的試算表軟體，該公司現已被 IBM 收購）。這件事促使 Excel 的誕生，正如 Excel 研發代號 Doug Klunder：做 Lotus 1-2-3 能做的，並且做得更好。

1983 年 9 月比爾‧蓋茲召集微軟頂級的軟體專家召開 3 天的「Brainstorming 會議」。蓋茲宣佈此次會議的宗旨就是儘快推出世界上最高速的試算表軟體。

1985 年，第一款 Excel 誕生，它只用於 Mac 系統，中文譯名為「超越」。1987 年 11 月，第一款適用於 Windows 系統的 Excel 產生（與 Windows 環境直接捆綁，在 Mac 中的版本號為 2.0）。Lotus 1-2-3 遲遲不能適用於 Windows 系統。到了 1988 年，Excel 的銷量超過 Lotus，使得 Microsoft 站在 PC 軟體商的領先位置。

下面來看一下在歲月變遷之下，Excel 的啟動介面發生怎樣的變化。

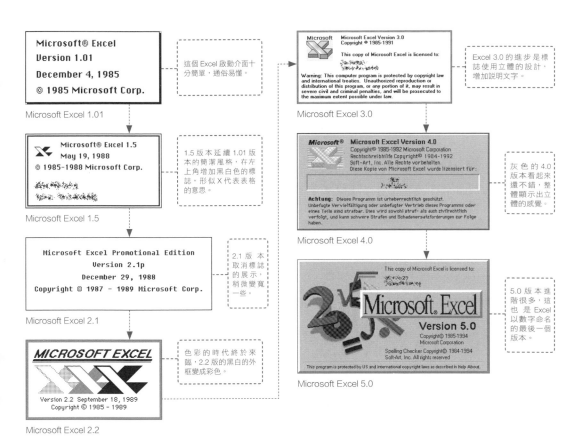

Microsoft Excel 1.01

這個 Excel 啟動介面十分簡單，通俗易懂。

Microsoft Excel 3.0

Excel 3.0 的進步是標誌使用立體的設計，增加說明文字。

Microsoft Excel 1.5

1.5 版本延續 1.01 版本的簡潔風格，在左上角增加黑白色的標誌，形似 X 代表表格的意思。

Microsoft Excel 4.0

灰色的 4.0 版本看起來還不錯，整體顯示出立體的感覺。

Microsoft Excel 2.1

2.1 版本取消標誌的展示，稍微變寬一些。

Microsoft Excel 5.0

5.0 版本進階很多，這也是 Excel 以數字命名的最後一個版本。

Microsoft Excel 2.2

色彩的時代終於來臨，2.2 版的黑白的外框變成彩色。

Microsoft Excel 95

1995 年發佈 Excel 95 版本，這個版本讓很多人似曾相識，但是卻很少有人真正使用過。

2004 版本適用於蘋果系統，設計風格讓人一言難盡。

Microsoft Excel 2004

Microsoft Excel 97

97 版的 Excel 整體呈上下結構，看上去還不錯，只是左上方的黑色條形有點奇怪。

Excel 2007（測試版）沿用 Excel 2003 的設計。

Microsoft Excel 2007, Beta 2

Microsoft Excel 2007

Microsoft Excel 98
Excel 98 的設計很有空間穿越感。

Microsoft Excel 2001 mac
Excel 2001 mac 的設計是所有版本中最清新的。

Excel 2007 正式版看起來充滿藝術感，看上去的確很漂亮。

Microsoft Excel 2000
最經典的時代終於來臨，Excel 2000 進入大眾的視野。

Microsoft Excel v. X
蘋果風格設計，突顯科技和藝術的融合。

Microsoft Excel 2010
2010 版本設計使用大面積的留白。

Microsoft Excel XP
這就是傳說中的 Excel XP。

Microsoft Excel 2003
終於看到大家熟悉的介面，身為經典版本的 2003，到現在為止還有很多使用者在使用。

Microsoft Excel 2013

Excel 2013 完全顛覆了 Excel 的設計理念，整個背景使用綠色，極簡風格正是當下流行的風格。Excel 2016 和 Excel 2019 仍然沿用 Excel 2013 的啟動畫面。

第三篇

資料處理
與分析篇

084 讓數據依序排列

當表格中包含大量資料時，為了讓資料的關係更加清晰，易於查看，通常需要對其進行排序操作，使資料依序排列。例如，為了方便查看銷售員銷售商品數量的多少，對「數量」進行由最小到最大排序排序。首先選中「數量」列的任意儲存格，如 D6 儲存格，然後在「資料」選項中按一下「由最小到最大排序」按鈕❶，即可將「數量」按照從低到高的順序排列❷。此外，如果想要將「數量」由高到低地排列，可以按一下「由最大到最小排序」按鈕。

上面介紹如何對某一列進行排序。那麼如果需要對多欄資料進行排序該怎麼辦呢？

例如將工作表中的「部門」由最小到最大排序排列，而「年假天數」由最大到最小排序排列。首先選中工作表中任意儲存格，在「資料」選項中按一下「排序」按鈕❸。打開「排序」對話方塊，從中將「排序方式」設為「部門」，「順序」設為「A 到 Z」，然後將「次要排序方式」設為「年假天數」，「順序」設為「最大到最小，設定完成後按一下「確定」按鈕即可。可以看到工作表中的資料按照設定的排列方式進行排序❹。

此外，如果表格中存在一些特殊的序列，可以透過自訂序列來進行排序。首先選中

A	B	C	D	E	F	G
	銷售員	商品名稱	數量	銷售單價	銷售金額	銷售分潤
	高長恭	商品A	20	NT200	NT4,000	NT1,200
	衛玠	商品B	15	NT450	NT6,750	NT2,025
	慕容冲	商品C	30	NT300	NT9,000	NT2,700
	獨孤信	商品D	22	NT260	NT5,720	NT1,716
	宋玉	商品E	45	NT710	NT31,950	NT9,585
	子都	商品F	62	NT230	NT14,260	NT4,278
	貂蟬	商品G	45	NT600	NT27,000	NT8,100
	潘安	商品H	38	NT430	NT16,340	NT4,902
	韓子高	商品I	52	NT200	NT10,400	NT3,120
	嵇康	商品J	75	NT600	NT45,000	NT13,500
	王世充	商品K	63	NT400	NT25,200	NT7,560
	楊麗華	商品L	25	NT300	NT7,500	NT2,250
	王衍	商品M	33	NT410	NT13,530	NT4,059
	李世民	商品N	54	NT230	NT12,420	NT3,726
	武則天	商品O	61	NT220	NT13,420	NT4,026
	子都	商品P	52	NT320	NT16,640	NT4,992
	白居易	商品Q	39	NT330	NT12,870	NT3,861
	李清照	商品R	27	NT400	NT10,800	NT3,240
	王安石	商品S	73	NT600	NT43,800	NT13,140

❶ 執行由最小到最大排序指令

A	B	C	D	E	F	G
	銷售員	商品名稱	數量	銷售單價	銷售金額	銷售分潤
	衛玠	商品B	15	NT450	NT6,750	NT2,025
	高長恭	商品A	20	NT200	NT4,000	NT1,200
	獨孤信	商品D	22	NT260	NT5,720	NT1,716
	楊麗華	商品L	25	NT300	NT7,500	NT2,250
	李清照	商品R	27	NT400	NT10,800	NT3,240
	慕容冲	商品C	30	NT300	NT9,000	NT2,700
	王衍	商品M	33	NT410	NT13,530	NT4,059
	潘安	商品H	38	NT430	NT16,340	NT4,902
	白居易	商品Q	39	NT330	NT12,870	NT3,861
	宋玉	商品E	45	NT710	NT31,950	NT9,585
	貂蟬	商品G	45	NT600	NT27,000	NT8,100
	韓子高	商品I	52	NT200	NT10,400	NT3,120
	李白	商品P	52	NT320	NT16,640	NT4,992
	李世民	商品N	54	NT230	NT12,420	NT3,726
	武則天	商品O	61	NT220	NT13,420	NT4,026
	子都	商品F	62	NT230	NT14,260	NT4,278
	王世充	商品K	63	NT400	NT25,200	NT7,560
	王安石	商品S	73	NT600	NT43,800	NT13,140
	嵇康	商品J	75	NT600	NT45,000	NT13,500

❷ 數量由最小到最大排序排序

表格中任意儲存格，打開「排序」對話方塊，設定「主要關鍵字」為「等級」，然後在「順序」列表中選擇「自訂清單」選項，打開「自訂清單」對話方塊，在「清單項目」中輸入自訂的順列「優，良，中，不合格」，然後按「確認」即可。可以看到工作表中的「等級」列按照設定的序列進行排序❺。

❸ 按一下「排序」按鈕

❹ 部門及年假天數同時排序

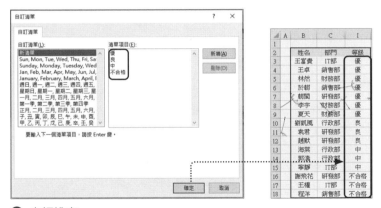

❺ 自訂排序

MEMO

085 排序的方式

除了要掌握一般的排序方法，還要熟悉其他排序方法。例如按漢字筆劃排序，按行排序，按顏色排序，按儲存格圖示排序、按字元數量排序等。接下來將分別對其進行介紹。

■ 01 按照漢字筆劃進行排序

預設情況下，Excel 對漢字的排序方式是按照「字母」順序。然而，文中常常是按照「筆劃」的順序來排列姓名。那麼如何按照「筆劃」來排列姓名呢？首先選中資料區域中的任意儲存格，在「資料」選項中按一下「排序」按鈕，打開「排序」對話方塊，設定「排序方式」為「姓名」，「順序」為「A 到 Z」，按一下「選項」按鈕，在出現的「排序選項」對話方塊中選中「依筆劃排序」選項❶。最後確認即可。可以看到「姓名」列按照「筆劃」進行由最小到最大排序❷。

按照筆劃進行排序的原則是按照首字的筆劃數排列，若筆劃數相同，則按照起筆順序（橫、豎、撇、捺、折）排列。

若這兩者都相同，則再按照字型結構排列，先左右結構，後上下結構，最後整體字。首字相同，則以此類推，比較第二個字、第三個字等。

■ 02 按行排序

有些人認為 Excel 只能按列進行排序，而實際上，Excel 既可以按列排序，也可以按行排序。在某些特定的情況下，例如面對某些二維表格時，按行排序功能非常實用，而且操作起來也不難，首先選中 C2:F9 儲存格區域，打開「排序」對話方塊，按一下「選項」按鈕，打開「排序選項」對話方塊，在「方向」區域中選中「循列排序」選項❸，按一下「確定」按鈕。返回到「排序」對話方塊，可以看到排序方式中的內容此時都發生改變。選擇「排序方式」為「列 2」，「順序」為「A 到 Z」，最後按一下「確定」按鈕關閉對話方塊。可以看到表格中的資料按「季」的由最小到最大排序排序了❹。

按行排序不能像按列排序時一樣，可以選定整個目標區域。因為 Excel 的排序功能中沒有「列標題」的概念，所以如果選定全部資料區域再按列排序，包含列標題的資料列也會參與排序，將會出現意外的結果。

■ 03 按顏色排序

為儲存格設定背景色或字體顏色，可以標注表格中較特殊的資料。由於 Excel 能夠

在排序的時候識別儲存格顏色和字體顏色，所以可以利用儲存格顏色或字體顏色來為資料排序。例如將表格中的紅色儲存格放到最前面❺。首先選中表格中任意一個紅色儲存格，右擊，從彈出的快顯功能表中選擇「排序-將選取的儲存格色彩放

在最前面」指令。即可將所有的紅色儲存格排列到表格的最前面❻。

此外，還可以在將紅色儲存格向前排的同時，按照資料的大小進行排序❼。首先選中表格中任意儲存格，打開「排序」對話

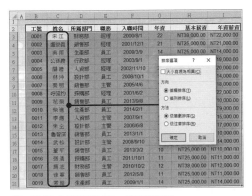

❶ 選擇「筆劃排序」選項按鈕

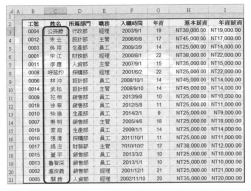

❷ 按照「筆劃」由最小到最大排序排序

❸ 選擇「循列排序」選項按鈕

	商品名稱	第1季	第2季	第3季	第4季
3	匯源果汁	20000	90000	120000	70000
4	康師傅果汁	32000	85000	160000	90000
5	統一果汁	40000	100000	220000	80000
6	娃哈哈果汁	25000	64000	90000	50000
7	美汁源果汁	46000	78000	160000	45000
8	農夫果園果汁	23000	56000	46000	35000
9	達利園果汁	50000	83000	150000	72000

❹「列2」按照由最小到最大排序排序

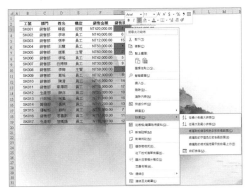

❺ 執行按顏色排序指令

	工號	部門	姓名	職位	銷售金額	銷售排名	銷售分潤
2	SK001	銷售部	韓磊	經理	NT420,000.00	1	NT210,000.00
3	SK004	銷售部	王驥	員工	NT50,000.00	4	NT25,000.00
4	SK005	銷售部	越軍	主管	NT60,000.00	2	NT30,000.00
5	SK008	銷售部	李梅	主管	NT59,000.00	3	NT29,500.00
6	SK002	銷售部	李琳	員工	NT40,000.00	6	NT20,000.00
7	SK003	銷售部	張軍	員工	NT12,000.00	15	NT6,000.00
8	SK006	銷售部	李瑤	員工	NT42,000.00	5	NT21,000.00
9	SK007	銷售部	白婷婷	員工	NT30,000.00	7	NT15,000.00
10	SK009	銷售部	慧瑤	員工	NT32,000.00	8	NT16,000.00
11	SK010	銷售部	陳清	員工	NT15,000.00	14	NT7,500.00
12	SK011	銷售部	韋潔雨	員工	NT10,000.00	17	NT5,000.00
13	SK012	生產部	趙軍	員工	NT25,000.00	10	NT12,500.00
14	SK013	行政部	宋嵐	員工	NT11,000.00	16	NT5,500.00
15	SK014	質檢部	高嵐	員工	NT15,200.00	13	NT7,600.00
16	SK015	運輸部	顧明	員工	NT35,000.00	1	NT17,500.00
17	SK016	銷售部	君影	員工	NT17,000.00	11	NT8,500.00
18	SK017	生產部	楚鳳揚	員工	NT16,000.00	12	NT8,000.00

❻ 紅色儲存格全部排列到表格的最前面

方塊，設定「排序方式」為「銷售排名」，「排序對象」為「儲存格色彩」，「排序」依據為「紅色」「最上層」；然後按一下「新增層級」按鈕，設定「次要排序方式」為「銷售排名」，「排序對象」為「儲存格值」，「順序」為「最小到最大」，最後按一下「確定」按鈕❽。可以看到紅色儲存格按資料的大小從低到高進行排序❾。

如果表格中被手動設定多種儲存格顏色❿，而又希望可以按顏色的順序進行排序，可以選中表格中任意儲存格，打開「排序」對話方塊，設定「排序方式」為「銷售排名」，「排序對象」為「儲存格色彩」，「順序」為「紅色」在頂端，增加次要關鍵字，仍以「銷售排名」為關鍵字，「儲存格色彩」為「排序對象」，「順序」為「橙色」在頂端，按照同樣的方法，繼續設定其他儲存格顏色的排列順序，設定完成後按一下「確定」按鈕⓫。可以看到排序的效果⓬。

■ 04 按儲存格圖示排序

為了讓結果更加一目了然，通常會為表格套用圖示格式，在這裡就可以利用儲存格圖示對資料進行排序。首先選中需要排序

表格中的任意儲存格，打開「排序」對話方塊，設定「排序方式」為「總分」，「排序對象」為「條件式格式設定圖示」，然後在「順序」下拉清單中選擇相應的圖示，接著按一下「新增層級」按鈕，依次設定「次要排序方式」⓭，設定完成後按一下「確定」按鈕即可。可以看到已經按照設定的儲存格圖示進行排序⓮。

■ 05 按字元數量排序

工作表中的資料還可以按字元數量排序。例如，卡拉OK的歌曲清單大多都是按歌名的字數進行排序。那麼對一張隨意排序的歌曲工作表⓯，如何按照歌名的字數來排序呢？想要達到這個目的，需要先計算出每個歌曲名稱的字數，然後排序。首先建立輔助欄，即在D2儲存格中輸入「字數」，作為D欄的標題。然後在D3儲存格中輸入公式「=LEN(B3)」，接著填上公式直到D11儲存格⓰。然後選中「字數」列任意儲存格，在「資料」選項中按一下「由最小到最大排序」按鈕即可完成按字數歌曲名進行排序的任務⓱。

如果有必要，可以在排序完成後刪除輔助欄。

❼ 執行排序指令

❽ 設定主要關鍵字和次要關鍵字

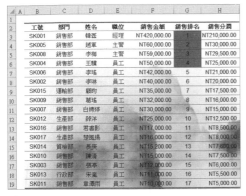

⑨ 排序後的效果

⑩ 未排序的效果

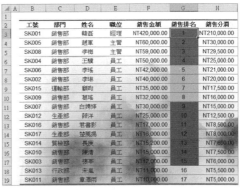

⑪ 設定排序方式和次要排序方式

⑫ 按照多種顏色排序的效果

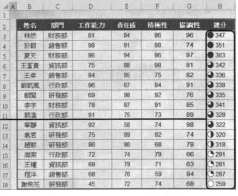

⑬ 執行按圖示排序指令

⑭ 按照設定的儲存格圖示進行排序

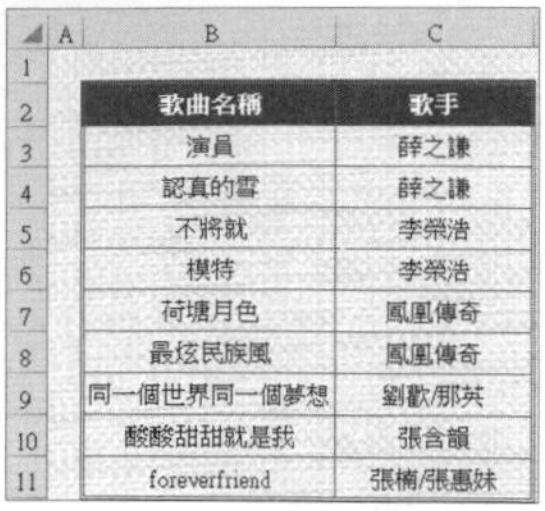

	A	B	C
1			
2		歌曲名稱	歌手
3		演員	薛之謙
4		認真的雪	薛之謙
5		不將就	李榮浩
6		模特	李榮浩
7		荷塘月色	鳳凰傳奇
8		最炫民族風	鳳凰傳奇
9		同一個世界同一個夢想	劉歡/那英
10		酸酸甜甜就是我	張含韻
11		foreverfriend	張楠/張惠妹

⑮ 隨意排序的歌曲表

D3 =LEN(B3)

	A	B	C	D
1				
2		歌曲名稱	歌手	字數
3		演員	薛之謙	2
4		認真的雪	薛之謙	4
5		不將就	李榮浩	3
6		模特	李榮浩	2
7		荷塘月色	鳳凰傳奇	4
8		最炫民族風	鳳凰傳奇	5
9		同一個世界同一個夢想	劉歡/那英	10
10		酸酸甜甜就是我	張含韻	7
11		foreverfriend	張楠/張惠妹	13

⑯ 建立輔助欄

	A	B	C
1			
2		歌曲名稱	歌手
3		演員	薛之謙
4		模特	李榮浩
5		不將就	李榮浩
6		認真的雪	薛之謙
7		荷塘月色	鳳凰傳奇
8		最炫民族風	鳳凰傳奇
9		酸酸甜甜就是我	張含韻
10		同一個世界同一個夢想	劉歡/那英
11		foreverfriend	張楠/張惠妹

⑰ 按照字元數由最小到最大排序

086 隨機排序

在某些情況下，並不希望按照既定的規則來為資料排序，而是希望資料能夠隨機排序。例如為了公平起見，需要隨機安排假期值班人員。在 Excel 表格中如何實現隨機排序呢？首先在表格中建立一個輔助欄「隨機安排值班人員」，然後在 E3 儲存格中輸入公式「=RAND()」，隨後將公式填上到 E12 儲存格❶。這樣每一個包含公式的儲存格內都產生一個隨機的數值。這些隨機產生的數值即是隨機排序的關鍵。

接下來選中表格中除日期以外的其他所有儲存格，然後打開「排序」對話方塊，從中設定「排序方式」為「隨機安排值班人員」，「排序對象」為「儲存格值」，「順序」為「最小到最大」或「最大到最小」。設定好後按一下「確定」按鈕關閉對話方塊❷，即可完成對員工的隨機值班安排。

RAND 函數可產生隨機數字，所以每次排序都將改變其計算值，進而改變排序順序，實現每次排序都產生不一樣的結果。

這裡需要說明一下，不選擇日期列是為了不讓日期參與排序。對本例來說只有日期不變，才能真正實現隨機的效果。

為了保持日期的順序不被打亂，簡單排序也要使用「排序」對話方塊來操作，似乎還是有些麻煩，其實只要斷開日期列與表格其他部分的聯繫，就能讓日期列不再參與排序。大家不要把這個操作想得太複雜，只要在日期欄之後插入一個空白列便可輕鬆實現日期不參與排序的願望，這個是一個笨方法，但是卻行之有效。空白列可以隱藏起來，以保持表格的邏輯性和完整性。

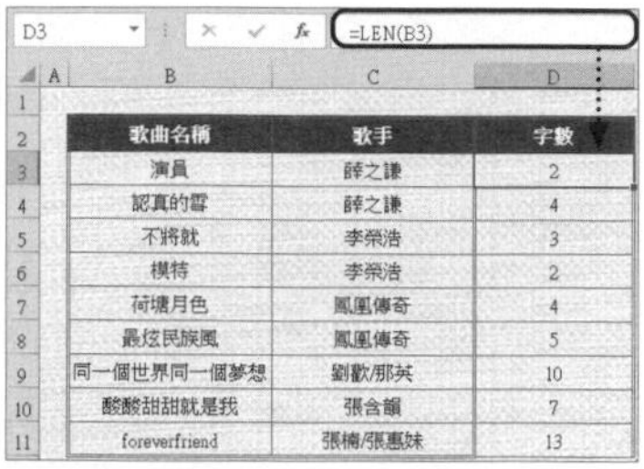

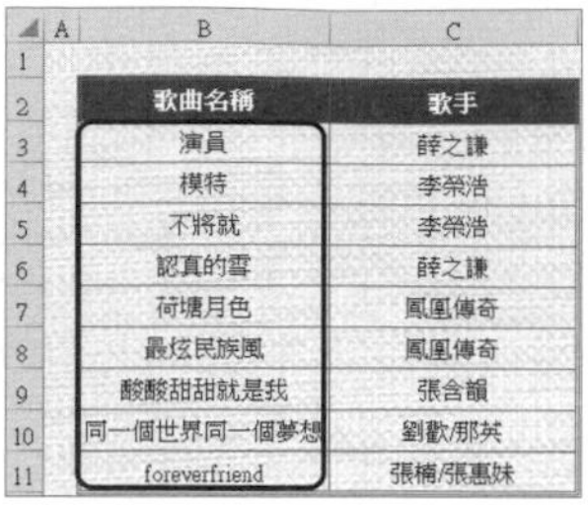

E3		:	×	✓	ƒₓ	=RAND()

	A	B	C	D	E
1					
2		日期	姓名	部門	隨機安排值班人員
3		2023/5/1	韓小瑩	推廣部	0.199016168
4		2023/5/2	楊康	辦公部	0.68644019
5		2023/5/3	朱聰	行政部	0.038101477
6		2023/10/1	郭靖	銷售部	0.024870541
7		2023/10/2	全金髮	客服部	0.357308697
8		2023/10/3	柯鎮惡	財務部	0.850664356
9		2023/10/4	南蒂仁	運營部	0.603620611
10		2023/10/5	黃蓉	IT部	0.835548814
11		2023/10/6	韓寶駒	研發部	0.45780211
12		2023/10/7	穆念慈	生產部	0.206529585

❶ 建立輔助欄並填滿公式

隨機排序完成後對輔助欄的處理方式也可使用「隱藏」來處理。即選中整欄，然後右擊，在快顯功能表中執行「隱藏」指令。

❷ 根據亂數據排序

087 重現排序前的表格

對表格中的資料進行排序以後，表格中資料順序會被打亂，雖然使用撤銷功能可以方便取消最近的操作，但這個功能在進行某些操作後會失效，所以不能確保可以返回到之前的順序。如果大家在排序前就知道需要保持表格在排序前的狀態，可以增加序號欄來記錄原來的順序❶。這樣，無論進行多少輪的排序，最終只要對序號欄進行由最小到最大排序排序，即可還原資料的原始排列順序。

	A	B	C	D	E	F	G
1						單位：元	
2							
3		序號	商品名稱	規格型號	單位	銷售數量	金額
4		1	材料1	01	箱	50	NT16,500
5		2	材料2	02	箱	60	NT30,000
6		3	材料3	03	箱	70	NT40,060
7		4	材料4	04	箱	34	NT19,040
8		5	材料5	05	箱	60	NT20,400
9		6	材料6	06	箱	50	NT26,000
10		7	材料7	07	箱	42	NT25,020
11		8	材料8	08	箱	20	NT10,400
12		9	材料9	09	箱	10	NT60,050
13		10	材料10	10	箱	15	NT70,500
14		11	材料11	11	箱	25	NT14,050

❶ 使用序號

088 英文字母和數字的混合排序

在工作中，經常會遇到字母和資料混合使用的情況。當字母和數字組合後，進行排序時卻常常不能達到預想的操作效果。例如由最小到最大排序排序時，字母＋數字組合 A1 會排在 A10 之後。圖❶已經對「陳列位置」（E 列）進行由最小到最大排序排序。排序結果可以看出，字母的順序沒有問題，但是數字的排序卻並不理想，較大的數字排在較小的數字之前。這是由於此時的數字是文字形式，文字形式的數字在排序時會按照字首值的大小來排序。使用者在遇到此類問題時可使用函數輕鬆解決。

在表格右側建立輔助欄，輸入公式「=LEFT (E3,1)&TEXT (MID(E3, 2,2),"00")」，填滿公式後，對輔助欄按由最小到最大排序排序，字母之後的數字即可按照從小到大的順序排列❷。

公 式「=LEFT(E3,1)& TEXT(MID(E3,2,2),"00")」❸中用到三個函數，分別為 LEFT 函數、TEXT 函數和 MID 函數，這三個函數都是文字函數。

LEFT 函數的作用是從文字字串的第一個字元開始返回指定個數的字元，語法格式為「=LEFT(字串，要提取的字元個數)」；

TEXT 函數可根據指定的數值格式將數字轉換成文字，語法格式為「=TEXT(數值，文字形式的數字格式)」；MID 函數可從文字字串的指定位置起返回指定長度的字元，語法格式為「=MID(文字字串，要提取的第一個字元位置，要提取的字元長度)」。

這個公式可靈活運用到其他不同個數的字母與數字組合排序的範例中，若前面有 2 個字母，最大的數字是 4 位數，那麼這個公式該如何修改？大家可以試著編寫一下。

除了使用公式外，使用者也可建立輔助欄將字母與漢字分列，然後進行多條件排序來實現字母和數字組合時的理想排序效果。

快速填滿和分列功能都能夠對資料進行分列，此處使用更為便捷的快速填滿功能將字母和漢字分列❹。

分列完成後在「資料」選項中按一下「排序」按鈕，打開「排序」對話方塊，設定「主要關鍵字」和「次要關鍵字」分別為「輔助排序 1」和「輔助排序 2」，「順序」均選擇「最小到最大」，按一下「確定」按鈕❺，E 列中的混合資料會先按照字母排序再按照數字由小到大排序。排序完成後刪除輔助欄即可。

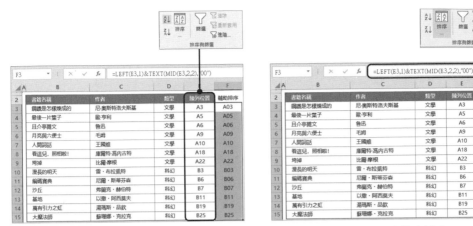

① 由最小到最大排序排序陳列位置

② 輔助欄由最小到最大排序排序

提取 E3 儲存格值的第一個字元　　　從 E3 儲存格值的第 2 位起提取 2 位數

=LEFT(E3,1)&TEXT(MID(E3,2,2),"00")

連結符號　　　　　　　　　　　　　　　轉換成 2 位數字形式

③ 公式分析

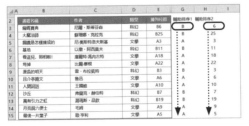

④ 字母、數字分列顯示

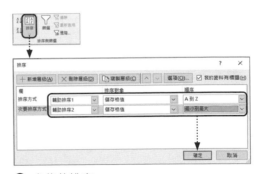

⑤ 多條件排序

MEMO

089 解決排序時的「疑難雜症」

在 Excel 中進行排序其實並不難，常見的排序方式有按照數值大小排序、按顏色排序、按字母排序、按筆劃排序、根據條件排序、隨機排序、自訂排序等。

在實際工作中，由於表格內容和排序要求不同，在排序的過程中可能會遇到一些棘手的問題。這時候應該思考一下問題的產生原因，然後再想辦法解決這個問題。下面介紹排序時經常會出現的問題以及解決方法。

■ 01 頂端數值沒有參與排序

對一列數值進行排序時，位於頂端的那個數值卻沒有參與排序，例如圖❶和圖❷分別對同一組數值執行由最小到最大排序和由最大到最小排序操作。但是列頂端的數值位置卻一直沒有發生變化。這時候，可以打開「排序」對話方塊，觀察「我的資料有標題」核取方塊是否被勾選❸。在核取方塊被勾選的狀態下，排序時系統會將頂端的資料作為標題處理，不參與下方內容的排序。

只要取消「我的資料有標題」核取方塊的勾選即可讓頂端資料參與排序。

■ 02 合併儲存格造成的無法排序

如果無法對資料進行排序，並彈出圖❹所示對話方塊，則說明報表中存在合併儲存格，此時需要將報表中的所有合併儲存格取消才能繼續排序。

在大型的報表中，僅用雙眼可能很難快速判斷合併儲存格的位置，若有多處合併儲存格，一個一個處理也很麻煩，這時可使用尋找功能迅速批次尋找合併儲存格。

❶ 由最小到最大排序排序

❷ 由最大到最小排序排序

❸「我的資料有標題」核取方塊

操作方法為按 Ctrl+F 打開「尋找及取代」對話方塊❺，按一下「選項」按鈕，顯示所有可操作的按鈕，再按一下「格式」按鈕，打開「尋找格式」對話方塊。勾選「合併儲存格」核取方塊❻後，按一下「確定」按鈕關閉該對話方塊。返回「尋找和選取」對話方塊，按一下「全部尋找」按鈕，對話方塊下方隨即顯示工作表中包含的所有合併儲存格。按 Ctrl+A 可將這些合併儲存格全部選中❼。最後執行「取消合併儲存格」操作，即可取消所有合併儲存格。

■ 03 數字不能按照正確順序排序

造成數字不能按照正常順序排序的原因有很多，最常見的原因是數字格式不正確，在遇到此問題時首先要檢查排序數字的格式，文字格式的數字在排序時往往會出錯。使用者可在「常用」選項的「數值」中查看數字格式，或者按 Ctrl+1 打開「設定儲存格格式」對話方塊，查看數值的格式❽。

若是文字格式的數字造成排序出錯，可利用分列功能將文字格式的數字統一轉換成一般格式的數字，然後再進行排序。在「資料」選項中按一下「資料剖析」按鈕，可打開「資料剖析精靈」對話方塊，前兩步對話方塊中保持預設設定，進入第 3 步驟對話方塊後選中「一般」選項按鈕❾，按一下「完成」按鈕即可完成轉換。

■ 04 不讓序號參與排序

進行一般排序時，序號總是跟隨其他資料一同被排序，除非使用「排序」對話方塊排序，並在選擇排序區域的時候將序號列排除在外。如果經常執行排序操作，這樣就會顯得很麻煩。而如果使用 ROW 函數來建立序號就可以避免上述問題。使用 ROW 函數建立的序號可以自動更新。無論對報表進行多少次排序，序號的順序永遠都不會變。

■ 05 根據字元長度排序

根據字元長度排序也是排序中常見的操作，但是使用一般的排序方法很難實現。其實，使用者可借助 LEN 函數來完成排序操作。

❹ 系統對話方塊

❺ 按一下「格式」按鈕

LEN 函數可計算文字字串中的字元個數，英文字母、標點符號以及空格都會被作為字元被計算。LEN 函數只有一個參數，這個參數即需要計算字元個數的儲存格或字串本身。例如「=LEN(A1)」或「=LEN(156300)」，文字字元需要加英文雙引號。

下面以實際範例進行操作說明：首先在需要排序的表格右側建立輔助欄，然後輸入公式計算出需要排序 C 列中所有書籍名稱的字元個數❿，然後對輔助欄進行由最小到最大排序排序，書籍名稱即可按字元數從少到多的順序排序⓫。

❻ 勾選「合併儲存格」核取方塊

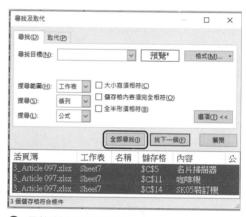

❼ 尋找所有合併儲存格

❽ 查看數值的格式

❾ 轉換成一般格式

序號	書籍名稱	作者	輔助欄
1	編碼寶典	尼爾·斯蒂芬森	4
2	大魔法師	蘇珊娜·克拉克	4
3	鋼鐵是怎樣煉成的	尼·奧斯特洛夫斯基	8
4	基地	以撒·阿西莫夫	2
5	看這兒,照相啦!	庫爾特·馮內古特	8
6	埼掉	比爾·摩根	2
7	漫長的明天	雷·布拉凱特	5
8	且介亭雜文	魯迅	5
9	人間詞話	王國維	4
10	沙丘	弗蘭克·赫伯特	2
11	萬有引力之虹	湯瑪斯·品欽	6
12	月亮與六便士	毛姆	6
13	最後一片葉子	歐·亨利	6

❿ 計算字元個數

序號	書籍名稱	作者	輔助欄
1	基地	以撒·阿西莫夫	2
2	埼掉	比爾·摩根	2
3	沙丘	弗蘭克·赫伯特	2
4	編碼寶典	尼爾·斯蒂芬森	4
5	大魔法師	蘇珊娜·克拉克	4
6	人間詞話	王國維	4
7	漫長的明天	雷·布拉凱特	5
8	且介亭雜文	魯迅	5
9	萬有引力之虹	湯瑪斯·品欽	6
10	月亮與六便士	毛姆	6
11	最後一片葉子	歐·亨利	6
12	鋼鐵是怎樣煉成的	尼·奧斯特洛夫斯基	8
13	看這兒,照相啦!	庫爾特·馮內古特	8

⓫ 對輔助欄由最小到最大排序排序

090 強大的篩選功能

在分析報表時,常常需要根據某種條件來篩選出符合的資料。這時候可以使用「篩選」功能來實現資料的自動篩選,也可以根據資料的特徵來進行篩選,主要有按照文字特徵篩選、按照數字特徵篩選、按照顏色篩選、按照日期特徵篩選等。接下來將分別進行詳細介紹。

■ 01 自動篩選

自動篩選常用來篩選重複項或指定的數值,例如篩選出「所屬部門」「銷售部」的員薪資訊,操作方法為選中表格中任意儲存格,打開「資料」選項,在「排序與篩選」中按一下「篩選」按鈕,或者直接按Ctrl+Shift+L ❶,即可為資料表的每一個欄位增加篩選按鈕❷。接著按一下需要篩選

的欄位右側的下拉按鈕,如「所屬部門」,然後在展開的列表中取消「全選」的勾選,並勾選「銷售部」核取方塊,按一下「確定」按鈕便可將「銷售部」的資料全部篩選出來❸。

■ 02 按照文字特徵篩選

如果要對指定形式或包含指定字元的文字進行篩選,可以利用萬用字元來輔助。例如將「姓名」列中姓「李」的資料篩選出來。

首先按一下「篩選」按鈕,進入篩選狀態,按一下「姓名」儲存格中右側下拉按鈕,然後在展開的清單中選擇「文字篩選 - 包含」選項❹,打開「自訂自動篩選」對話方塊,在「姓名」下方的列表中設定條件為「包含」,設定其值為「李 *」,設定

完成後按一下「確定」按鈕關閉對話方塊 ❺，即可將姓李的資料篩選出來 ❻。

■ 03 按照數字特徵篩選

數值型欄位可以使用「數字篩選」功能進行篩選。例如將「總分」最大的前 5 項篩選出來。進入篩選狀態，按一下「總分」儲存格右側下拉按鈕，從清單中選擇「數字篩選 - 前 10 項」選項 ❼，打開「自動篩選前 10 個」對話方塊，從中將「最前」值修改為 5 ❽，然後按一下「確定」按鈕。可以看到將總分最大的前 5 項資料篩選出來了 ❾。

如果從清單中選擇「自訂篩選」選項，將打開「自訂自動篩選方式」對話方塊，從中進行相應的設定即可。

需要說明的是，透過該對話方塊設定的條件是不區分大小寫字母的。

■ 04 按照顏色篩選

當要篩選的欄中設定儲存格顏色或字體顏色時，可以按照顏色來進行篩選資料。例如，將表格中「領用原因」是「新進員工」的紅色字體篩選出來。同樣是先進入篩選狀態，然後按一下「領用原因」儲存格右側下拉按鈕，從清單中選擇「依色彩篩選」，選擇「紅色」，可以看到字體顏色是紅色的資料被篩選出來了 ❿。在此需要注意的是，無論是儲存格顏色還是字體顏色，一次只能按一種顏色進行篩選。

■ 05 按照日期特徵篩選

如果表格中含有日期型資料，同樣可以對日期進行篩選，例如將 2023/5/20 之前的日期篩選出來。方法為在「領用日期」列表中選擇「日期篩選 - 之前」選項，打開「自訂自動篩選」對話方塊，在領用日期「之前」右側文字方塊中輸入「2023/5/20」，設定完成後按一下「確定」按鈕即可將 2023/5/20 前的日期篩選出來 ⓫。

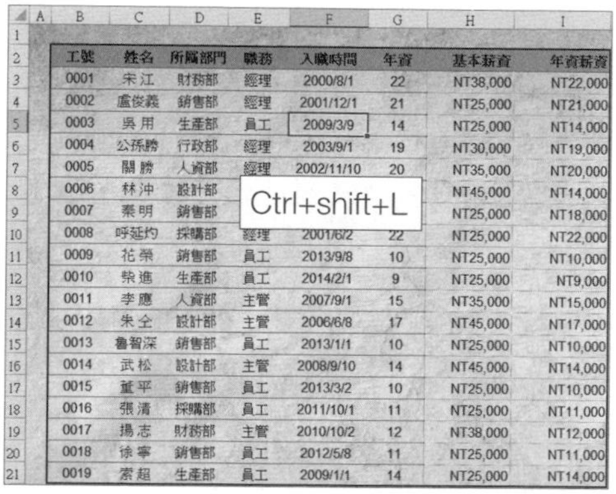

❶ 快捷鍵啟用篩選

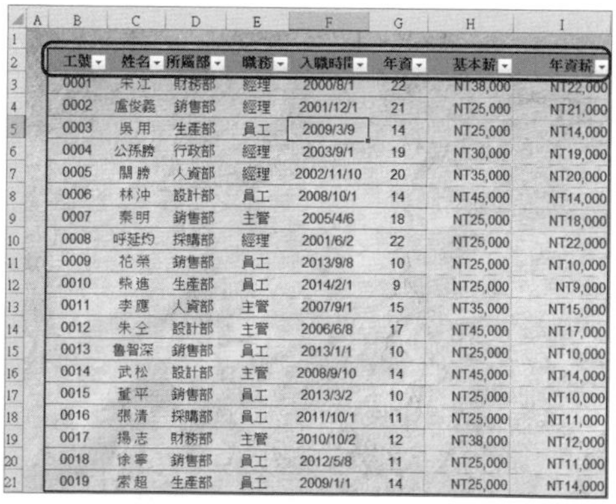

❷ 報表增加篩選按鈕

❸ 篩選「銷售部」資訊

❹ 執行「文字篩選 - 包含」指令

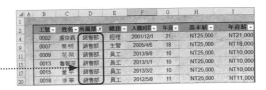

❺ 設定篩選
條件

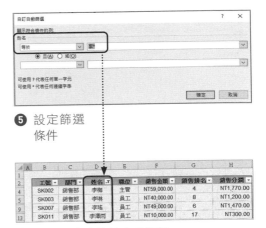

❻ 被篩選出來的姓李的資料

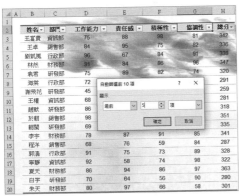

❼ 篩選「總分」前5項

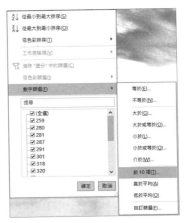

❽ 修改「最大」值

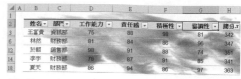

⑨ 篩選結果

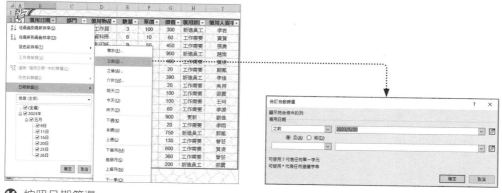

⑩ 按照顏色篩選

⑪ 按照日期篩選

091 依據指定儲存格內容進行快速篩選

在工作表中，如果已經選定某個儲存格，
而這個儲存格的資料內容正好與希望進行
篩選的條件相同，那麼不用進入篩選狀態
便可以進行快速篩選。例如，快速篩選出
「職務」是「經理」的資料資訊。首先選取
E 欄中任意一個內容為「經理」的儲存格，

如 E3 儲存格，然後右擊，從彈出的快顯
功能表中選擇「篩選 - 以選取儲存格的值
篩選」**❶**，即可將「職務」為「經理」的
資訊篩選出來，同時整個資料表自動開始
啟動篩選模式**❷**。

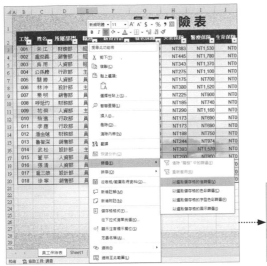

① 執行「篩選 - 以選取儲存格的值篩選」
　指令

② 快速篩選的結果

092 在受保護的工作表中執行篩選

　　在工作中，常常需要對重要的工作表進行
保護，防止工作表內容被他人更改。如果
在保護工作表的同時，又希望能夠對工作
表中的資料使用自動篩選功能，以便進行
一些資料分析工作，那麼要想達到這個目
的該如何操作呢？首先選中表格中任意儲
存格，按一下「篩選」按鈕，使工作表處
於篩選狀態。然後按一下「校閱」選項中
的「允許編輯範圍」按鈕，打開「保護工
作表」對話方塊，在「允許此工作表的所
有使用者」清單方塊中只勾選「使用自動
篩選」核取方塊，在此，還可以設定保護

工作表密碼，然後按一下「確定」按鈕。
最後，可以發現功能區處於不可用狀態，
但是可以對工作表執行篩選操作①。

① 功能區處於不可用狀態

093　多條件篩選也不難

在對表格資料進行篩選時，可以同時根據多個欄位設定篩選條件，各個條件之間是「與」的關係。正常情況下，將「貨品名稱」欄位的條件設定為「足球上衣」，再將「顏色」設定為「黑紅」，就可以篩選出表格中所有的「黑紅」色「足球上衣」。然而，如果既希望同時根據多個欄位設定條件，又希望每個欄位有多個條件，且各條件之間存在關聯關係，這就比較難實現。例如，篩選出表格中所有的「藍白」色「足球上衣」和「白」色「足球鞋」。那麼該如何操作呢？首先需要借助輔助欄，即在 I2 儲存格中輸入「條件」。然後在 I3 儲存格中輸入公式「=D3& F3」，再將公式複製到 I20 儲存格❶，這樣就透過簡單的公式計算得到每一條記錄的貨品名稱和顏色的組合。接著進入篩選狀態，按一下「條件」儲存格右側下拉按鈕，從清單中取消「全選」核取方塊的勾選，然後選中「足球上衣藍白」和「足球鞋白」核取方塊，最後按一下「確定」按鈕❷，即可按照要求將資料篩選出來。

最後可以刪除輔助欄，使工作表看起來整潔美觀。

其實上面的範例也可以使用進階篩選功能將符合條件的資料篩選出來。進階篩選和自動篩選的區別在於，自動篩選只將不同欄位條件之間的關係看作「與」，即條件必須同時成立，而進階篩選不僅可以將不同欄位條件之間的關係是「與」的資料篩選出來，還可以將關係是「或」的資料篩選出來。例如將表格中「原料名稱」是「材料 4」或「採購數量」大於 70 或「單價」小於 30 的資料資訊篩選出來。操作方法為在工作表的右方建立列標題行，然後輸入篩選條件；接著選擇表中任意儲存格，在「資料」選項中按一下「進階」按鈕，打開「進階篩選」對話方塊，設定「資料範圍」和「準則範圍」，設定完成後按一下「確定」按鈕。可以看到已經將符合條件的資料篩選出來了❸。

MEMO

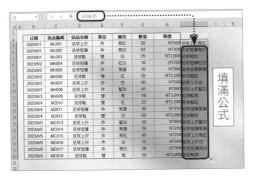

❶ 建立輔助欄

❷ 篩選輔助欄

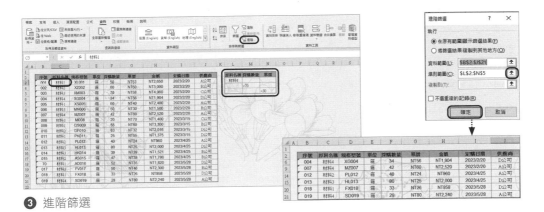

❸ 進階篩選

094 篩選表格中的不重複值

重複值是處理問題表格時經常要解決的問題。除了可以使用「資料 - 移除重複項」功能來刪除重複值，還有其他方法嗎？事實上，也可使用進階篩選功能來獲取表格中的不重複記錄。

以圖❶中的表格為例，表格的每一列中都包含重複資料，這些重複資料有些是有意義的，有些是無意義的。可以根據不同的要求對重複值進行處理。例如，希望分別得到編號不重複、菜名不重複以及整條記錄不重複的資料。接下來將分別進行詳細講解。

■ 01 篩選唯一編號

在「資料」選項的「排序與篩選」組中按一下「進階」按鈕，打開「進階篩選」對話方塊，選擇清單區域為 B2:B21 的儲存格區域，勾選「選擇不重複的記錄」核取方塊❷。最後按一下「確定」按鈕，便可針對「編號」欄位篩選出不重複記錄❸。

■ 02 篩選唯一菜名

根據菜名篩選唯一值，其操作方法和篩選編號相同。只要在執行進階篩選時選擇菜名所在儲存格區域，再勾選「不選重複的記錄」核取方塊❹，便可篩選出唯一的菜名。

■ 03 刪除重複記錄

使用進階篩選功能篩選資料時，不但可以在原表格上顯示篩選結果，還可以將篩選結果輸出到其他位置。下面將在刪除重複記錄時使用這一功能。

選中表格中的任意一個儲存格，按一下「排序與篩選」中的「進階」按鈕，此時清單區域中預設選中的是包含資料的表格區域，選中「將篩選結果複製到其他地方」選項按鈕。在「複製到」文字方塊中選擇想要放置進階篩選結果的首個儲存格，這裡選擇工作表的 G2 儲存格。勾選「不選重複的記錄」核取方塊，最後按一下「確定」按鈕❺。此時，被刪除重複記錄的表格被複製到 G2 儲存格起始的儲存格區域❻。最後刪除原資料表，只保留刪除重複項的表格。

編號	菜名	份量	價格
001	醋溜馬鈴薯絲	大	NT100
002	醋溜馬鈴薯絲	中	NT120
003	醋溜馬鈴薯絲	特價	NT110
004	粉絲雞蛋	大	NT150
005	粉絲雞蛋	大	NT120
006	醋溜馬鈴薯絲	大	NT130
007	麻婆豆腐	大	NT100
008	糖醋魚	小	NT220
009	拔絲地瓜	大	NT160
010	乾煸菜花	小	NT150
003	剁椒魚頭	中	NT400
011	魚香茄子	中	NT150
004	粉絲雞蛋	中	NT140
012	醬爆牛肉	大	NT420
013	酸豆角炒雞膥	大	NT260
014	回鍋肉	大	NT220
007	麻婆豆腐	大	NT100
015	糖醋排骨	特價	NT220
016	宮保雞丁	大	NT200

❶ 包含重複值的表

❷ 執行進階篩選

編號	菜名	份量	價格
001	醋溜馬鈴薯絲	大	NT100
002	醋溜馬鈴薯絲	中	NT120
003	醋溜馬鈴薯絲	特價	NT110
004	粉絲雞蛋	大	NT150
005	粉絲雞蛋	大	NT120
006	醋溜馬鈴薯絲	大	NT130
007	麻婆豆腐	大	NT100
008	糖醋魚	小	NT220
009	拔絲地瓜	大	NT160
010	乾煸菜花	小	NT150
011	魚香茄子	中	NT150
012	醬爆牛肉	大	NT420
013	酸豆角炒雞膥	大	NT260
014	回鍋肉	大	NT220
015	糖醋排骨	特價	NT220
016	宮保雞丁	大	NT200

❸ 根據編號篩選出不重複記錄

❹ 篩選唯一菜名

❺ 篩選整條重複記錄

❻ 被複製的篩選結果

095 輕鬆實現分類小計

小計是資料分析過程中常用的方法之一。它能夠快速針對資料清單中指定的項目進行關鍵指標的小計計算。當然，進行小計的表格要規範、簡潔和通用。因為不規範的表格無法用 Excel 完成小計❶。

小計前必須保證資料表中沒有合併的儲存格，所以首先檢查資料來源表是否規範，取消所有合併儲存格，讓資料表有一個清晰明確的行列關係❷。然後，對需要小計的欄位進行排序。這裡先對「客戶名稱」進行從 Z 到 A 排序（最高至最低）。接著

A	B	C	D	E	F	G
	日期	客戶名稱	預定產品	預定數量	單價	金額
	2023/6/1	紅跑車	藍莓起士蛋糕	40	NT30	NT1,200
			巧克力起士蛋糕	65	NT50	NT3,250
			海綿蛋糕	20	NT35	NT700
			香草奶油蛋糕	55	NT55	NT3,025
			五穀核果糕	80	NT50	NT4,000
			金黃芒果糕	75	NT45	NT3,375
	2023/6/15	千層坊	千層咖啡包	100	NT20	NT2,000
			千層酥	120	NT15	NT1,800
			紅豆杏仁卷	200	NT20	NT4,000
			黑森林	50	NT25	NT1,250
			巧克力法奇	30	NT15	NT450
			椰子圈	40	NT25	NT1,000
			水果泡芙	80	NT30	NT2,400
			香草摩卡慕斯	20	NT25	NT500
	2023/6/30	元祖	馬卡龍	100	NT45	NT4,500
			提拉米蘇	200	NT30	NT6,000
			奶油泡芙	30	NT20	NT600
			甜梨布丁	40	NT15	NT600
			瑞士蛋糕卷	60	NT10	NT600

❶ 表中包含大量合併儲存格

A	B	C	D	E	F	G
	日期	客戶名稱	預定產品	預定數量	單價	金額
	2023/6/1	紅跑車	藍莓起士蛋糕	40	NT30	NT1,200
	2023/6/1	紅跑車	巧克力起士蛋糕	65	NT50	NT3,250
	2023/6/1	紅跑車	海綿蛋糕	20	NT35	NT700
	2023/6/1	紅跑車	香草奶油蛋糕	55	NT55	NT3,025
	2023/6/1	紅跑車	五穀核果糕	80	NT50	NT4,000
	2023/6/1	紅跑車	金黃芒果糕	75	NT45	NT3,375
	2023/6/15	千層坊	千層咖啡包	100	NT20	NT2,000
	2023/6/15	千層坊	千層酥	120	NT15	NT1,800
	2023/6/15	千層坊	紅豆杏仁卷	200	NT20	NT4,000
	2023/6/15	千層坊	黑森林	50	NT25	NT1,250
	2023/6/15	千層坊	巧克力法奇	30	NT15	NT450
	2023/6/15	千層坊	椰子圈	40	NT25	NT1,000
	2023/6/15	千層坊	水果泡芙	80	NT30	NT2,400
	2023/6/15	千層坊	香草摩卡慕斯	20	NT25	NT500
	2023/6/30	元祖	馬卡龍	100	NT45	NT4,500
	2023/6/30	元祖	提拉米蘇	200	NT30	NT6,000
	2023/6/30	元祖	奶油泡芙	30	NT20	NT600
	2023/6/30	元祖	甜梨布丁	40	NT15	NT600
	2023/6/30	元祖	瑞士蛋糕卷	60	NT10	NT600

❷ 取消所有合併儲存格

在「資料」選項中的「大綱」中按一下「小計」按鈕。打開「小計」對話方塊。設定好分組小計欄位、使用函數和新增小計位置，設定完成後按一下「確定」按鈕❸。此時，工作表會按照「客戶名稱」分類對「金額」進行小計❹。小計後，工作表左上角會出現1、2、3三個按鈕，可以分別打開三個不同的介面，1包含總計❺，2包含分類合計❻，3包含明細（即分類小計後預設顯示的介面）。此外，對資料進行總計的方式除了「加總」以外還有「計數」「平均值」「最大」「最小」以及「乘積」。只要在「小計」對話方塊中設定不同的「分組小計欄位」及「使用函數」即可。

有時候需要同時對多個欄位進行小計，即

在一個已經進行小計的工作表中繼續建立其他小計，這樣就構成小計的嵌套。嵌套小計也就是多級的小計。

實現嵌套小計前，首先為需要進行小計的欄位排序，即打開「排序」對話方塊，並對排序方式和次要排序方式進行設定❼。設定完成後按一下「確定」按鈕即可。接著打開「小計」對話方塊，從中對「分組小計欄位」「使用函數」「新增小計位置」進行設定❽。設定完成後按一下「確定」按鈕，先為主要欄位「日期」進行小計。接著再次打開「小計」對話方塊，為次要欄位「客戶名稱」設定小計，然後取消勾選「取代目前小計」核取方塊❾，按一下「確定」按鈕。

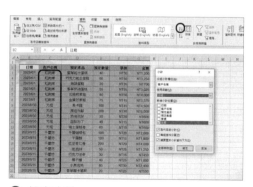

❸ 設定小計

❹ 小計結果

❺ 按一下按鈕 1

❻ 按一下按鈕 2

此時可以得到按照「日期」和「客戶名稱」進行小計的結果❿。

❼ 設定「排序方式」和「次要排序方式」

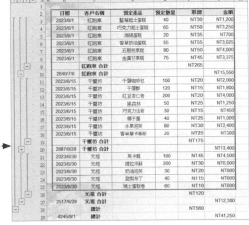

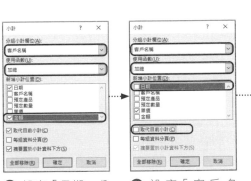

❽ 設定「日期」分類欄位　　❾ 設定「客戶名稱」分類欄位　　❿ 嵌套小計的結果

096　巧妙複製小計的結果

在對工作表實施小計以後，如果希望將合計結果輸出到一張全新的工作表中，可以使用複製和貼上來操作，但使用一般的複製貼上，得到的結果包含明細資料。正確的輸出方法是先定位可見儲存格，再複製貼上。

首先讓合計結果顯示層級 2 的狀態，然後選取資料儲存格區域，在「常用」選項中按一下「尋找與選取」按鈕，於清單中選擇「特殊目標」選項，打開「特殊目標」對話方塊，接著選中「可見儲存格」選項按鈕❶，按一下「確定」按鈕，這樣就能

確保只選中目前顯示的合計資料所在的儲存格。

接著按 Ctrl+C 複製，儲存格周圍出現綠色的虛線❷，這表示複製可見的儲存格，切換到新的工作表中，按 Ctrl+V 貼上即可。

❶ 設定特殊目標條件

❷ 複製可見儲存格

097 定位條件的五種妙用

定位條件是 Excel 中非常實用，但常常會被新手忽略的一項功能。顧名思義，定位條件是在對表格中某些特殊儲存格進行尋找或定位時使用的，例如，定位表格中的空值、錯誤值公式等。定位條件除了能實現對儲存格的快速定位，靈活搭配其他應用，還可以實現資料填滿、替換、刪除等操作，輕鬆幫助使用者解決眾多棘手的問題。下面將介紹五種利用定位條件實現的常見操作。

■ 01 複製小計結果

小計的結果隱藏明細資料，如果使用者直接對小計結果執行複製操作，那麼隱藏的明細資料將被一同複製，在複製其他包含隱藏內容的區域時也是同樣的道理。這種情況可使用定位條件，定位可見的單元，然後再執行複製貼上操作。

在 Excel 中打開「特殊目標」對話方塊的方法不止一種，除了在「常用」選項中透過「尋找與選取」指令按鈕打開，還可使用 F5 鍵或 Ctrl+G 打開「到」對話方塊❶，然後按一下「特殊目標」按鈕打開「特殊目標」對話方塊❷。

■ 02 批次輸入相同內容

當需要向表格中的空白儲存格內批次增加指定內容時，可先定位空值，然後使用快

速鍵統一輸入內容。在「特殊目標」對話方塊中選中「空格」選項按鈕，選取區域中的所有空白儲存格❸，然後在編輯欄中輸入內容，按 Ctrl+Enter 便可將內容輸入到所有空白儲存格中❹。

■ 03 刪除或隱藏錯誤值

使用定位條件可快速定位表格中包含公式的所有儲存格，或者由公式產生的各種結果。在「特殊目標」對話方塊中選中「公式」選項按鈕後，保持選項下方所有核取方塊均為選中狀態，即可選中所有包含公式的儲存格❺。當只勾選「錯誤」核取方塊時，則只會選中產生錯誤值的公式所在儲存格，此時，錯誤值可直接刪除或隱藏，

按 Delete 鍵可批次刪除選中的錯誤值，或將錯誤值的字體顏色設定成白色，便可達到隱藏錯誤值的效果❻（字體顏色根據儲存格的網底顏色來定）。

■ 04 尋找存在差異的儲存格

工作中經常會碰到需要核對兩行或兩列內容是否完全一致的情況，可以使用 IF 函數編寫公式「IF(A1= B1, 是 , 否)」來判斷。除了公式之外還有更簡單的判斷方法，即使用定位條件的「列差異」來定位存在差異的儲存格❼。尋找出存在差異的儲存格後可將其中資料設定成醒目的顏色加以突顯❽。

❶「到」對話方塊　　❷「特殊目標」對話方塊

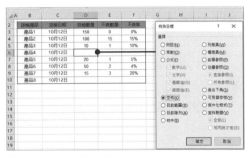

❸ 定位空白儲存格

❹ 批次輸入相同內容

❺ 定位所有公式

欄內容差異儲存格以選擇區域的第 1 列儲存格為基準，後面各欄儲存格與基準欄的同一欄進行比較。最終定位出存在差異的儲存格。而欄內容差異儲存格則是在同一欄中尋找與第一個儲存格中內容存在差異的儲存格❾。

尋找差異儲存格時，對儲存格的選擇方式尤為重要。例如選擇 A1：A5 和選擇 A5：A1，雖然是同一個區域，由於選擇的方向不同（選取的第一個儲存格不同），在定位欄內容差異儲存格時，A1：A5 的效果❿與 A5：A1 的效果⓫完全不同。

透過定位列差異還能夠解決更複雜的問題，例如將某個區域中除了指定數值以外的其他值全部替換成一個固定的值。圖⓬中以紅色字體顯示的值是不需要替換的值，現需要將其他值替換成數值 10。操作方法如下。第 1 步：增加輔助資料；第 2 步：選中 G6：A1 儲存格區域⓭；第 3 步：

打開「特殊目標」對話方塊，選中「欄差異」選項按鈕；第 4 步：按住 Ctrl 鍵選中 F2 儲存格，再次執行定位「欄差異」操作；第 5 步：按住 Ctrl 鍵選中 E1 儲存格，再次定位「欄差異」；第 6 步：在編輯欄中輸入 10，按 Ctrl+Enter，刪除輔助資料，完成操作⓮。

■ 05 定位並刪除空行

當表格中存在大量空行時，可使用定位空值功能定位空列，然後一次性刪除所有空列。調出「特殊目標」對話方塊，執行定位「空格」操作。表格中的所有空列全部被選中⓯。

按 Ctrl+-，執行刪除行操作，彈出「刪除文件」對話方塊，選中「下方儲存格上移」選項按鈕，按一下「確定」按鈕⓰，便可成功刪除所有空行。

❻ 定位並隱藏錯誤公式

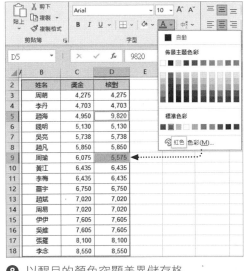

❼ 選擇「列差異」選項按鈕

❽ 以醒目的顏色突顯差異儲存格

❾ 按欄尋找差異儲存格

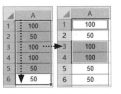

❿ 從上向下選擇的定位結果

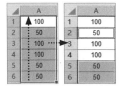

⓫ 從下向上選擇的定位結果

	A	B	C	D
1	10	10	10	10
2	3	2	10	10
3	10	10	1	10
4	1	10	10	10
5	10	3	10	10
6	10	10	3	10

⓬ 來源資料區域

⓭ 建立輔助欄,並選擇 G6:A1 儲存格區域

⓮ 批次替換值

	A	B	C	D	E	F	G	H
1	日期	客戶	商品名稱	業務員	單位	數量	單價	金額
2	2023/1/1	華遠數碼科技有限公司	保險櫃	吳超越	個	3	NT3,200	NT520
3	2023/1/2	IT科技發展有限責任公司	SK05裝訂機	董春輝	台	2	NT260	NT520
4	2023/1/2	覓雲電腦工程有限公司	SK05裝訂機	王海洋	台	2	NT260	NT9,600
5	2023/1/2	覓雲電腦工程有限公司	名片掃描器	王海洋	台	4	NT600	NT520
6	2023/1/4	常青藤辦公設備有限公司	SK05裝訂機	董春輝	台	2	NT260	NT4,600
7	2023/1/4	華遠數碼科技有限公司	靜音050碎紙機	吳超越	台	2	NT2,300	NT520
8	2023/1/6	大中辦公設備有限公司	支票印表機	董春輝	台	2	NT550	NT230
9	2023/1/6	海寶二手辦公傢俱有限公司	保險櫃	董春輝	台	2	NT3,200	NT6,400
10	2023/1/8	七色陽光科技有限公司	指紋識別考勤機	吳超越	台	1	NT230	NT1,350
11	2023/1/9	常青藤辦公設備有限公司	咖啡機	董春輝	台	3	NT450	NT2,200
12	2023/1/9	大中辦公設備有限公司	支票印表機	董春輝	台	4	NT550	NT8,000
13	2023/1/10	華遠數碼科技有限公司	多功能一體機	吳超越	台	2	NT2,000	NT520
14	2023/1/15	浩博商貿有限公司	SK05裝訂機	張亞群	台	2	NT260	NT1,300
15	2023/1/15	覓雲電腦工程有限公司	檔案櫃	王海洋	套	1	NT1,300	NT3,000
16	2023/1/15	七色陽光科技有限公司	008K點鈔機	吳超越	台	4	NT750	NT2,250
17	2023/1/18	覓雲電腦工程有限公司	支票印表機	王海洋	台	3	NT550	NT6,000
18								
19	2023/1/18	七色陽光科技有限公司	咖啡機	吳超越	台	5	NT450	NT11,200
20	2023/1/25	大中辦公設備有限公司	多功能一體機	董春輝	台	3	NT2,000	NT3,600
21								
22								
23	23/1/25	華遠數碼科技有限公司	SK05裝訂機	吳超越	台	4	NT260	NT920
24	2023/1/27	常青藤辦公設備有限公司	靜音050碎紙機	董春輝	台	3	NT2,300	NT3,600
25	2023/1/28	海寶二手辦公傢俱有限公司	M66超清投影儀	董春輝	台	4	NT2,800	NT550
26	2023/1/28	七色陽光科技有限公司	指紋識別考勤機	吳超越	台	4	NT230	NT3,750
27	2023/1/29	華遠數碼科技有限公司	4-20型碎紙機	吳超越	台	3	NT1,200	NT1,100
28	2023/1/30	大中辦公設備有限公司	4-20型碎紙機	董春輝	台	3	NT1,200	NT1,260
29	2023/1/31	覓雲電腦工程有限公司	008K點鈔機	王海洋	台	5	NT750	NT520
30	2023/2/2	IT科技發展有限責任公司	支票印表機	董春輝	台	1	NT550	NT2,200
31	2023/2/2	常青藤辦公設備有限公司	支票印表機	董春輝	台	2	NT550	NT920
32	2023/2/3	常青藤辦公設備有限公司	高密度捲壓板辦公桌	董春輝	套	2	NT630	NT3,600

⑮ 定位「空格」

⑯ 刪除空行

098　多表合併彙算

工作中，有時候需要將不同類別的明細表合併在一起，當多張明細工作表中的行標題欄位和列標題欄位名稱相同並位於同樣的位置時，例如「泉山區分公司」❶、「銅山區分公司」❷和「雲龍區分公司」❸工作表中的行標題欄位和列標題欄位不僅名稱相同，而且位置也相同。此時，就可以

使用合併彙算功能輕鬆地總計多表資料。操作方法為首先在「總計」工作表中選中C3:E8 儲存格區域❹；然後在「資料」選項中按一下「合併彙算」按鈕，打開「合併彙算」對話方塊，將「參照位址」中的儲存格區域增加到「所有參照位址」清單方塊中❺，取消「頂端列」及「最左欄」

核取方塊的勾選。設定完成後按一下「確定」按鈕,這時各個地區、各部門的獎牌數量即可進行自動總計。

如果多個工作表中的內容位置和資料都不一樣,例如「泉山區分公司」❻、「銅山區分公司」❼和「雲龍區分公司」❽工作表中的結構都不相同,該如何進行合併操作呢?首先在「總計」工作表中選中 B2 儲存格,然後按一下「合併彙算」按鈕,打

開「合併彙算」對話方塊,同樣將「參照位址」中的儲存格區域增加到「所有參照位址」清單方塊中,接著勾選「頂端列」和「最左欄」核取方塊,最後按一下「確定」按鈕❾。可以看到合併彙算後的效果,接著為資料增加邊框,並設定格式即可❿。此外,如果增加多個參照位址後發現增加錯誤,可以選擇相應的參照位址,按一下「刪除」按鈕即可。

▲	A	B	C	D	E
1					
2		部門	金牌	銀牌	銅牌
3		銷售部	3	1	4
4		研發部	2	6	3
5		財務部	1	3	2
6		行政部	5	2	1
7		設計部	4	1	3
8		資訊部	2	5	6

❶「泉山區分公司」工作表（一）

▲	A	B	C	D	E
1					
2		部門	金牌	銀牌	銅牌
3		銷售部	6	2	3
4		研發部	1	5	2
5		財務部	3	4	1
6		行政部	5	1	5
7		設計部	2	3	1
8		資訊部	4	6	3

❷「銅山區分公司」工作表（一）

▲	A	B	C	D	E
1					
2		部門	金牌	銀牌	銅牌
3		銷售部	1	4	3
4		研發部	3	5	2
5		財務部	5	1	1
6		行政部	4	2	3
7		設計部	3	1	5
8		資訊部	1	6	2

❸「雲龍區分公司」工作表（一）

❹ 選中儲存格區域

合併彙算

函數(F): 加總

參照位址(R): 雲龍區分公司!$C$3:$E$8

所有參照位址(E):
泉山區分公司!$C$3:$E$8
雲龍區分公司!$C$3:$E$8
銅山區分公司!$C$3:$E$8

標籤名稱來自
☐ 頂端列(T)
☐ 最左欄(L)
☐ 建立來源資料的連結(S)

▲	A	B	C	D	E
1					
2		部門	金牌	銀牌	銅牌
3		銷售部	10	7	10
4		研發部	6	16	7
5		財務部	9	8	4
6		行政部	14	5	9
7		設計部	9	5	9
8		資訊部	7	17	11

確定　關閉

❺ 增加參照位址

▲	A	B	C	D	E
1					
2		部門	金牌	銀牌	銅牌
3		銷售部	3	1	4
4		研發部	2	6	3
5		財務部	1	3	2
6		行政部	5	2	1
7		設計部	4	1	3
8		資訊部	2	5	6

❻「泉山區分公司」工作表（二）

▲	A	B	C	D	E
1					
2		部門	銀牌	金牌	銅牌
3		研發部	5	1	2
4		銷售部	2	6	3
5		財務部	4	3	1
6		設計部	3	2	1
7		行政部	1	5	5
8		資訊部	6	4	3

❼「銅山區分公司」工作表（二）

▲	A	B	C	D	E
1					
2		部門	銅牌	金牌	銀牌
3		銷售部	3	1	4
4		行政部	3	4	2
5		研發部	2	3	5
6		財務部	1	5	1
7		設計部	3	5	1
8		資訊部	2	1	6

❽「雲龍區分公司」工作表（二）

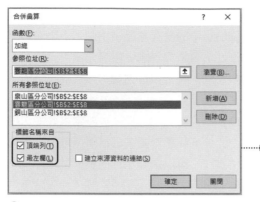

❾ 設定參照位址和標籤位置　　❿ 合併彙算的結果

099 強行分開數據

當工作表的一欄中包含多種資訊時❶，既不便於展示資料，也不利於對資料進行分析和計算。所以在製作表格時，應該將不同類型的資料分欄記錄。如果錯誤已經產生，那麼有沒有一種不需要手動重新輸入資料，就可以自動分開顯示的方法呢？有的，可以使用分欄功能將右表中「住址」欄的資料分開顯示❷。

首先選取需要分欄的儲存格區域 E3:E17，在「資料」選項中按一下「資料剖析」按鈕。打開「資料剖析精靈」對話方塊，在第 1 步中選中「固定寬度」❸，然後按一下「下一步」按鈕，進入第 2 步，在「預覽分欄結果」區域按一下滑鼠增加分欄線，可同時增加多條分欄線❹，然後按一下「下一

步」按鈕，進入第 3 步，於「欄位的資料格式」選擇「一般」，然後選定目標儲存格區域❺，最後按一下「完成」按鈕。這時所選儲存格區域就按照設定分開顯示了。接著重新為表格設定邊框，美化一下表格即可。

拆分數據之前，需要先觀察一下資料是否存在某種規律，以圖❻中表格為例，透過觀察可以發現資料以逗號「，」分隔，所以只要將逗號設定為分隔符號，就能將資料分成 4 欄❼，針對此表格，可採用分隔符號拆分法。選中 B2:B11 儲存格區域，按一下「資料剖析」按鈕，打開「資料剖析精靈」對話方塊，在第 1 步中選中「分隔符號」選項按鈕，隨後按一下「下一步」

按鈕❽，在第 2 步對話方塊中勾選「逗點」核取方塊❾。在這裡需要注意的是，因為系統預設的分隔符號都是英文半形符號，所以表格中的「逗點」都是在英文狀態下輸入的。如果是漢字、中文標點符號等則需要勾選「其他」核取方塊進行設定。如果對拆分後的資料格式沒有特別要求，直接按一下「完成」按鈕就可以了。最後為表格增加邊框，讓其看起來比較美觀。

此外，如果資料的長度和結構相同，還可以使用分列功能提取資料並匯出到指定位置。例如，將中國身份證號碼中的出生日期提取出來❿。要提取中國身份證中的出生日期，需要按照固定寬度進行分欄。首先打開「資料剖析精靈」對話方塊，在第 1 步中選中「固定寬度」選項按鈕，然後在第 2 步中的資料預覽區域增加兩條分欄線，將中國身份證號碼分隔為 3 塊區域，

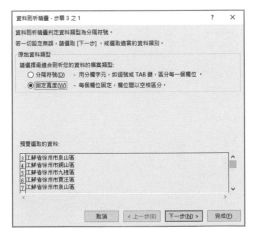

❶ 一欄顯示多種資訊

❷ 不同類型資料分欄顯示

❸ 設定資料類型

❹ 增加分欄線

即第 1 塊區域為「戶口位址碼」，第 2 塊區域為「出生日期」，第 3 塊區域為「順次和校驗碼」❶，接著在第 3 步中的資料預覽區域分別選中戶口位址碼和順次校驗碼兩列，並選中「不匯入此欄」選項按鈕❷，然後選中出生日期欄，將其設定為「日期」格式，在這裡需要說明的是，如果

不選中「日期」選項按鈕，則提取出來的出生日期是「假」日期，不是標準的日期格式。最後選定目標儲存格，如 E3 ⓭，按一下「完成」按鈕後即可將出生日期從身份證號碼中提取出來，並導入到 E 欄中❶。

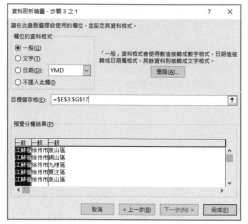

❺ 選定目標儲存格

❻ 以逗號分隔的數據　❼ 分欄顯示

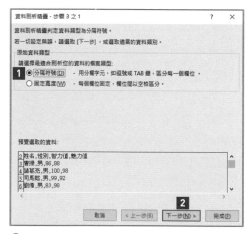

❽ 選擇資料類型

❾ 設定分隔符號

	A	B	C	D	E	F
1						
2		姓名	手機號碼	身份證號碼	出生日期	
3		沈巍	187****4061	664589199204301234		
4		趙雲潤	187****4062	687895199706282456		
5		王大慶	187****4063	668574199401197891		
6		郭長城	187****4065	699872198702142234		
7		祝紅	187****4066	654213199605201117		
8		龔波	187****4068	60125419880325196X		
9		李倩	187****4069	614587198610012564		
10		楚恕之	187****4070	632345199207163245		
11		高天宇	187****4071	642359199906302417		
12		吳小軍	187****4072	675236198808088745		
13		王一可	187****4075	562387199311155672		
14						

❿ 中國身份證號碼

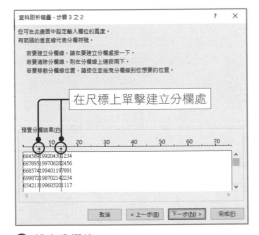

⓫ 設定分欄線

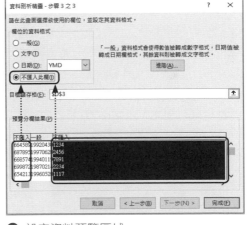

⓬ 設定資料預覽區域

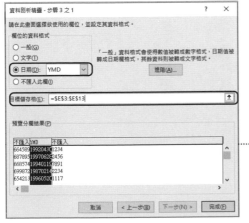

⓭ 設定資料格式和目標儲存格

	A	B	C	D	E
1					
2		姓名	手機號碼	中國身份證號碼	出生日期
3		沈巍	09****4061	664589199204301234	1992/4/30
4		趙雲潤	09****4062	687895199706282456	1997/6/28
5		王大慶	09****4063	668574199401197891	1994/1/19
6		郭長城	09****4065	699872198702142234	1987/2/14
7		祝紅	09****4066	654213199605201117	1996/5/20
8		龔波	09****4068	60125419880325196X	1988/3/25
9		李倩	09****4069	614587198610012564	1986/10/1
10		楚恕之	09****4070	632345199207163245	1992/7/16
11		高天宇	09****4071	642359199906302417	1999/6/30
12		吳小軍	09****4072	675236198808088745	1988/8/8
13		王一可	09****4075	562387199311155672	1993/11/15

⓮ 提取出生日期

100 快速核對表中資料

為了確保資訊的準確性，有時需要將兩個工作表中的資料進行核對，如果工作表中的資料過多，核對則會費時費力，例如將「實發薪資」表❶和備份的「實發薪資」表❷中的資料進行核對。接下來介紹一種技巧，以完成資料的快速核對。首先新建一個空白工作表，選擇 B2 儲存格，然後按一下「合併彙算」按鈕，打開「合併彙算」對話方塊，設定「所有參照位址」選項，然後勾選「頂端列」和「最左欄」核取方塊，最後按一下「確定」按鈕。由於兩個表的列標題有所不同，因此「合併彙算」並不會直接對它們總計，而是按欄將其保存。接著美化一下表格，將資料增加邊框、設定格式等。然後選中 E3 儲存格，輸入公式「=C3=D3」，將公式填滿至 E21 儲存格，即可比對出兩個表格中的「實發薪資」是否符合。若結果為 TRUE，則表示相同；若結果為 FALSE，則表示不同❸。

	A	B	C	D
1				
2		工號	姓名	實發薪資
3		0001	宋江	NT4,045
4		0002	盧俊義	NT5,022
5		0003	吳用	NT4,596
6		0004	公孫勝	NT3,827
7		0005	關勝	NT4,529
8		0006	林沖	NT7,667
9		0007	秦明	NT4,627
10		0008	呼延灼	NT4,596
11		0009	花榮	NT3,841
12		0010	柴進	NT4,496
13		0011	李應	NT4,829
14		0012	朱仝	NT4,889
15		0013	魯智深	NT4,254
16		0014	武松	NT6,145
17		0015	董平	NT4,298
18		0016	張清	NT6,953
19		0017	揚志	NT4,196
20		0018	徐寧	NT4,082
21		0019	索超	NT3,812

❶「實發薪資」表

	A	B	C	D
1				
2		工號	姓名	實發薪資（備份）
3		0001	宋江	NT4,045
4		0002	盧俊義	NT5,022
5		0003	吳用	NT4,496
6		0004	公孫勝	NT3,827
7		0005	關勝	NT4,529
8		0006	林沖	NT7,667
9		0007	秦明	NT4,627
10		0008	呼延灼	NT4,596
11		0009	花榮	NT3,841
12		0010	柴進	NT4,396
13		0011	李應	NT4,829
14		0012	朱仝	NT4,889
15		0013	魯智深	NT4,254
16		0014	武松	NT6,145
17		0015	董平	NT4,298
18		0016	張清	NT6,953
19		0017	揚志	NT4,196
20		0018	徐寧	NT4,082
21		0019	索超	NT3,812

❷ 備份的「實發薪資」表

	A	B	C	D	E
1					
2		姓名	實發薪資	實發薪資（備份）	核對
3		宋江	NT4,045	NT4,045	TRUE
4		盧俊義	NT5,022	NT5,022	TRUE
5		吳用	NT4,596	NT4,496	FALSE
6		公孫勝	NT3,827	NT3,827	TRUE
7		關勝	NT4,529	NT4,529	TRUE
8		林沖	NT7,667	NT7,667	TRUE
9		秦明	NT4,627	NT4,627	TRUE
10		呼延灼	NT4,596	NT4,596	TRUE
11		花榮	NT3,841	NT3,841	TRUE
12		柴進	NT4,496	NT4,396	FALSE
13		李應	NT4,829	NT4,829	TRUE
14		朱仝	NT4,889	NT4,889	TRUE
15		魯智深	NT4,254	NT4,254	TRUE
16		武松	NT6,145	NT6,145	TRUE
17		董平	NT4,298	NT4,298	TRUE
18		張清	NT6,953	NT6,953	TRUE
19		揚志	NT4,196	NT4,196	TRUE
20		徐寧	NT4,082	NT4,082	TRUE
21		索超	NT3,812	NT3,812	TRUE

❸ 核對結果

101 交互式數據報表

在工作中，如果需要對大量資料進行分析，則可以使用樞紐分析表。樞紐分析表是一種可以快速總計大量資料的互動式報表，使用它可以深入分析數值資料。那麼該如何建立樞紐分析表呢？首先選中表格中任意儲存格，打開「插入」選項，在「表格」中按一下「樞紐分析表」按鈕❶，打開「建立樞紐分析表」對話方塊，對「表/區域」進行設定，設定完成後按一下「確定」按鈕❷。此時選擇「新工作表」的前提下，Excel 會自動新建一個工作表，並從新工作表的 A3 儲存格起建立空白樞紐分析表。而且工作表的右側會彈出一個「樞紐分析表欄位」窗格❸。接著在「選擇要新增到報表的欄位」清單方塊中選擇欄位，並將其拖至右側合適區域，或者勾選欄位名稱並將該欄位增加到樞紐分析表中。增加欄位後就完成樞紐分析表的建立❹。

前面建立的樞紐分析表是引用的內部資料來源，如果需要在目前工作表中引用其他工作簿中的工作表資料進行分析❺，該如何操作呢？這時可以使用外部資料來源功能來實現。即選擇要建立樞紐分析表的儲存格，於「建立樞紐分析表」中選「從外部資料源」，接著按一下「選擇連線」按鈕❻，打開的「現有連接」對話方塊中按一下左下角的「瀏覽更多」按鈕❼。開啟「選取資料來源」對話方塊，選擇需要引用的工作簿，然後按一下「開啟」按鈕。彈出「選取表格」對話方塊，從中選擇表格名稱，然後按一下「確定」按鈕。返回到「建立樞紐分析表」對話方塊，在「選擇連接」按鈕下方顯示連接的外部資料的名稱❽，最後按一下「確定」按鈕即可。這時可以發現工作表中建立一張空白樞紐分析表，然後根據需要將欄位增加到樞紐分析表中，就完成引用外部資料建立的樞紐分析表。

當不再需要樞紐分析表時，可以將其刪除。首先選中樞紐分析表中任意儲存格，然後在「樞紐分析表工具 - 動作」選項中按一下「選取」下拉按鈕，從下拉清單中選擇「整個樞紐分析表」選項❾，即可將整個樞紐分析表選中，如果樞紐分析表不是很大，也可以拖動滑鼠手動選擇樞紐分析表，接著按 Delete 鍵，即可將整個樞紐分析表刪除。

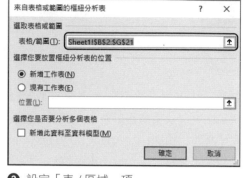

❶ 開始建立樞紐分析表

❷ 設定「表 / 區域」項

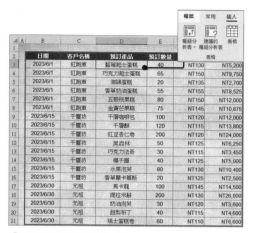

❸ 建立的空白樞紐分析表

❹ 增加欄位後的樞紐分析表

❺ 引用外部資料來源建立的樞紐分析表

❻ 設定資料來源

❼「現有連接」對話方塊

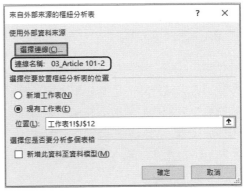

❽ 顯示連接名稱

❾ 選擇「整個樞紐分析表」選項

102 改變樞紐分析表的配置

大家都知道在「設計」選項中有一個「版面配置」，如果想要改變樞紐分析表的呈現，可以透過「版面配置」中的四個功能按鈕對樞紐分析表的格式進行調整。接下來將一一進行介紹。

■ 01「小計」功能

首先介紹「小計」功能，即在「設計」選項中按一下「小計」下拉按鈕，在該清單中有四項內容，分別為不顯示小計❶、在群組的底端顯示所有小計❷、在群組的頂

端顯示所有小計❸和在總計中包含篩選的項目。利用這四個選項可對小計的顯示位置進行設定。

■ 02「總計」功能

在「設計」選項中，按一下「總計」下拉按鈕，在其清單中，也有四項內容，分別為關閉列和欄❹、開啟列和欄、僅開啟列和僅開啟欄。利用這四個選項可對總計行的顯示位置進行設定。

■ 03「報表版面配置」功能

按一下「報表版面配置」下拉按鈕，可以對報表的顯示形式進行設定，如以壓縮模

式顯示❺、以大綱模式顯示❻和以列表方式顯示❼。預設情況下，報表則以壓縮的模式顯示。

當然還可以對報表中的重複項進行設定。選擇「重複所有項目標籤」選項，可將報表中的重複項目都顯示出來。相反，選擇「不重複項目標籤」選項，則會隱藏報表中的重複項目。

■ 04「空白列」功能

點擊「空白列」下拉按鈕，選擇「每一項之後插入空白行」❽，可在報表的每一組資料下方增加一空行，相反，選擇「每一項之後移除空白行」選項，則會刪除空行。

▲ A	B	C	D	E
1				
2	行標籤　▼	求和:銷售單價	求和:銷售數量	求和:銷售金額
3	⊟白宇	135	345	11675
4	海綿蛋糕	35	80	2800
5	金黃芒果糕	45	90	4050
6	水果泡芙	30	90	2700
7	椰子圈	25	85	2125
8				
9	⊟白澤	120	810	18800
10	紅豆杏仁卷	20	200	4000
11	藍莓起士蛋糕	30	60	1800
12	奶油泡芙	20	250	5000
13	千層咖啡包	20	100	2000
14	提拉米蘇	30	200	6000
15				
16	⊟林青	150	765	16750
17	巧克力法奇	15	300	4500
18	巧克力起士蛋糕	50	65	3250
19	瑞士蛋糕卷	10	200	2000
20	五穀核果糕	50	80	4000
21	香草摩卡慕斯	25	120	3000
22				
23	⊟沈巍	155	830	27550
24	黑森林	25	150	3750
25	馬卡龍	45	360	16200
26	千層酥	15	120	1800
27	甜梨布丁	15	130	1950
28	香草奶油蛋糕	55	70	3850
29				
30	總計	560	2750	74775

❶ 不顯示分類總計

▲ A	B	C	D	E
1				
2	行標籤　▼	求和:銷售單價	求和:銷售數量	求和:銷售金額
3	⊟白宇			
4	海綿蛋糕	35	80	2800
5	金黃芒果糕	45	90	4050
6	水果泡芙	30	90	2700
7	椰子圈	25	85	2125
8	白宇 合計	135	345	11675
9				
10	⊟白澤			
11	紅豆杏仁卷	20	200	4000
12	藍莓起士蛋糕	30	60	1800
13	奶油泡芙	20	250	5000
14	千層咖啡包	20	100	2000
15	提拉米蘇	30	200	6000
16	白澤 合計	120	810	18800
17				
18	⊟林青			
19	巧克力法奇	15	300	4500
20	巧克力起士蛋糕	50	65	3250
21	瑞士蛋糕卷	10	200	2000
22	五穀核果糕	50	80	4000
23	香草摩卡慕斯	25	120	3000
24	林青 合計	150	765	16750
25				
26	⊟沈巍			
27	黑森林	25	150	3750
28	馬卡龍	45	360	16200
29	千層酥	15	120	1800
30	甜梨布丁	15	130	1950
31	香草奶油蛋糕	55	70	3850
32	沈巍 合計	155	830	27550
33				
34	總計	560	2750	74775

❷ 在群組底部顯示所有分類總計

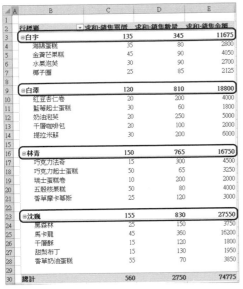

❸ 在群組的頂部顯示所有分類總計

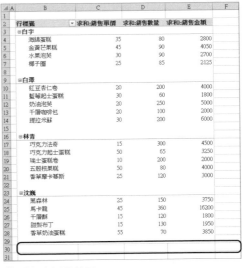

❹ 對列和欄禁用

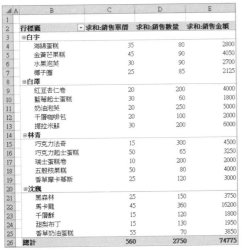

❺ 以壓縮模式顯示

❻ 以大綱模式顯示

	A	B	C	D	E	F
1						
2		銷售員	銷售商品	求和:銷售單價	求和:銷售數量	求和:銷售金額
3		⊟白宇	海綿蛋糕	35	80	2800
4			金黃芒果糕	45	90	4050
5			水果泡芙	30	90	2700
6			椰子圈	25	85	2125
7						
8		⊟白澤	紅豆杏仁卷	20	200	4000
9			藍莓起士蛋糕	30	60	1800
10			奶油泡芙	20	250	5000
11			千層咖啡包	20	100	2000
12			提拉米蘇	30	200	6000
13						
14		⊟林青	巧克力法奇	15	300	4500
15			巧克力起士蛋糕	50	65	3250
16			瑞士蛋糕卷	10	200	2000
17			五穀核果糕	50	80	4000
18			香草摩卡慕斯	25	120	3000
19						
20		⊟沈巍	黑森林	25	150	3750
21			馬卡龍	45	360	16200
22			千層酥	15	120	1800
23			甜梨布丁	15	130	1950
24			香草奶油蛋糕	55	70	3850
25						
26		總計		560	2750	74775

❼ 以列表方式顯示

	A	B	C	D	E
1					
2		行標籤	求和:銷售單價	求和:銷售數量	求和:銷售金額
3		⊟白宇			
4		海綿蛋糕	35	80	2800
5		金黃芒果糕	45	90	4050
6		水果泡芙	30	90	2700
7		椰子圈	25	85	2125
8					
9		⊟白澤			
10		紅豆杏仁卷	20	200	4000
11		藍莓起士蛋糕	30	60	1800
12		奶油泡芙	20	250	5000
13		千層咖啡包	20	100	2000
14		提拉米蘇	30	200	6000
15					
16		⊟林青			
17		巧克力法奇	15	300	4500
18		巧克力起士蛋糕	50	65	3250
19		瑞士蛋糕卷	10	200	2000
20		五穀核果糕	50	80	4000
21		香草摩卡慕斯	25	120	3000
22					
23		⊟沈巍			
24		黑森林	25	150	3750
25		馬卡龍	45	360	16200
26		千層酥	15	120	1800
27		甜梨布丁	15	130	1950
28		香草奶油蛋糕	55	70	3850
29					
30		總計	560	2750	74775

❽ 每一項之後插入空白行

103 讓樞紐分析表看起來賞心悅目

建立好樞紐分析表後，還可以為其設定各種邊框和網底效果，使其看起來更加賞心悅目。Excel 本身就內建很多樞紐分析表格式，可直接套用。首先打開「設計」選項，在「樞紐分析表格式」中按一下下拉箭頭，然後在展開的列表中選擇一個滿意的格式❶，可看到樞紐分析表已經應用所選格式❷。在選擇樞紐分析表格式之前，還可使用滑鼠懸停的方式對不同的格式進行預覽。

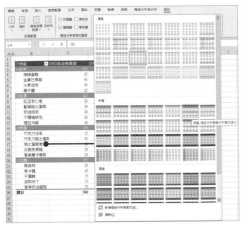

行標籤	求和項:銷售單價	求和項:銷售數量	求和項:銷售金額
⊟白宇	135	345	11675
海綿蛋糕	35	80	2800
金黃芒果糕	45	90	4050
水果泡芙	30	90	2700
椰子圈	25	85	2125
⊟白潔	120	810	18800
紅豆杏仁卷	20	200	4000
藍莓起士蛋糕	30	60	1800
奶油泡芙	20	250	5000
千層咖啡包	20	100	2000
提拉米蘇	30	200	6000
⊟林青	150	765	16750
巧克力法奇	15	300	4500
巧克力起士蛋撻	50	65	3250
瑞士蛋糕卷	10	200	2000
五穀核果糕	50	80	4000
香草摩卡慕斯	25	120	3000
⊟沈潔	155	830	27550
黑森林	25	150	3750
馬卡龍	45	360	16200
千層酥	15	120	1800
甜梨布丁	15	130	1950
香草奶油蛋糕	55	70	3850
總計	560	2750	74775

❶ 設定內建格式　　　　❷ 套用格式的樞紐分析表

104 樞紐分析表輕鬆排序

在普通工作表中可對資料進行排序，在樞紐分析表中同樣可對資料進行排序，如對「求和項：銷售數量」進行排序。在樞紐分析表中進行排序的方法有多種，一些常用的排序方法如下。首先選中需要排序的資料列中任意儲存格，然後右擊，在彈出的快顯功能表中選擇「排序」指令，選擇「從最小到最大排序」或「從最大到最小排序」選項即可。在這裡選擇「從最小到最大排序」選項❶，即可將「求和項：銷售

數量」按由最小到最大排序排序❷。此外，還可以按一下「行標籤」右側的下拉按鈕，在下拉清單中選擇「更多排序選項」選項。打開「排序」對話方塊，根據需要選中「遞增 (A 到 Z) 方式」或「遞減 (Z 到 A)方式」選項，在所選排序對象下拉清單中選擇好排序欄位。按一下「確定」按鈕，即可將所選欄位按指定方式排序。

❶ 執行「從最小到最大排序」指令

❷「求和項：銷售數量」按照由最小到最大排序排序

105 欄位計算的使用

計算欄位是指透過現有的欄位進行計算後得到的新欄位。樞紐分析表建立好後，是無法對其資料項目進行更改或計算的。若需對某欄位進行計算，須使用「插入計算欄位」功能才可進行計算操作。例如，為下面的樞紐分析表建立「分潤」欄位❶。首先選中樞紐分析表中的任意儲存格，在「樞紐分析表分析」選項的「計算」選項群組中按一下「欄位、項目和集」下拉按鈕，在下拉清單中選擇「計算欄位」選項。

打開「插入計算欄位」對話方塊，輸入欄位名稱「分潤」，然後在「公式」文字方塊中輸入該欄位的計算公式「＝銷售金額*0.03」。公式中用到的欄位名稱可透過在「欄位」列表中選擇欄位，並按一下「插入欄位」按鈕的方式進行輸入。最後按一下「確定」按鈕，關閉對話方塊。完成「分潤」欄位建立操作❷。

行標籤	求和項:銷售單價	求和項:銷售數量	求和項:銷售金額
⊟白宇	135	345	11675
海綿蛋糕	35	80	2800
金黃芒果糕	45	90	4050
水果泡芙	30	90	2700
椰子圈	25	85	2125
⊟白澤	120	810	18800
紅豆杏仁卷	20	200	4000
藍莓起士蛋糕	30	60	1800
奶油泡芙	20	250	5000
千層咖啡包	20	100	2000
提拉米蘇	30	200	6000
⊟林青	150	765	16750
巧克力法奇	15	300	4500
巧克力起士蛋糕	50	65	3250
瑞士蛋糕卷	10	200	2000
五穀核果糕	50	80	4000
香草摩卡慕斯	25	120	3000
⊟沈巍	155	830	27550
黑森林	25	150	3750
馬卡龍	45	360	16200
千層酥	15	120	1800
甜梨布丁	15	130	1950
香草奶油蛋糕	55	70	3850
總計	560	2750	74775

❶ 樞紐分析表

行標籤	求和項:銷售單價	求和項:銷售數量	求和項:銷售金額	加總 - 分潤
⊟白宇	135	345	11675	3502.5
海綿蛋糕	35	80	2800	840
金黃芒果糕	45	90	4050	1215
水果泡芙	30	90	2700	810
椰子圈	25	85	2125	637.5
⊟白澤	120	810	18800	5640
紅豆杏仁卷	20	200	4000	1200
藍莓起士蛋糕	30	60	1800	540
奶油泡芙	20	250	5000	1500
千層咖啡包	20	100	2000	600
提拉米蘇	30	200	6000	
⊟林青	150	765	16750	5025
巧克力法奇	15	300	4500	1350
巧克力起士蛋糕	50	65	3250	975
瑞士蛋糕卷	10	200	2000	600
五穀核果糕	50	80	4000	1200
香草摩卡慕斯	25	120	3000	900
⊟沈巍	155	830	27550	8265
黑森林	25	150	3750	1125
馬卡龍	45	360	16200	4860
千層酥	15	120	1800	540
甜梨布丁	15	130	1950	585
香草奶油蛋糕	55	70	3850	1155
總計	560	2750	74775	22432.5

❷ 建立「分潤」欄位後的樞紐分析表

106 修改欄位名稱和計算類型

樞紐分析表中欄位的名稱和計算類型是根據資料來源自動產生的，可以根據實際需要對欄位名稱和計算類型進行修改。首先選中需修改名稱和計算類型欄位中的任意儲存格，打開「樞紐分析表分析」選項，在「作用中欄位」中按一下「欄位設定」按鈕❶。打開「值欄位設定」對話方塊，重新選擇「摘要值方式」，然後在「自訂名稱」文字方塊中輸入新的欄位名稱❷。最後按一下「確定」按鈕，此時被選中的欄位名稱和類型已發生更改❸。按照同樣的方法可以完成對其他欄位名稱的更改操作。

❶ 按一下「值欄位設定」按鈕

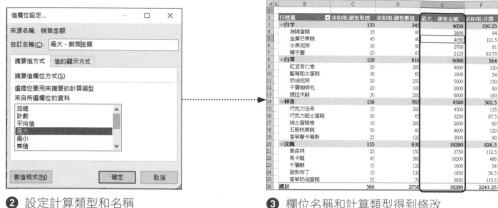

❷ 設定計算類型和名稱　　　　　　　**❸** 欄位名稱和計算類型得到修改

107 日期型資料分組

在樞紐分析表中，日期型資料項目含有很多的自動組合選項，可以按日、月、季和年度等多種時間單位進行組合。圖**❶**中的日期欄位顯示明細資料，當想要瞭解各員工每月銷售的總計情況時，很難從這張表中得到答案，但如果將日期按月分組顯示，那麼每月的總計結果就一目了然。下面介紹如何為樞紐分析表日期欄位分組。

首先選中日期欄位中的任意一個儲存格，然後右擊，從彈出的快顯功能表中選擇「群組」指令，彈出「群組」對話方塊，從中進行設定。其中開始點和結束點日期保持預設，在「間距值」清單方塊中選擇「月」選項**❷**，設定完成後按一下「確定」按鈕，

行標籤	白宇	白澤	林青	沈巍	總計
6月1日		60			60
6月2日			65		65
6月3日	80				80
6月4日				70	70
7月8日			80		80
7月9日	90				90
7月10日		100			100
7月11日				120	120
8月15日		200			200
8月16日				150	150
8月17日			300		300
9月18日	85				85
9月20日	90				90
9月21日			120		120
9月22日				360	360
9月23日		200			200
10月1日		250			250
10月2日				130	130
10月3日			200		200
總計	345	810	765	830	2750

❶ 日期欄位顯示明細資料

即可按照月份對樞紐分析表內的資料進行相對應的統計❸。在使用樞紐分析表的過程中，如果希望每次打開工作表時都自動刷新資料，可以啟動樞紐分析表自動刷新功能。操作方法為在「樞紐分析表分析」選項中按一下「選項」按鈕，打開「樞紐分析表選項」對話方塊，切換到「資料」選項，勾選「檔案開啟時自動更新」核取方塊，最後按一下「確定」按鈕即可。

❷ 設定日期群組

求和項:銷售數量	欄標籤				
行標籤	白宇	白澤	林青	沈巍	總計
6月	80	60	65	70	275
7月	90	100	80	120	390
8月	85	200	300	150	735
9月	90	200	120	360	770
10月		250	200	130	580
總計	345	810	765	830	2750

❸ 日期欄位按月分組顯示

108 在樞紐分析表中也能篩選

在樞紐分析表中也可以執行篩選。篩選的方式有很多種，其中包括欄位標籤篩選、篩選器篩選、值篩選、日期篩選和交叉分析篩選器篩選等，可以根據樞紐分析表的類型以及想要篩選的內容選擇篩選方式。接下來將對不同的篩選方式逐一進行介紹。

■ 01 用欄位標籤篩選

篩選出所有包含「蛋糕」的商品銷售資訊。首先按一下行標籤右側下拉按鈕，在展開的清單中選擇「標籤篩選」選項，選擇「包含」選項。然後在打開的對話方塊中，設定好篩選條件，最後按一下「確定」按鈕，即可將所有包含「蛋糕」的商品銷售資訊篩選出來❶。

■ 02 使用篩選器篩選

如果需要篩選出銷售員是「白宇」的銷售資訊。首先將「銷售員」欄位增加到「篩選」區域❷，然後按一下「銷售員」右側

的下拉按鈕，從清單中選擇「白宇」，接著按一下「確定」按鈕。即可將銷售員是「白宇」的銷售資訊全部篩選出來❸。

03 使用值篩選

如果要篩選出「銷售數量」大於 150 的銷售資訊，首先在行標籤下拉清單中選擇「值篩選」選項，然後選擇「大於」選項❹。在彈出的對話方塊中選擇好值欄位和篩選條件。按一下「確定」按鈕❺，即可看到「銷售數量」大於 150 的銷售資訊被篩選出來❻。

04 使用日期篩選

如果要篩選出「第三季」的銷售資料，首先按一下行標籤右側的下拉按鈕，在打開的下拉清單中選擇「日期篩選」選項，選擇所需的篩選項，這裡選擇「第三季」選項，就可以將第三季的銷售資訊篩選出來❼。

05 使用交叉分析篩選器

如果需要篩選出「銷售員」是「沈巍」，「銷售商品」是「黑森林」和「甜梨布丁」的銷售資訊，首先需要插入交叉分析篩選器，打開「樞紐分析表分析」選項，在「篩選」中按一下「插入交叉分析篩選器」按鈕，彈出「插入交叉分析篩選器」對話方塊，勾選欄位名稱「銷售員」和「銷售商品」核取方塊，按一下「確定」按鈕即可插入相對應欄位的交叉分析篩選器❽。

在交叉分析篩選器中選擇需要篩選的選項，其樞紐分析表中也會對其進行篩選。可以同時在多個切片中進行篩選。按一下交叉分析篩選器上方的「多重選取」按鈕，可以在該交叉分析篩選器中選擇多個選項，或者按 Ctrl 鍵進行多選❾。此外，按一下交叉分析篩選器右上角的「清除篩選」按鈕，可以清除該交叉分析篩選器的所有篩選 如果不再需要交叉分析篩選器，可以選取交叉分析篩選器，然後按 Delete 鍵，即可將其刪除。

❶ 用欄位標籤篩選

② 增加篩選欄位

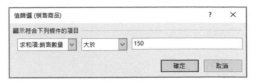

⑤ 設定值欄位和篩選條件

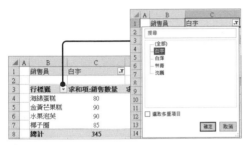

③ 篩選銷售員「白宇」的資訊

⑥ 篩選出符合條件的資料

④ 選擇「值篩選」

⑦ 篩選日期

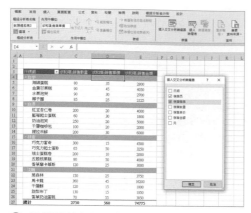

❽ 篩選前的樞紐分析表

❾ 按照設定的條件篩選出資訊

109 錯誤值顯示方式的設定

若遇到在樞紐分析表中計算「平均單價」時出現錯誤值,並以「#DIV/0!」方式顯示情況時❶,為了不讓錯誤值影響資料的顯示效果,可以右擊該樞紐分析表任意儲存格,在打開的快顯功能表中選擇「樞紐分析表選項」指令。打開「樞紐分析表選項」對話方塊,選擇「版面配置和格式」選項,然後勾選「若為錯誤值,顯示」核取方塊,並輸入顯示值。這裡輸入「/」❷。最後按一下「確定」按鈕,關閉對話方塊。此時在樞紐分析表中的所有錯誤值都以「/」顯示❸。

A	B	C	D	E
行標籤		求和項:銷售數量	求和項:銷售金額	求和項:平均單價
⊟2018/5/1		210	8450	40
	海綿蛋糕	80	2800	35
	藍莓起士蛋糕	60	1800	30
	巧克力起士蛋糕	0	0	#DIV/0!
	香草奶油蛋糕	70	3850	55
⊟2018/5/10		390	11850	30
	金黃芒果糕	90	4050	45
	千層咖啡包	100	2000	20
	千層酥	120	1800	15
	五殼核果糕	80	4000	50
⊟2018/5/15		650	12250	19
	黑森林	150	3750	25
	紅豆杏仁卷	200	4000	20
	巧克力法奇	300	4500	15
	椰子圈	0	0	#DIV/0!
⊟2018/5/25		770	27900	36
	馬卡龍	360	16200	45
	水果泡芙	90	2700	30
	提拉米蘇	200	6000	30
	香草摩卡慕斯	120	3000	25
⊟2018/5/30		330	3950	12
	奶油泡芙	0	0	#DIV/0!
	瑞士蛋糕卷	200	2000	10
	甜梨布丁	130	1950	15
總計		2350	64400	27

❶ 出現錯誤值

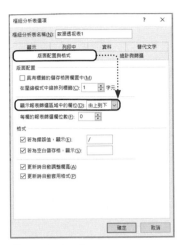

行標籤	求和項:銷售數量	求和項:銷售金額	求和項:平均單價
⊟2018/5/1	210	8450	40
海綿蛋糕	80	2800	35
藍莓起士蛋糕	60	1800	30
巧克力起士蛋糕	0	0	/
香草奶油蛋糕	70	3850	55
⊟2018/5/10	390	11850	30
金黃芒果糕	90	4050	45
千層咖啡包	100	2000	20
千層酥	120	1800	15
五穀核果糕	80	4000	50
⊟2018/5/15	650	10250	19
黑森林	150	3750	25
紅豆吉仁卷	200	4000	20
巧克力法奇	300	4500	15
椰子圈	0	0	/
⊟2018/5/25	770	27900	36
馬卡龍	360	16200	45
水果泡芙	90	2700	30
提拉米蘇	200	6000	30
香草摩卡蒂斯	120	3000	25
⊟2018/5/30	330	3950	13
奶油泡芙	0	0	/
瑞士蛋糕卷	200	2000	10
甜梨布丁	130	1950	15
總計	2350	64400	27

❷ 設定錯誤值　　　　　　　　　❸ 錯誤值以「/」顯示

110 指定值欄位格式的設定

為了區分樞紐分析表中值欄位的資料項目，通常需要對這些資料項目的格式進行設定，例如為「銷售單價」和「銷售金額」的資料項目增加貨幣符號❶。首先選中「求和項：銷售單價」欄位列任意儲存格，然後右擊，在打開的快顯功能表中選擇「數字格式」指令，彈出「設定儲存格格式」對話方塊，在「類別」清單方塊中選擇「貨幣」選項，並將右側「小數位數」設定

為0。其他選項參數為預設值。設定完成後，按一下「確定」按鈕，關閉對話方塊。此時「求和項：銷售單價」欄位已增加貨幣符號。然後按照同樣的方法為「求和項：銷售金額」欄位增加貨幣符號❷。

此外，選中需要設定格式的資料項目，在「數字格式」清單中選擇「貨幣」選項，也可以為其增加貨幣符號。

行標籤	加總 - 銷售數量	加總 - 銷售單價	加總 - 銷售金額
2023/6/1	275	170	11700
巧克力起士蛋糕	65	50	3250
香草奶油蛋糕	70	55	3850
海綿蛋糕	80	35	2800
藍莓起士蛋糕	60	30	1800
2023/6/10	390	130	11850
千層咖啡包	100	20	2000
千層酥	120	15	1800
五穀核果酥	80	50	4000
金黃芒果酥	90	45	4050
2023/6/15	735	85	14375
巧克力法奇	300	15	4500
紅豆杏仁卷	200	20	4000
黑森林	150	25	3750
椰子圈	85	25	2125
2023/6/25	770	130	27900
水果泡芙	90	30	2700
香草摩卡慕斯	120	25	3000
馬卡龍	360	45	16200
提拉米蘇	200	30	6000
2023/6/30	580	45	8950
奶油泡芙	250	20	5000
甜梨布丁	130	15	1950
瑞士蛋糕卷	200	10	2000
總計	2750	560	74775

❶ 預設的資料格式

行標籤	加總 - 銷售數量	加總 - 銷售單價	加總 - 銷售金額
2023/6/1	275	NT$170	NT$11,700
巧克力起士蛋糕	65	NT$50	NT$3,250
香草奶油蛋糕	70	NT$55	NT$3,850
海綿蛋糕	80	NT$35	NT$2,800
藍莓起士蛋糕	60	NT$30	NT$1,800
2023/6/10	390	NT$130	NT$11,850
千層咖啡包	100	NT$20	NT$2,000
千層酥	120	NT$15	NT$1,800
五穀核果酥	80	NT$50	NT$4,000
金黃芒果酥	90	NT$45	NT$4,050
2023/6/15	735	NT$85	NT$14,375
巧克力法奇	300	NT$15	NT$4,500
紅豆杏仁卷	200	NT$20	NT$4,000
黑森林	150	NT$25	NT$3,750
椰子圈	85	NT$25	NT$2,125
2023/6/25	770	NT$130	NT$27,900
水果泡芙	90	NT$30	NT$2,700
香草摩卡慕斯	120	NT$25	NT$3,000
馬卡龍	360	NT$45	NT$16,200
提拉米蘇	200	NT$30	NT$6,000
2023/6/30	580	NT$45	NT$8,950
奶油泡芙	250	NT$20	NT$5,000
甜梨布丁	130	NT$15	NT$1,950
瑞士蛋糕卷	200	NT$10	NT$2,000
總計	2750	NT$560	NT$74,775

❷ 為「求和項：銷售單價」和「求和項：銷售金額」增加貨幣符號

111　建立同步資料的樞紐分析表

同步資料的樞紐分析表就是把樞紐分析表製作成一個動態的圖片，該圖片可以浮動於工作表中的任意位置，並與樞紐分析表保持即時更新，甚至還可以更改圖片的大小以滿足不同的分析需求。建立同步資料的樞紐分析表可以使用「照相機」功能。首先在「檔案 - 選項」對話方塊中，將「照相機」功能增加到「自訂快速存取工具列」中。然後選中樞紐分析表中的 B2:E26 儲存格區域，按一下「自訂快速存取工具列」中的「照相機」按鈕，再按一下樞紐分析表外的任意儲存格，即可建立一個同步資料的樞紐分析表。當樞紐分析表中的資料發生變動後，同步資料的樞紐分析表

中的資料也會隨之變化。例如，將樞紐分析表中的欄位名稱進行更改，刷新後，同步資料的樞紐分析表中的欄位名稱也會進行更改❶。此外，還可以使用 Ctrl+C 建立同步資料的樞紐分析表。即選中樞紐分析表中的 B2:E26 儲存格區域，然後按 Ctrl+C 複製，再定位想要貼上的位置，按一下「常用」選項中的「貼上」下拉按鈕，從清單中選擇「連結圖片」選項，即可建立同步資料的樞紐分析表❷。

採用複製貼上指令建立的同步資料的樞紐分析表不帶有黑色邊框，而用照相機功能建立的同步資料的樞紐分析表會帶有黑色邊框。

❶ 用「照相機」功能建立的同步資料的樞紐分析表

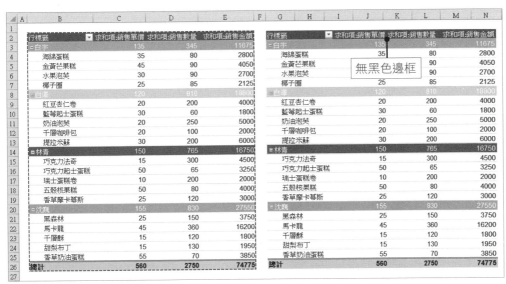

❷ 用複製貼上指令建立的同步資料的樞紐分析表

112　以圖代表更直覺

大家都知道樞紐分析圖是以圖形顯示資料的。與標準圖表一樣，樞紐分析圖也包含資料數列、類別、資料標記和座標軸。樞紐分析圖的建立方法有很多，可以根據需要進行建立。

■ 01 根據樞紐分析表建立樞紐分析圖

利用建立好的樞紐分析表來建立樞紐分析圖是建立樞紐分析圖最常用的方法之一❶。首先選中樞紐分析表中任意儲存格，在「樞紐分析表分析」選項中按一下「樞紐分析圖」按鈕❷。打開「插入圖表」對話方塊，選擇好圖表的類型，這裡選擇「直條圖」類型❸。然後按一下「確定」按鈕即可完成樞紐分析圖的建立操作。

■ 02 根據資料來源建立樞紐分析圖

可以直接根據資料來源同時建立樞紐分析表及樞紐分析圖。首先在資料來源表中選擇任意儲存格。在「插入」選項中按一下「樞紐分析圖」下拉按鈕，選擇「樞紐分析圖」選項。打開「建立樞紐分析圖」對話方塊，設定好「選取表格或範圍」及樞紐分析圖的位置，維持預設，最後按一下「確定」按鈕。此時在新工作表中會同時顯示空白的樞紐分析表及樞紐分析圖❹。在「樞紐分析圖欄位」窗格中勾選所需欄位，完成樞紐分析表的建立操作。與此同時，樞紐分析圖也會隨之產生❺。

■ 03 使用樞紐分析表和樞紐分析圖精靈建立

以上兩種方法適合於 Excel 2013 和 Excel 2016 兩個版本，如果安裝的是低版本，就只能透過使用樞紐分析表和樞紐分析圖精靈來建立透視圖。首先選中來源資料表中的任意儲存格，依次按 Alt、D、P 鍵，就可以打開「樞紐分析表和樞紐分析圖精靈 - 步驟 3 之 1」對話方塊。選中「樞紐分析圖（及樞紐分析表）」選項按鈕，然後按「下一步」按鈕❻，在步驟 2 中，保持預設選項，按「下一步」按鈕❼。在步驟 3 中，設定好樞紐分析圖的位置，按一下「完成」按鈕即可❽。

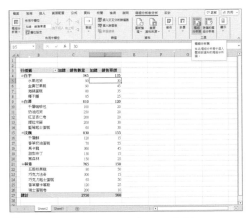

❶ 根據樞紐分析表建立樞紐分析圖

❷ 按一下「樞紐分析圖」按鈕

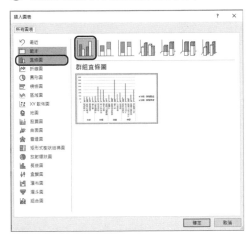

❸ 選擇樞紐分析圖類型

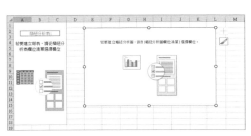

❹ 空白的樞紐分析表及樞紐分析圖

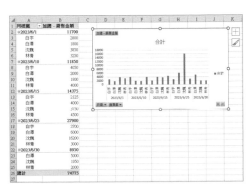

❺ 根據資料來源建立樞紐分析圖

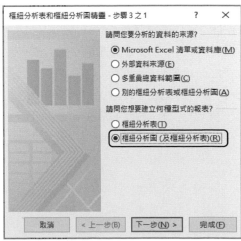

❻ 設定報表類型

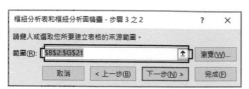

❼ 維持預設選項

❽ 設定樞紐分析圖的位置

113 在圖表中執行篩選

樞紐分析圖與樞紐分析表之間相互關聯，所以樞紐分析表中的資料一旦有更改，其透視圖中的資料也會隨之做相對應的改變。如果想要對樞紐分析圖中的資料進行分析篩選，一是可以利用樞紐分析表中的篩選功能進行操作；二是直接在樞紐分析圖中進行相關篩選操作。在這裡將重點介紹如何使用交叉分析篩選器來對樞紐分析圖中的資料進行篩選，例如篩選出日期為「2023/7/10」的銷售資訊❶。首先按一下「樞紐分析表分析 - 篩選」選項中的「插入交叉分析篩選器」按鈕，然後在「插入交叉分析篩選器」對話方塊中勾選「日期」

核取方塊，按一下「確定」按鈕。調整交叉分析篩選器的大小然後將其移至合適位置。在「日期」交叉分析篩選器中，按一下「2023/7/ 10」欄位，此時樞紐分析圖將會顯示「2023/7/10」的銷售資訊❷。

如果想要刪除樞紐分析圖，可以選中樞紐分析圖，然後按 Delete 鍵。

如果想要刪除樞紐分析圖和樞紐分析表，可以在「樞紐分析表分析 - 動作」選項中按一下「清除」按鈕，從清單中選擇「全部清除」選項即可。

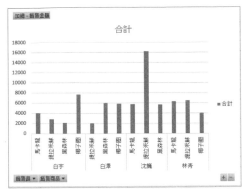

❶ 未篩選的數據透視圖

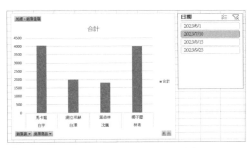

❷ 篩選出「2023/7/10」的銷售資訊

114 典型的 Excel 圖表

一般情況下可能不太容易記住一串數字或者找出數字之間的規律，但卻可以很輕鬆地記住一幅圖像或者一段曲線。這是因為圖形對視覺的刺激要遠遠大於數字，所以如果用圖形來表達資料，就更有利於資料的分析。Excel 提供了 14 種類型的圖表，接下來就一一進行介紹。

■ 01 直條圖

直條圖一般用於顯示一段時間內的資料變化或者說明各項之間的比較情況。直條圖還包括群組直條圖❶、堆疊直條圖❷、百分比堆疊直條圖、立體群組直條圖、立體堆疊直條圖、立體百分比堆疊直條圖和立體直條圖 7 種。

■ 02 折線圖

折線圖可以顯示隨時間（根據常用比例設定）而變化的連續資料，非常適用於顯示在相等時間間隔下資料的趨勢。折線圖中還包括折線圖❸、堆疊折線圖、百分比堆疊折線圖、含有資料標記的折線圖❹、含有資料標記的堆疊折線圖、含有資料標記的百分比堆疊折線圖和立體折線圖 7 種。

■ 03 圓形圖

圓形圖用於顯示一系列資料中各項的比例大小，能直觀地表達部分與整體之間的關係，各項比例值的總和始終等於 100%。在圓形圖中的資料點顯示為整個圓形圖的

百分比。圓形圖中還包括圓形圖**❺**、立體圓形圖、子母圓形圖、帶有子橫條圖的圓形圖和環圈圖**❻** 5 種。

■ 04 橫條圖

橫條圖用於比較多個類別的數值。因為它與直條圖的行和列剛好調過來，所以有時可以互換使用。橫條圖中包括群組橫條圖**❼**、堆疊橫條圖、百分比堆疊橫條圖**❽**、立體群組橫條圖、立體堆疊橫條圖和立體百分比堆疊橫條圖 6 種。

■ 05 區域圖

區域圖強調數值隨時間變化的程度，可引起人們對總值趨勢的關注。通常顯示所繪的值的總和或顯示整體與部分間的關係。區域圖中還包括區域圖**❾**、堆疊區域圖**❿**、百分比堆疊區域圖、立體區域圖、立體堆疊區域圖和立體百分比堆疊區域圖6種。

■ 06 XY 散佈圖

據系列中各個數值之間的關係，通常用於顯示和比較數值。散佈圖的重要作用是可以用來繪製函數曲線，從簡單的三角函數、指數函數、對數函數到更複雜的混合型函數，都可以利用散佈圖快速準確地繪製出曲線。所以在教學、科學計算中會經常用到 XY 散佈圖。XY 散佈圖中還包括散佈圖**⓫**、帶有平滑線和資料標記的散佈圖**⓬**、帶有平滑線的散佈圖、帶有直線和資料標記的散佈圖、帶直線的散佈圖、泡泡圖和立體泡泡圖 7 種。

■ 07 股票圖

股票圖用於描述股票的走勢，是一種專用圖表，使用者若要建立股票圖，需要按照一定的順序安排工作表中的資料。

■ 08 曲面圖

曲面圖可以用曲面來表示資料的變化情況，其顏色和圖案用於表示在相同數值範圍內的區域，並將資料之間的最佳組合顯示出來。曲面圖還包括立體曲面圖**⓭**、框線立體曲面圖、曲面圖 (俯視)**⓮**和曲面圖（俯視、只顯示線條）4 種。

■ 09 雷達圖

雷達圖顯示各數值相對應於中心點的變化。在填滿式雷達圖中，由一個資料數列覆蓋的區域用一種顏色來填滿。雷達圖中還包括雷達圖**⓯**、含資料標記的雷達圖和填滿式雷達圖**⓰** 3 種。

■ 10 矩形式樹狀結構圖

矩形式樹狀結構圖是一種資料的分層視圖，按顏色和距離顯示類別，可輕鬆顯示其他圖表類型很難顯示的大量資料。一般用於展示資料之間的層級和占比關係，矩形的面積代表資料大小。

■ 11 放射環狀圖

放射環狀圖常用於展示多層級數據之間的占比及對比關係，圖形中每一個環狀代表同一階層的比例資料，離原點越近的環狀

階層越高，最內層的圓展示層次結構的頂級。

■ 12 長條圖

長條圖是一種用於展示資料分佈情況的圖表，常用於分析資料在各個區段的分佈比例。它可清晰地展示出資料的分類情況和各類別之間的差異，是分析資料分佈比重和分佈頻率的利器。長條圖中通常還有柏拉圖。

■ 13 盒鬚圖

盒鬚圖是新增的一個資料分析圖表，其好處就是可以方便地觀察在一個區間內一批資料的四分值、平均值以及離散值等。

■ 14 瀑布圖

瀑布圖以形似瀑布而得名。此種圖表採用絕對值與相對值結合的方式，適用於表達數個特定數值之間的數量變化關係。

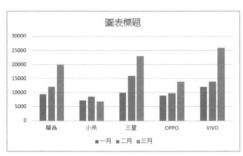

❶ 直條圖

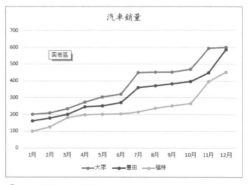

❷ 堆疊直條圖

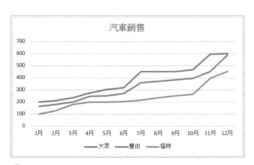

❸ 折線圖

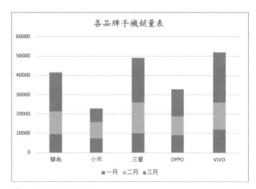

❹ 含有資料標記的折線圖

❺　圓形圖

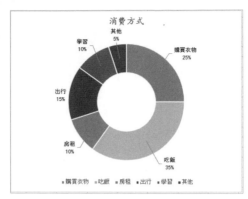

❻　環圈圖

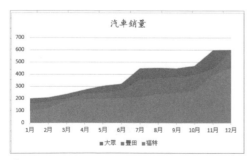

❼　群組橫條圖

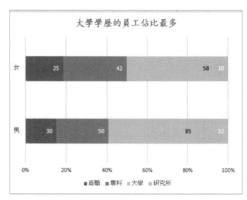

❽　百分比堆疊橫條圖

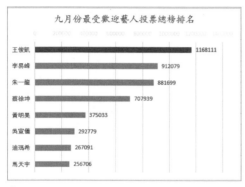

❾　面積圖

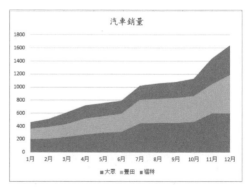

❿　堆疊面積圖

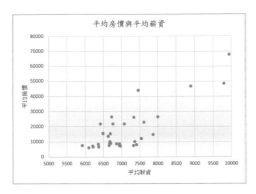

⑪ 散佈圖

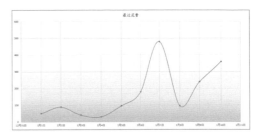

⑫ 帶有平滑線和資料標記的散佈圖

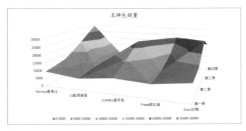

⑬ 立體曲面圖

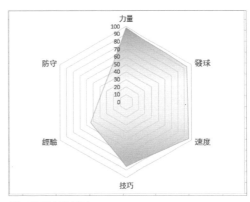

⑭ 曲面圖(俯視)

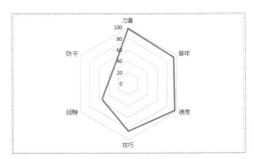

⑮ 雷達圖

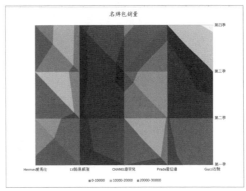

⑯ 填滿雷達圖

115 選對圖表很重要

在 Excel 中，有多種方法可以插入圖表，但在插入圖表時要根據資料類型選擇合適的圖表，這樣才能更好地表達資料。例如，為 2018 年各頻道電視劇收視率情況工作表建立圖表❶，那麼應該選擇什麼樣的圖表呢？首先為了能讓電視劇收視率一目了然，在這裡選擇含有資料標記的折線圖，

其建立方法為選中 D2:E12 儲存格區域，在「插入」選項中按一下「插入折線圖或面積圖」按鈕，從清單中選擇「含有資料標記的折線圖」選項。此時在表格下方即可顯示所建立的「含有資料標記的折線圖」❷。從圖表中可以很輕鬆地看出電視劇收視率的高低。

▲	A	B	C	D	E	F
1						
2		計數	頻道	電視劇	收視率	
3		1	湖南衛視	親愛的她們	2.18	
4		2	湖南衛視	談判官	2.13	
5		3	東方衛視	戀愛先生	2.79	
6		4	湖南衛視	老男孩	2.58	
7		5	東方衛視	風箏	2.51	
8		6	東方衛視	好久不見	1.85	
9		7	東方衛視	美好生活	2.43	
10		8	湖南衛視	遠大前程	2.22	
11		9	湖南衛視	溫暖的弦	2.05	
12		10	湖南衛視	我的青春遇見你	1.91	
13						

❶ 2018 年各頻道電視劇收視率情況

❷ 含有資料標記的折線圖

116 圖表背景忽隱忽現

如果覺得為圖表設定的背景圖片太過花哨而影響閱讀❶，可以在不用更換背景圖片

的前提下適當調整背景圖片的透明度，使背景圖片不會太過突顯而分散觀者注意

力。其操作方法也很簡單，首先選中需要調整的圖表右擊，從彈出的快顯功能表中選擇「圖表區格式」指令。打開「圖表區格式」窗格，在「填滿與框線」選項的「填滿」中拖動「透明度」滑塊來調整透明度值，將其調整為合適的效果即可❷。

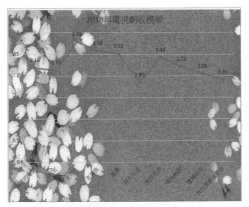

❶ 背景太花哨影響圖表項目的展示

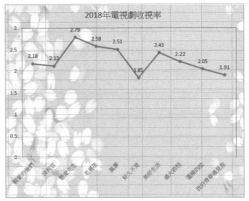

❷ 設定合適的透明度

精心佈置圖表

在建立圖表後，為了讓資料表達更好，也為了讓圖表整體看上去更協調、美觀，可以對圖表進行設定❶。例如，為圖表設定資料標籤、應用圖表格式、設定形狀格式、為圖表增加背景圖片、設定形狀效果等。接下來將對其進行詳細介紹。

■ 01 應用圖表格式

建立好圖表後，如果對目前的圖表不滿意，可以快速為圖表應用格式。即選中圖表，在「圖表設計」選項中按一下「圖表格式」選項群組中的「其他」按鈕，從清單中選擇合適的圖表格式即可，這裡選擇「格式9」❷，圖表隨即應用所選格式❸。還可以快速更改資料數列的顏色，即按一下「更改顏色」按鈕，從清單中選擇合適的顏色。

■ 02 設定形狀格式

為圖表中的形狀設定格式，可以使圖表更加精細化。即選中「收入」資料數列。在「資料數列格式」選項中按一下「填滿」按

3-63

鈕，然後從清單中選擇合適的填滿顏色，或者選擇「收入」資料數列後右擊，從彈出的快顯功能表中選擇「資料數列格式」指令❹，彈出「資料數列格式」窗格，在「填滿」選中「漸層填滿」選項按鈕，按一下「預設漸層」按鈕，從清單中選擇合適的漸層效果即可，這裡選擇「中度漸層 - 輔色 6」❺，按照同樣的方法設定「支出」資料數列的填滿效果❻。

如果覺得圖表背景太單調，也可增加顏色，即選中圖表區右擊，從彈出的快顯功能表中選擇「圖表區格式」❼，彈出「圖表區格式」窗格，在「填滿」中中選「漸層填滿」選項，透過下方的「漸層停駐點」，設定漸層填滿效果❽。設定完成後關閉窗格即可。最後選中第四季的「收入」系列，將其填滿顏色更改成灰色，以便將其突顯顯示❾。

■ 03 為圖表增加背景圖片

為圖表設定背景後，發現不是太美觀，這時可以選擇重新設定背景顏色或者將自己喜歡的圖片設定為圖表背景。在這裡將介紹兩種增加背景圖片的方法。第一種方法是選中圖表，在「圖表區格式」選項中按一下「填滿」，從清單中選擇「圖片來源」選項，打開「插入」對話方塊，從中選擇合適的圖片即可；第二種方法是選中圖表右擊，從彈出的快顯功能表中選「填滿」下拉選單中「圖片」，跳出「插入圖片」然後選擇「從檔案」，選擇合適的圖片後，點按「插入」即可為圖表增加背景圖片。

■ 04 為圖表設定資料標籤

為圖表增加資料標籤後，可以直觀地顯示數列資料的大小。選中圖表，在「圖表設計」選項中按一下「新增資料標籤」，從清單中選擇「新增資料標籤」可為圖表增加資料標籤。在這裡將第四季的「收入」數列標籤顏色設定為「紅色」，以便可以一眼看到收入最高的資料。最後，可以刪除「垂直（值）軸」，使圖表看起來更加簡單整潔❿。

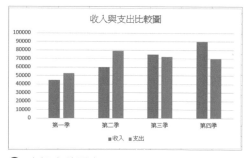

❶ 未設定的圖表

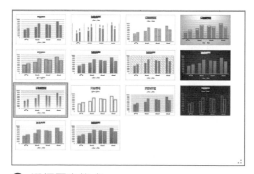

❷ 選擇圖表格式

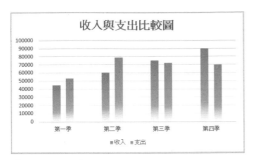

❸ 應用所選格式

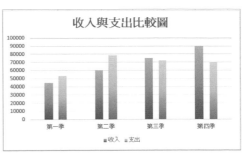

❻ 完成資料數列填滿效果的設定

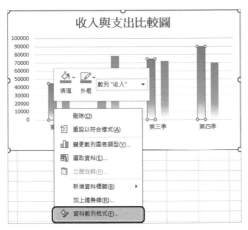

❹ 設定「收入」數列的填滿色

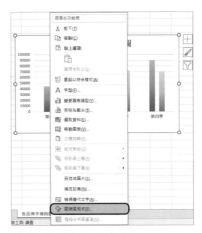

❼ 設定圖表背景填滿色

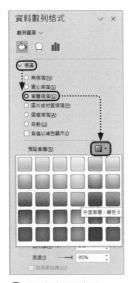

❺ 設定漸層效果

❽ 設定漸層效果

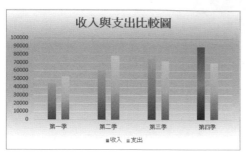

❾ 更改填滿顏色

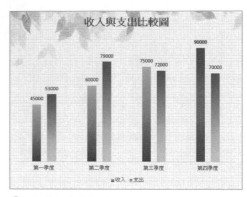

❿ 完成圖表的設定

118　借助趨勢線分析圖表

趨勢線是指穿過資料點的直線或曲線。可以透過增加趨勢線來揭示資料點背後的規律，明白其中的關係和趨勢。例如，為60歲以上的人口數量圖表增加趨勢線❶來查看中國人口高齡化的趨勢。首先選中圖表，在「圖表設計」選項中按一下「新增圖表項目」按鈕，從清單中選擇「趨勢線」選項，選擇「線性」選項。圖表中隨即被增加一條線性預測趨勢線。預設情況下趨勢線和資料數列是同一顏色，也可以修改趨勢線的顏色，使其變得更加突顯。首先右擊趨勢線，然後在彈出的快顯功能表中選擇「趨勢線格式」指令。打開「趨勢

線格式」窗格，在「填滿與線條」選項的「線條」中選「實心線條」，然後按一下「色彩」按鈕，在展開的清單中選擇一種和資料數列對比明顯的顏色，還可以根據需要設定趨勢線的寬度。此外，如果想要為趨勢線增加一些效果，可以在「效果」選項中設定「陰影」、「光暈」、「柔邊」效果。此時經過加工的趨勢線比最初設定要顯眼很多❷。需要說明的是，不是所有的圖表都可以增加趨勢線。趨勢線主要適用於非堆疊二維圖表，如面積圖、橫條圖、直條圖、折線圖、散佈圖等。

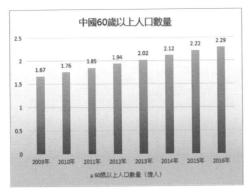

1 未增加趨勢線的圖表

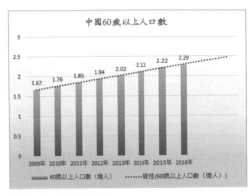

2 設定後的趨勢線

119 拖出一塊圓形圖

在製作圓形圖時，有時候需要突顯某塊資料，這時需要在餅狀圖中將此區域分離出來，例如，將 vivo 使用比重突顯出來**1**，該如何操作呢？可以使用滑鼠直接拖動，即在圖表中選擇 vivo 扇形資料塊，然後按住滑鼠左鍵進行拖動，直到拖至滿意的位置，鬆開滑鼠即可。此外，還可以使用右

鍵功能表設定，即在圖表中選擇要突顯的扇形資料塊右擊，從彈出的快顯功能表中選擇「資料數列格式」指令，在「數列選項」中拖動「爆炸點」滑塊至合適位置即可。可以看到 vivo 扇形資料塊被分離出來了**2**。

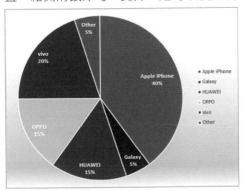

1 完整的圓形圖

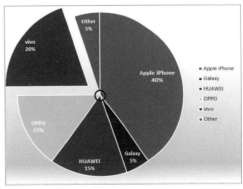

2 分離出 vivo 扇形資料塊

120　巧妙處理斷裂的折線圖

當圖表中數列資料有空白資料時，建立的折線圖就會出現斷裂的情況❶，當出現這種情況時，可以根據實際需要對斷裂的折線圖進行處理。首先使用零值處理斷裂的折線圖，即選中圖表右擊，從彈出的快顯功能表中選擇「選取資料」指令，打開「選擇資料來源」對話方塊，接著按一下「隱藏和空白儲存格」按鈕，在打開的對話方塊中選中「以零值代表」選項按鈕，最後按一下「確定」按鈕即可。可以看到斷裂處以零值顯示❷。此外，還可以使用直線連接處理斷裂處的折線圖，即在打開的「隱藏和空白儲存格」對話方塊中選中「以線段連接資料點」選項按鈕即可❸。

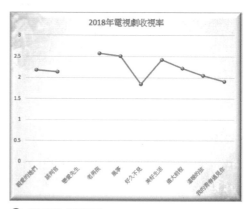

❶ 斷裂的折線圖

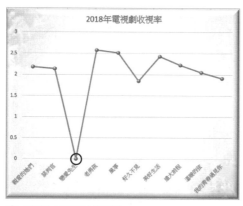

❷ 斷裂處以零值顯示

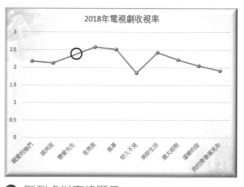

❸ 斷裂處以直線顯示

121

圖表刻度線的間隔可大可小

建立的圖表，座標軸刻度線間的距離是預設的，它是根據原始資料自動設定❶。如果刻度線間隔太大或太小，都會影響閱讀。此時，可以根據需要自行調整圖表刻度線的間隔。首先選中圖表中的垂直座標

軸，然後右擊，從快顯功能表中選擇「座標軸格式」指令，打開「座標軸選項」窗格，然後在「單位」區域下的「主要」輸入合適的數值，這裡輸入 550，可以看到圖表中的刻度線間隔變小了❷。

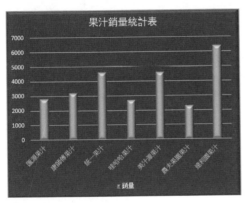

❶ 刻度線間隔較大

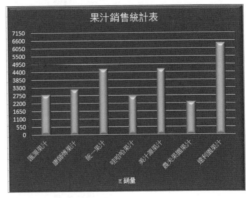

❷ 刻度線間隔變小了

圖表也能組合

組合圖表就是在一張圖表中顯示兩組或多組資料的變化趨勢。最常用的組合圖是由直條圖和折線圖組成的線柱組合圖。在這

裡將介紹如何製作線柱組合圖表。首先選中 B2:D10 儲存格區域❶，在「插入」選項中按一下「插入直條圖或橫條圖」按鈕，

從清單中選擇「直條圖」選項，建立一個直條圖❷。接著選中「60歲以上人口比重%」資料數列右擊，從彈出的快顯功能表中選擇「資料數列格式」指令。打開「資料數列格式」窗格，然後在「數列選項」中選中「副座標軸」選項按鈕。在「圖表設計」選項中按一下「變更圖表類型」按鈕，打開「變更圖表類型」對話方塊，在「所有圖表」選項中選中「組合圖」選項，

將「60歲以上人口比重%」圖表類型設定為「含有資料標記的折線圖」❸，設定完成後按一下「確定」按鈕即可。此時，「60歲以上人口比重%」資料數列以折線圖形式顯示。此外，還可以對折線圖的格式和寬度進行設定，即選中折線圖，在「資料數列格式」窗格中進行詳細的設定。最後為圖表增加標題，並對圖表進行美化，使其看起來更加美觀❹。

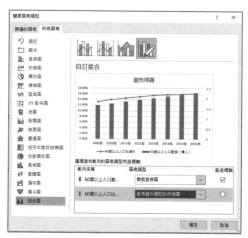

❶ 選擇儲存格區域

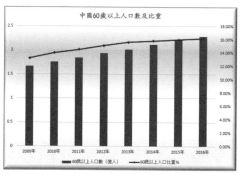

❷ 建立一個直條圖

❸ 設定圖表類型

❹ 美化圖表

123 設計動態圖表

顧名思義，動態圖表就是可以動的圖表，並且它可以根據選項變化產生不同的資料數列。動態圖表的效果與製作方法各不相同，在這裡介紹一種相對簡單的製作方法，那就是利用函數公式配合表單控制項製作動態圖表。首先將在工作表中的 B11:C18 儲存格區域製作成輔助表，在 C12 儲存格中輸入公式「=INDEX(C3:F3, C$11)」，並向下填滿公式。在 E15:E18 儲存格區域輸入季名稱❶。選擇 B12:C18 儲存格區域，在「插入」選項中按一下「插入直條圖或橫條圖」按鈕，從清單中選擇「直條圖」選項，建立直條圖，然後對圖表進行美化❷。接下來需要增加並設定控制項。在「開發人員」選項中按一

下「插入 - 表單控制項」中選擇「下拉式方塊（表單控制項）」選項，在圖表上方繪製控制項，在「控制項」中按一下「屬性」按鈕，打開「控制項格式」對話方塊，在「控制」選項中設定「輸入範圍」為「$E$15: $E$18」，設定「儲存格連結」區域為「$C$11」❸。設定完成後按一下「確定」按鈕。然後按一下圖表中表單控制項下拉按鈕，在下拉清單中出現了四個季度選項，選擇任意一個選項，圖表就都會立刻顯示該季的銷量情況❹。

需要注意的是，預設情況下，Excel 功能區中是不顯示控制項功能的，需要手動增加該功能。即在「檔案」功能表中選擇「選項」選項，打開「Excel 選項」從「自訂功

▲	A	B	C	D	E	F
1						
2		商品名稱	第一季	第二季	第三季	第四季
3		匯源果汁	20000	90000	120000	70000
4		康師傅果汁	32000	85000	160000	90000
5		統一果汁	40000	100000	220000	80000
6		哇哈哈果汁	25000	64000	90000	50000
7		美汁源果汁	46000	78000	160000	45000
8		農夫果園果汁	23000	56000	46000	35000
9		達利園果汁	50000	83000	150000	72000
10						
11		商品名稱	3			
12		匯源果汁	120000			
13		康師傅果汁	160000			
14		統一果汁	220000			
15		哇哈哈果汁	90000		第一季	
16		美汁源果汁	160000		第二季	
17		農夫果園果汁	46000		第三季	
18		達利園果汁	150000		第四季	

❶ 製作輔助表

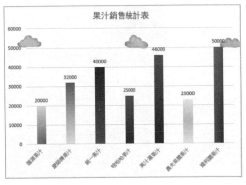

❷ 建立直條圖

能區」中選擇「主要索引標籤」選項，勾選「開發人員」核取方塊。最後按一下「確定」按鈕關閉對話方塊。此時功能區中已

出現「開發人員」選項。在該選項中，可以根據需要增加控制項。

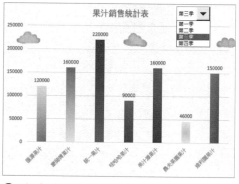

❸ 設定區域

❹ 完成動態圖表的製作

124 樹狀圖

在工作中，使用直條圖、圓形圖、折線圖等圖表類型比較多，所以對這些圖表比較瞭解。不過也可以瞭解一下 Excel 新增的幾個圖表，如樹狀圖，樹狀圖以顏色區分類別，以面積大小表示數值的大小，形成一個個方塊，比常使用的圖表更加一目了然。在這裡介紹如何建立一個樹狀圖。首

先選中資料區域中任意一個儲存格❶，在「插入 - 建議圖表」中選擇「矩形式樹狀結構圖」，按一下「確定」按鈕即可。可以看到已經建立樹狀圖❷。於圖表可以發現，樹狀圖的一級分類名稱預設是混在數值區中的，這樣就不太容易識別。可以調整資料數列的格式選項解決此問題，選中樹狀

圖,在「資料數列格式」選項中從清單中選擇「數列"銷量"」選項,即可將「銷量」資料數列選中,接著在「數列選項」中選中「橫幅」選項按鈕❸,即可讓「一級分類名稱」顯示在上方❹。

❶ 資料來源

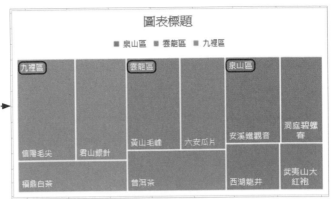

❷ 建立樹狀圖

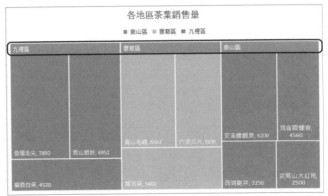

❸ 設定資料數列格式

❹ 調整後的樹狀圖

MEMO

125　隨心所欲移動圖表

當建立一個圖表時，其位置是系統自動放置的，如果想要在工作表中移動圖表位置或者將其移動到其他工作表中，該如何操作呢？可以將游標放在圖表上，然後按住滑鼠左鍵拖動滑鼠，即可將圖表移動到工作表中的任意位置。若要將圖表移動到其他工作表中，可使用複製貼上功能來操作。

若工作表的數量較多，還可選中圖表，在「圖表設計 - 位置」選項中按一下「移動圖表」按鈕，打開「移動圖表」對話方塊，

在「工作表中的物件」下拉清單中選擇相對應的工作表❶，即可將圖表移動到該工作表中。

❶ 選擇放置圖表的位置

126　有趣的放射環狀圖

放射環狀圖也稱為太陽圖，是一種圓環鑲接圖，每一個圓環代表同一階層的比例資料，離原點越近的圓環階層越高，最內層的圓展示層次結構的頂端。將資料製作成放射環狀圖可以將各個層級盡收眼底。放射環狀圖看似複雜，其實製作起來並不

難。首先選擇資料來源，打開「插入」選項，在「圖表」中按一下「插入階層圖表」，再選擇「放射環狀圖」選項❶。此時可建立放射環狀圖❷，所有的資料以及層級關係都一目了然。

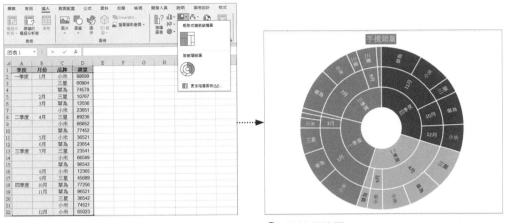

① 建立好資料來源　　　② 放射環狀圖

127 讓圖表更有創意

平時製作的圖表大多都是長條和折線類型的。如果能夠在基礎圖表的資料數列上面增添一點創意，那麼圖表就會變得妙趣橫生，例如將直條圖中的柱形換成相對應的小圖片。首先選中「蘋果」圖片，按 Ctrl+C 複製，選擇直條圖中的「蘋果」資料數列，然後按 Ctrl+V 貼上①，直條圖中的柱形體就被填滿蘋果的圖片，選中貼上的圖片右擊，從快顯功能表中選擇「資料數列格式」指令，在打開的窗格中選擇「填滿與線條」選項，然後在「填滿」組中選

中「推疊」選項按鈕②，最後按照同樣的方法完成其他柱形體的填滿③。

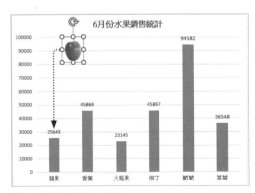

① 執行複製貼上操作

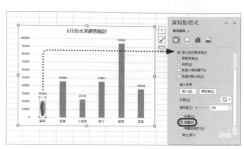

❷ 設定資料數列格式

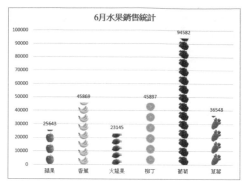

❸ 完成所有的直條圖填滿

128 打造專屬專案管理時間軸

接觸過專案管理的人都知道專案進度計畫一般會使用表格或流程圖來展示。其實，使用圖表也能非常直觀地展示專案進度，圖❶展示的便是專案進度時間軸圖表。

常見的圖表類型有直條圖、圓形圖、折線圖、橫條圖等，透過一般方法建立的圖表很難形成時間軸效果，使用者需要在建立圖表後進行一些設定才能得到想要的效果。

首選來看一下資料來源❷，本範例使用的資料來源共有三列，前兩列中是專案的開始時間和專案名稱，最後一列是建立的輔助欄，使用者可根據實際情況設定輔助欄的值，所有輔助值都相同時，從時間軸上延伸出的線條長度相等，否則線條長度根

據數值的大小來定，當輔助值中存在負數時，線條會在軸下方顯示。下面開始建立時間軸圖表。

第一步，建立圖表，根據資料來源建立帶資料標記的折線圖❸。將圖表適當拉長，讓圖表中的資料充分展示出來。

第二步，增加圖表系列，在「圖表設計」選項中按一下「選取資料」按鈕，打開「選取資料來源」對話方塊，增加「專案」系列❹。

第三步，刪除多餘圖表項目，刪除圖表中的水平、垂直座標以及格線❺（選中圖表項目後按刪除鍵可直接刪除該元素）。

第四步，增加誤差線，在「圖表設計」選項中按一下「新增圖表項目」按鈕，在展開的清單中選擇「誤差線 - 其他誤差線」選項。打開「設定誤差線格式」窗格，設定誤差線的方向、終點格式、誤差量❻以及誤差線的線條格式❼，增加陰影效果。

第五步，設定數列線條及標記格式，選中圖表中的「輔助值」數列，在「資料數列格式」窗格中將折線隱藏❽，設定標記類型及大小，依次選中單個標記，將標記填滿為不同顏色❾。隨後選中「專案」系列，設定好線條及標記格式。

第六步，增加資料標籤，選中「輔助值」系列，按一下「新增圖表項目」按鈕，從下拉清單中選擇「資料標籤 - 其他資料標籤選項」選項。打開「資料標籤格式」窗

❶ 專案進度時間軸圖表

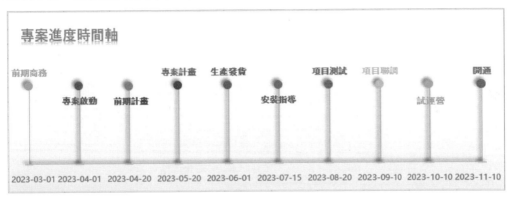

❷ 資料來源

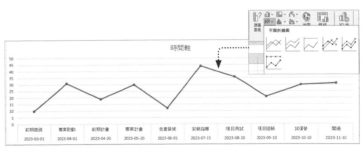

❸ 建立帶資料標記的折線圖

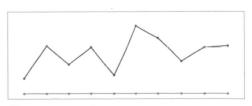

❹ 增加圖表系列

❺ 刪除多餘圖表項目

3-77

格，選取資料來源中的「項目」值作為資料標籤。設定標籤位置靠上顯示❿。接著為「專案」數列增加資料標籤，設定資料標籤區域為資料來源中的「日期」值，標籤位置靠下顯示。依次單獨修改標籤顏色，增加美觀度。

至此對圖表的設定完成，增加誤差線的效果如圖⓫所示，設定數列線條及標記格式效果如圖⓬所示。最後增加圖表標題，為

圖表填滿合適的背景，即可呈現如圖❶所示的專案進度時間軸效果。

本範例使用誤差線製作出時間軸上的延長線，用數列標記製作延長線起點和終點的圖示。在此圖表的基礎上，調整資料來源中的輔助值可讓時間軸呈現出不一樣的效果，輔助值中使用負數效果為圖⓭，輔助值相同的效果為圖⓮。

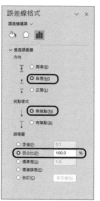

❻ 設定誤差線格式　❼ 誤差線線條格式　❽ 隱藏數列線條　❾ 設定標記格式　❿ 設定資料標籤

⓫ 增加誤差線

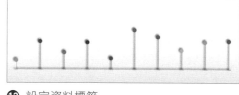

⓬ 設定資料標籤

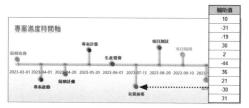

⓭ 輔助值中使用負數

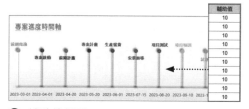

⓮ 輔助值相同

129 3D 地圖

Excel 2016 中新增加 3D 地圖功能。可能很多人都不知道這個功能是用來做什麼的。其實它的用途就是在製作一些與地區相關的資料時使用這個功能後，系統會自動將資料顯示在立體的地圖上，這樣可以很直觀地反映各地的資料。首先編輯好表格，然後在 3D 地圖中進行設定，即可讓資料在地圖中展示出來。操作方法為建立一個表格，輸入相應的資料❶，然後使用滑鼠選中資料區域 B2:C23。接著在「插入」選項中按一下「3D 地圖」下拉按鈕，從清單中選擇「啟動 3D 地圖」選項。就會彈出一個「啟動 3D 地圖」窗格，按一下「開啟演示」按鈕，隨後出現一個新的介面，在該介面的「常用」選項中按一

下「地圖 - 平面地圖」按鈕，將地圖類型設定為平面，然後在該介面的右側窗格中就可以使用「欄位清單」。於「資料」標籤下，將「省份」欄位增加到「位置」區域，並在下拉式功能表中選擇「縣 / 市」選項。將「平均薪資」欄位增加到「值」區域，並在下拉式功能表中選擇「平均」選項。設定好之後接著在「資料」標籤選擇「區域」類型❷。然後在「圖層選項」標籤下將「色階」設定為 10%，「不透明度」設定為 100%，「顏色」設定為紅色❸ 設定好後關閉窗格就可以看到地圖的預覽效果，從地圖上可以看出，顏色越紅的區域，平均薪資就越高。

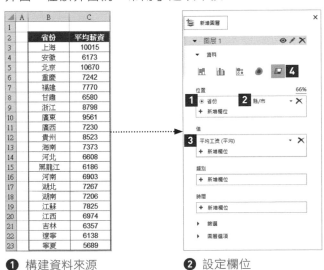

❶ 構建資料來源　　❷ 設定欄位　　❸ 設定圖層選項

130 建立金字塔式的橫條圖

如果橫條圖所要表達的內容很多，僅靠普通的橫條圖來顯示資料的變化，在讀取資料時比較麻煩，此時可以將橫條圖建立成金字塔式的圖表。首先選中表格中的任意儲存格，在「插入」選項中按一下「插入直條圖或橫條圖」下拉按鈕，從清單中選擇「群組橫條圖」選項，建立一個橫條圖 ❶。接著選中圖表中的「女」資料數列右擊，從彈出的快顯功能表中選擇「資料數列格式」指令。在彈出的窗格的「數列選項」中，將「類別間距」設定為 0，然後，選中「副座標軸」選項按鈕，最後按一下「關閉」按鈕，圖表即根據設定做出相對應的改變 ❷。接著選中「男」資料數列右擊，從快顯功能表中選擇「資料數列格式」指令。在打開的窗格中，將「類別間距」同樣設定為 0。選擇圖表中的水平（值）軸，打開「座標軸格式」窗格。在「座標軸選項」組中，將「最小值」設定為 -700000，「最大值」設定為 700000。然後在目前窗格中勾選「值次序反轉」選項，並將「標籤位置」設定為「無」。選中次要座標軸，打開「設定座標軸格式」選項。在打開的窗格中，同樣將「最小值」設定為 -700000，

「最大值」設定為 700000，然後將「標籤位置」設定為「無」。為了防止垂直（類別）軸遮擋資料，可以將其移至左側，即選中「垂直（類別）軸」右擊，從功能表中選擇「座標軸格式」指令，在打開的窗格中，將「標籤位置」設定為「高」。此刻，金字塔式的圖表已設定完成 ❸。

最後為圖表增加資料標籤，即在「圖表設計」選項中按一下「新增圖表項目」按鈕，在打開的清單中選擇「資料標籤 > 終點外側」選項。然後美化一下圖表即可 ❹。

在這裡需要注意橫條圖與長條圖的區別。

（1）橫條圖是用條形的長度表示各類別次數的多少，其寬度（表示類別）則是固定的；而長條圖是用面積表示各組次數的多少，矩形的高度表示每一組的次數或頻率，寬度則表示各組的組距，因此其高度與寬度均有意義。

（2）由於分組資料具有連續性，長條圖的各矩形通常是連續排列，而橫條圖則是分開排列。

（3）橫條圖主要用於展示分類資料，而長條圖則主要用於展示資料型資料。

❶ 建立一個橫條圖

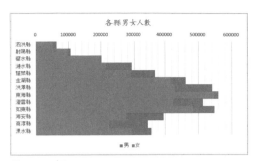

❷ 設定「類別間距」

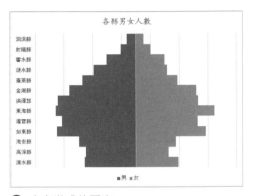

❸ 金字塔式的圖表

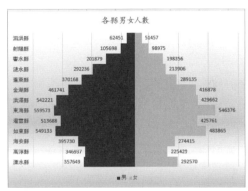

❹ 美化後的圖表

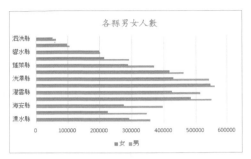

131 建立瀑布圖

瀑布圖顯示加上或減去值時的累計總計。這種圖表對於理解一系列正值和負值對初始值（如淨收入）的影響非常有用。在圖表中，柱體採用不同顏色可以快速將正數與負數區分開來。初始值和最終值的柱體通常從水平軸開始，而中間值則為浮動的柱體，由於擁有這樣的「外觀」，瀑布圖也稱為橋樑圖。瀑布圖建立方法也很簡單，首先選擇資料，在「插入」選項中按一下「建議圖表」按鈕，打開「插入圖表」對話方塊，在「所有圖表」選項中選擇「瀑布圖」類型，然後按一下「確定」按鈕即可建立

一個瀑布圖❶。插入瀑布圖後，預設最後的總計項（例如淨收入）是正增長的資料項目。需要選中此資料點，然後右擊，從快顯功能表中選擇「資料數列格式」指令，

在打開的窗格中勾選「設定為總計」核取方塊，就能自動變成總計結果，以終點形態呈現。最後美化一下即可❷。

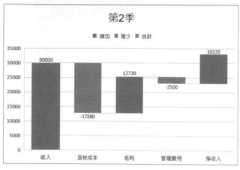

❶ 建立一個瀑布圖

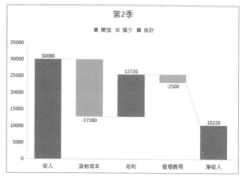

❷ 美化後的瀑布圖

132 建立走勢圖

走勢圖是工作表儲存格中的一個微型圖表，走勢圖的作用是將資料進行視覺化處理，雖然走勢圖的功能遠遠不及圖表那麼強大，但是走勢圖使用起來卻更加簡單便捷，而且其建立方法也很簡單。首先選中需要建立走勢圖的儲存格❶，打開「插入」選項，在「走勢圖」中按一下「折線」按鈕，彈出「建立走勢圖」對話方塊，

設定「資料範圍」為 C3:F3，接著按一下「確定」按鈕。所選儲存格內隨即被插入一個折線走勢圖，接著選中已建立走勢圖的儲存格，將其向下填滿即可完成所有走勢圖的建立❷。此時功能區中會增加一個「走勢圖 - 樣式」選項，如果想要對走勢圖進行設計，可以在此選項中完成。

名稱	第一季	第二季	第三季	第四季	銷售趨勢
匯源果汁	20000	90000	120000	70000	
康師傅果汁	32000	85000	160000	90000	
統一果汁	40000	100000	220000	80000	
哇哈哈果汁	25000	64000	90000	50000	
美汁源果汁	46000	78000	160000	45000	
農夫果園果汁	23000	56000	46000	35000	
達利園果汁	50000	83000	150000	72000	

❶ 選中儲存格

名稱	第一季	第二季	第三季	第四季	銷售趨勢
匯源果汁	20000	90000	120000	70000	
康師傅果汁	32000	85000	160000	90000	
統一果汁	40000	100000	220000	80000	
哇哈哈果汁	25000	64000	90000	50000	
美汁源果汁	46000	78000	160000	45000	
農夫果園果汁	23000	56000	46000	35000	
達利園果汁	50000	83000	150000	72000	

❷ 建立走勢圖

133 更換走勢圖類型

如果覺得建立的走勢圖不能準確地表達資料，可以根據需要更改走勢圖的類型。例如，將表格中的折線圖❶更改為直條圖。首先選中走勢圖中任意儲存格，在「走勢圖 - 類型」選項中按一下「直條」按鈕，則表格中的走勢圖全部更改為直條圖類型❷。如果要更改單個走勢圖的類型，可以選中需要更改的走勢圖儲存格，這裡選擇 G4 儲存格，然後在「群組」選項中按一下「取消群組」按鈕，再按一下「類型」選項中的「直條」按鈕，即可發現所選儲存格中的走勢圖已更改為直條圖的格式❸。而且其他儲存格中的走勢圖還保持原有格式。

走勢圖的特點包括以下四點：①走勢圖是儲存格背景中的一個微型圖表，傳統圖表是嵌入在工作表中的一個圖形物件；②建立走勢圖的儲存格可以輸入文字和設定填滿色；③走勢圖圖形比較簡潔，沒有縱座標、圖表標題、圖例等圖表項目；④走勢圖提供 36 種常用格式，並可以根據需要自訂顏色和線條。走勢圖分為折線圖、直條圖和輸贏分析圖三種類型。折線圖主要適用於四項以上，並隨時間變化的資料，用於觀察資料的發展趨勢；直條圖適用於少量的資料，主要查看分類之間的數值比較關係；輸贏分析圖適合少量的資料，主要用於查看資料輸贏及盈虧狀態的變化。

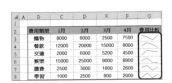

費用類型	1月	2月	3月	4月	費用比較
購物	8000	6000	2500	7500	
餐飲	12000	20000	15000	8000	
交通	2000	6000	5200	4500	
娛樂	15000	25000	9000	8900	
購養	2500	3000	1800	2600	
學習	1000	2500	800	2000	

❶ 折線走勢圖

費用類型	1月	2月	3月	4月	費用比較
購物	8000	6000	2500	7500	
餐飲	12000	20000	15000	8000	
交通	2000	6000	5200	4500	
娛樂	15000	25000	9000	8900	
購養	2500	3000	1800	2600	
學習	1000	2500	800	2000	

❷ 更改為直條圖

費用類型	1月	2月	3月	4月	費用比較
購物	8000	6000	2500	7500	
餐飲	12000	20000	15000	8000	
交通	2000	6000	5200	4500	
娛樂	15000	25000	9000	8900	
購養	2500	3000	1800	2600	
學習	1000	2500	800	2000	

❸ 更改單個走勢圖

134 走勢圖格式和顏色變換

在工作表中建立走勢圖後，為了讓走勢圖的顏色與主題顏色相協調，可以為走勢圖設定顏色，也可以更改其樣式。首先選中任意走勢圖儲存格❶，在「走勢圖-樣式」選項中按一下「格式」組中的「其他」按鈕，從展開的清單中選擇合適的格式❷，走勢圖隨即被應用所選的格式❸。此外，在「樣式」選項中按一下「走勢圖色彩」按鈕，在展開的清單中選擇合適的顏色後，走勢圖的顏色隨即發生改變。如果列表中沒有合適的顏色，也可以選擇「其他色彩」選項，打開「色彩」對話方塊，在對話方塊中進行更多顏色的設定。

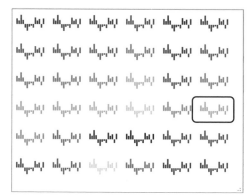

❷ 選擇合適的格式

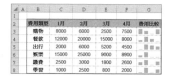

❶ 選擇走勢圖儲存格

❸ 應用所選的格式

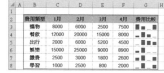

❹ 改變走勢圖色彩

MEMO

135 走勢圖中的特殊點突顯顯示

通常情況下，走勢圖是沒有標記點的，但為了讓走勢圖更加清晰地展示資料變化趨勢，可以根據需要為走勢圖增加標記點❶。首先為走勢圖增加「第一點」和「最後點」，即在「走勢圖 - 顯示」選項中勾選「第一點」和「最後點」核取方塊，則折線走勢圖首、尾被突顯標記❷。還可以為走勢圖增加「高點」和「低點」，即勾選「高點」和「低點」核取方塊，則折線走勢圖的最高點和最低點被突顯標記❸。此外，勾選「標記」核取方塊，則為折線走勢圖增加資料點標記❹。

為走勢圖增加標記後，為了能區分各標記點，還可以為其設定不同的顏色。其操作方法為選中走勢圖後，在「走勢圖 - 樣式」選項中按一下「標記色彩」按鈕，從展開的清單中對高點、低點、第一點、最後點和標記的顏色進行設定。設定完成後走勢圖中標記點的顏色隨即發生了改變❺。

此外，如果不再需要走勢圖，該如何將其刪除呢？需要注意的是，直接按 Delete 鍵是刪除不了走勢圖的。在這裡介紹幾種刪除走勢圖的方法。

第一種方法是可以在功能區中刪除，即選中走勢圖所在儲存格，在「群組」選項中按一下「清除」下拉按鈕，從清單中選擇「清除選取的走勢圖」或「清除所選的走勢圖群組」選項即可。

第二種方法是使用右鍵指令清除，即選中走勢圖所在儲存格右擊，從彈出的快顯功能表中選擇「走勢圖 - 清除選取的走勢圖」指令即可。

還可以使用刪除儲存格的方法，即選中走勢圖所在儲存格右擊，從快顯功能表中選擇「刪除」選項，在彈出的「刪除」對話方塊中選中「右側儲存格左移」選項按鈕，然後按一下「確定」按鈕即可。

第三種方法不太常用，就是使用覆蓋儲存格的方法，即按住 Ctrl+C 複製一個空白儲存格，然後按 Ctrl+V 貼上到走勢圖所在儲存格內，即可將走勢圖刪除。

▲ A	B	C	D	E	F	G
1						
2	名稱	第一季	第二季	第三季	第四季	銷售趨勢
3	匯源果汁	20000	90000	120000	70000	
4	康師傅果汁	32000	85000	160000	90000	
5	統一果汁	40000	100000	220000	80000	
6	哇哈哈果汁	25000	64000	90000	50000	
7	美汁源果汁	46000	78000	160000	45000	
8	農夫果園果汁	23000	56000	46000	35000	
9	達利園果汁	50000	83000	150000	72000	

❶ 預設的走勢圖

② 突顯標記首、最後點

③ 突顯標記最高點和最低點

④ 增加資料點標記

⑤ 標記點設定不同顏色

136　表格中也能插入流程圖

流程圖是對過程、演算法、流程的一種圖像表示，在技術設計、交流及商業簡報等領域有著廣泛的應用。通常用一些圖框來表示各種類型的操作，在框內寫出各個步驟，然後用帶箭頭的線把它們連接起來，以表示執行的先後順序。一般會使用 PPT 或 Word 軟體來繪製流程圖，其實運用 Excel 也可以完成一些簡單流程圖的繪製。在「插入」選項中按一下 SmartArt 按鈕。

打開「選擇 SmartArt 圖形」對話方塊，選擇合適的流程圖❶，然後按一下「確定」按鈕，即可在表格中插入流程圖。使用者可以根據需要在流程圖中輸入文字資訊，增加形狀，並適當美化流程圖❷。

在表格中插入 SmartArt 圖形後，如果預設的形狀數量❸不能滿足需求，則可以根據需要增加形狀。首先選中 SmartArt 圖形中的形狀，在「SmartArt 設計 - 建立圖形」

選項中按一下「新增圖案」按鈕，從清單中選擇合適的選項，這裡選擇「新增後方圖案」選項。然後按照同樣的方法增加多個形狀，最後輸入文字資訊即可❹。

需要說明的是，為圖形增加文字的方法有多種。第一種方法是直接輸入文字，即游標直接定位至需要增加文字的形狀中，然後進行輸入即可；第二種方法是透過文字窗格輸入文字，即在「SmartArt 設計 - 建立圖形」選項中按一下「文字窗格」按鈕，打開文字窗格，然後將游標定位至相應的選項，直接輸入文字即可；第三種方法是快顯功能表輸入法，即選中需要輸入文字的形狀，右擊，從彈出的快顯功能表中選擇「編輯文字」指令❺，即可在形狀中輸入文字。

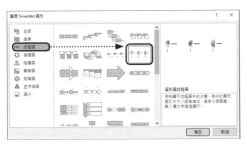

❶ 選擇流程圖

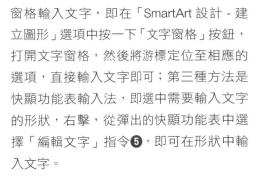

❷ 在表格中插入流程圖

❸ 預設形狀

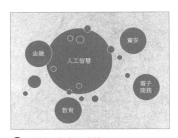

❹ 增加多個形狀

❺ 右鍵選單

137 流程圖改頭換面

插入 SmartArt 流程圖後，預設的圖形顏色為藍色，不帶任何圖形效果❶。如果要增強流程圖的感染力，可以更改流程圖的色彩，然後適當設定圖形格式。

更改流程圖的色彩和樣式可以選擇使用 Excel 內建的流程圖色彩及樣式，也可以手動設定色彩及樣式。兩者相比較，系統內建的色彩及樣式更方便快捷，而且能夠展現出不錯的效果。首先選中 SmartArt 圖形，在「SmartArt 設計」選項中按一下「變更顏色」按鈕，從展開的清單中選擇合適的顏色，SmartArt 圖形隨即可應用該顏色❷。

按一下「SmartArt 設計」選項中的「其他」按鈕，從展開的清單中可選擇合適的樣式❸。

如果使用者需要考慮多種流程圖的佈局，且不需要刪除目前的流程圖重新建立，只要更換版式便可得到全新的佈局，更改版式後 SmartArt 圖形的相應設定不會發生變化。操作方法為選中 SmartArt 圖形，在「SmartArt 設計」選項中按一下「版面配置」選項群組中的「其他」按鈕，從展開的清單中選擇合適的版面❹即可查看到更改後的效果❺。如果列表中沒有合適的版面配置，可以按一下「其他版面配置」，打開「選擇 SmartArt 圖形」對話方塊，選擇配置。

❶ 預設的顏色及格式

❷ 更改顏色

❸ 更改格式

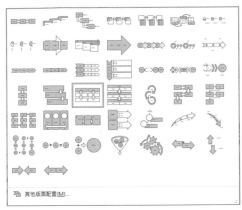

❹ 重新選擇版面配置

❺ 更改版面

138 手繪流程圖也能很快速

SmartArt 圖形適用於製作組織結構、層次結構相對簡單的流程圖。在 Excel 中，結構、層級以及迴圈資訊較複雜的流程圖，一般會採用手繪的方法來建立。相信絕大多數使用者在手繪流程圖時都是在圖案庫中逐一插入所需形狀，然後在形狀中增加文字。製作複雜的流程圖時，重複地插入、複製形狀以及在形狀中增加文字，無疑是一個「大工程」。

那麼有沒有更好辦法保證品質的同時又可簡化工作量呢？如果流程圖中的形狀能夠批次產生，那麼問題便能得到解決。下面

將介紹批次產生圖形的方法。

第一步，將流程圖中的文字輸入到工作表中，一個專案占一個儲存格❶，然後隱藏格線。

第二步，複製所有文字，以圖片格式貼上❷。

第三步，對所複製的圖片分兩次執行「取消群組」操作❸。在此過程中若彈出系統對話方塊，提示將圖片轉換成 Microsoft Office 繪圖物件，按一下「是」按鈕。

第四步，為圖形增加邊框，設定矩形中的文字居中對齊，適當調整形狀的大小❹。

下面介紹如何製作流程圖。在製作的過程

中使用一些簡單的指令還可以提高工作效率。總結操作要點：①批次選擇圖形，便於一次性對所選物件執行操作，在「常用」選項的「編輯」中按一下「尋找和選取」下拉按鈕，選擇「選擇物件」選項，此後直接拖動滑鼠便可批次選中形狀、圖片、文字方塊等物件；②批次對齊形狀，選中多個形狀，在「圖形格式 - 排列」選項中按一下「對齊」下拉按鈕，利用下拉清單中的選項❺將所選物件依據相對應方式對齊❻；③更改形狀，製作流程圖前期使用相同的形狀比較快捷，在後期流程圖結構完成後，適當改變形狀能讓流程圖看起來更美觀，選中圖形後，打開「圖形格式 - 插入圖案」選項，按一下「編輯圖案」下拉按鈕，在下拉清單中選擇「變更圖案」選項，在其清單中選擇需要的形狀❼，即可更換成該形狀；④組合圖形，流程圖製

❶ 輸入文字

❷ 複製並以圖片格式貼上

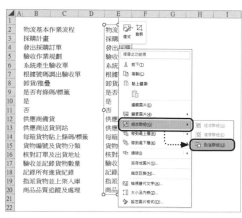

❸ 取消群組

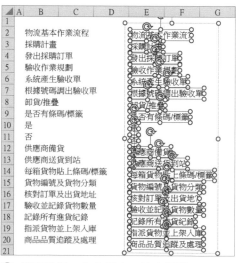

❹ 設定邊框、文字居中、拉大形狀

作完成後，需要將所有形狀進行組合，使其形成一個整體，方便移動，全選所有圖形後，右擊任意形狀的邊框，在快顯功能表中選擇「組成群組」→「組成群組」選項即可組合圖形❽。

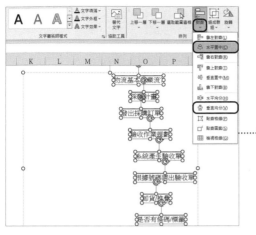

❺ 選擇水平居中、垂直均分

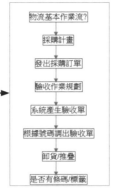

❻ 批次對齊

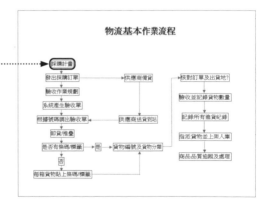

❼ 變更圖案

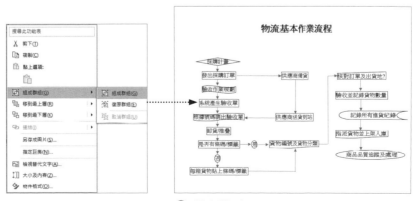

❽ 組合圖形

139　超好用的 Excel 外掛程式

有時候想在 Excel 中實現某種操作，卻又不知方法時，上網搜尋，既浪費時間又不能確保準確，那該怎麼辦呢？下面推薦幾個非常實用的 Excel 外掛程式。

01 方方格子工具箱

方方格子工具箱❶外掛程式功能非常強大，操作也十分簡單，用滑鼠即可操作。該外掛程式有上百個實用功能，包括批次錄入 / 刪除、資料對比、進階排序、聚光燈等，也支援使用者自訂工具箱。接下來就簡單介紹幾個非常給力的技巧。

■ 1. 文字處理技巧

方方格子工具箱有文字處理和進階文字處理兩種功能，工作中出現的文字處理的相關問題幾乎都可以透過此功能或者組合功能實現批次處理。例如，將圖❷中「姓名」和「電話號碼」提取出來。首先選中 B3:B6 儲存格區域，然後在「方方格子」選項中的「文字處理」選項群組中勾選「中文」核取方塊，接著按一下「執行」右側的下拉按鈕，從清單中選擇「提取」選項，打開「存放結果」對話方塊，在「請選擇存放區域」文字方塊中輸入「$C$3」❸，按一下「確定」按鈕，即可將姓名提取出來❹。然後再次選中 B3:B6 儲存格區域，

取消「中文」核取方塊的勾選，勾選「數字」核取方塊，按一下「執行」右側的下拉按鈕，從清單中選擇「提取」選項，再次打開「存放結果」對話方塊，這次在「請選擇存放區域」文字方塊中輸入「$D$3」❺，按一下「確定」按鈕後，即可將電話號碼提取出來❻。

■ 2. 重複值處理技巧

工作中經常會碰到刪除資料中的重複值或者標注出裡面的重複項，其實這些問題統統可以批次處理。例如，將相同的手機號碼標記成相同的顏色。首先選中 D3:D9 儲存格區域❼，在「方方格子」選項中的「資料分析」選項群組中按一下「隨機重複」下拉按鈕，從清單中選擇「高亮重複值」選項，打開「高亮重複值」對話方塊，從中根據需要進行設定❽，設定完成後按一下「確定」按鈕，彈出「已完成標記」提示框，確認後按一下「退出」按鈕，關閉對話方塊，即可將相同的手機號碼用相同的顏色標記出來❾。

02 慧辦公

慧辦公❿外掛程式和方方格子工具箱類似，集成很多常用的 Excel 操作，如合併 / 拆分儲存格、批次匯出、批次插圖等。可

以根據喜好選擇方方格子工具箱或者慧辦公。

03 EasyCharts

EasyCharts **⑪** 是一款簡單易用的 Excel 外掛程式，主要有一鍵產生 Excel 未提供的圖表、圖表美化、配色參考等功能，可以輕輕鬆鬆搞定需要透過程式設計或者複雜操作才能實現的圖表。

在該外掛程式中的部分圖表類型中，面積圖包括光滑面積圖 **⑫**、Y 軸閾值分割面積圖 **⑬** 和多資料數列面積圖 **⑭**；散佈圖包括顏色散佈圖 **⑮**、方框氣泡圖 **⑯**、氣泡矩陣圖和滑珠散佈圖；環形圖包括南丁格爾玫瑰圖 **⑰**、多資料數列南丁格爾玫瑰圖和儀錶盤圖。

❶ 方方格子選項

❷ 選擇儲存格區域　　　**❸** 設定存放區域　　　**❹** 將姓名提取出來

❺ 設定存放區域　　　**❻** 將電話號碼提取出來　　　**❼** 選擇儲存格區域

❽ 根據需要進行設定　　　**❾** 標記重複項

⑩ 慧辦公選項功能

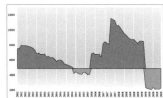

⑪ EasyCharts 選項功能

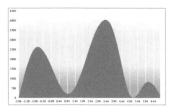

⑫ 光滑面積圖

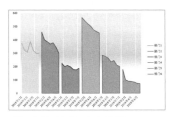

⑬ Y 軸閾值分割面積圖

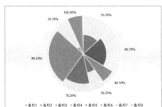

⑭ 多資料數列面積圖

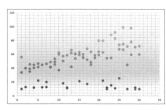

⑮ 顏色散佈圖

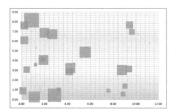

⑯ 方框氣泡圖

⑰ 南丁格爾玫瑰圖

趣味小技巧：製作條碼和 QRcode

日常生活中，條碼和 QRcode 隨處可見，那麼 QRcode 和條碼是如何產生的呢？

打開「開發人員」選項（若功能區中沒有「開發人員」選項，需要透過自訂功能區增加該選項），按一下「插入」下拉按鈕，從清單中選擇「其他控制項」選項。打開「其他控制項」對話方塊，從中選擇 Microsoft BarCode Control 16.0 選項，按一下「確定」按鈕❶。滑鼠游標變為十字形狀，在合適的位置拖動滑鼠繪製一個矩形，繪製完成後鬆開滑鼠，即可自動產生一個條碼❷。選中產生的條碼右擊，從彈出的功能表中選擇「Microsoft BarCode Control 16.0 物件」指令，選擇「內容」選項。打開對話方塊，然後選擇一種格式，這裡選擇「格式 7」❸，最後按一下「確定」按鈕即可。此時條碼發生了變化❹。再次右擊條碼，從彈出的功能表中選擇「屬性」指令，彈出「屬性」對話方塊，在

「LinkedCell」文字方塊中輸入需要連結到該條碼的儲存格位址，本例第一個商品編碼在 B3 儲存格，輸入 B3 ❺，然後關閉此對話方塊 此時第一個條碼就製作完成了。製作其餘條碼，只要將第一個條碼複製出多份，然後透過「屬性」對話方塊，依次修改連結的儲存格即可❻。

最後在「開發人員」選項的「控制項」中取消「設計模式」按鈕的選取狀態，退出設計模式，便不可再對條碼進行編輯。

Excel 中製作 QRcode 的方法和製作條碼的方法基本相同，大家可以參照製作 QRcode 的步驟進行操作，操作過程中唯一不同的是在「Microsoft BarCode Control 16.0 屬性」對話方塊中需選擇格式 11-QR Code ❼，即可產生相應 QRcode 控制項❽。QRcode ❾製作完成後可將其複製為圖片，以供使用。

❶「其他控制項」對話方塊

❷ 繪製條碼

❸ 選擇格式

❹ 格式 7 的條碼

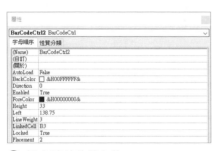

❺ 設定連結的儲存格

❻ 製作其他條碼

❼ 選擇 11-QR Code 格式

❽ 產生相對應格式控制項

❾ QRcode

141 直條圖中的柱體若即若離

在直條圖中，兩柱體之間的距離是預設的 ❶，為了能夠更加清楚地對比資料，可以讓圖表中的柱體重疊在一起。那麼該如何操作呢？首先選中其中一組資料數列，在「資料數列格式」選項中按一下「設定所選內容格式」按鈕。打開「資料數列格式」

窗格，從中拖動「數列重疊」選項的滑塊進行調整，在這裡向右拖動滑塊可以減小柱體之間的距離，向左拖動滑塊可以增大柱體之間的距離。調整好後，可以看到柱體之間重疊在一起 ❷，方便對比「計畫」與「錄取」之間的差距。

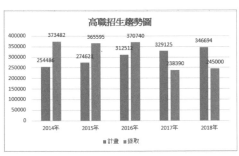

❶ 預設的距離

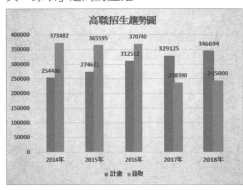

❷ 柱體之間重疊在一起

142 Excel 趣談—Excel 現有版本之間的差別

雖然 Excel 經歷十幾個版本的更新換代，在不斷升級的過程中提供大量的使用者介面特性，但它始終保留第一款電子製表

軟體 VisiCalc 的特性，即欄、列組成儲存格，資料、與資料相關的公式或者對其他儲存格的絕對參照保存在儲存格中。

目前可供使用者使用的 Excel 版本有 6 種，即 Excel 2003 版、Excel 2007 版、Excel 2010 版、Excel 2013 版、Excel 2016 版、Excel 2019 版。

圖❶為 Excel 2003 版本的操作介面，Excel 2003 版是微軟十幾年前發佈的版本，作為經典版本，雖然經歷這麼多年，但是仍然有很多使用者在使用。Excel 2003 可提供對 XML 的支援以及可視分析和共用資訊更加方便的新功能。智慧標籤相對於更早版本的 Microsoft Office XP 更加靈活，並且對統計函數的改進允許使用者更加有效地分析資訊。

Excel 2007 ❷是微軟 Office 產品史上最具創新與革命性的一個版本，採用全新設計的使用者介面，穩定安全的檔案格式實現高效的溝通協作。借助 Excel Viewer，即使沒有安裝 Excel，也可以打開、查看和列印 Excel 工作簿。還可以將資料從 Excel Viewer 中複製到其他程式。不過不能編輯資料、儲存工作簿或者建立新的工作簿。

Excel 2010 ❸在 Excel 2007 的基礎上有一些改進，整體上並沒有特別大的變化，從介面上來看，介面的主題顏色和風格有所改變。Excel 2010 也是向上相容的，它支援大部分早期版本中提供的功能。Excel 2010 的新增功能如下：

（1）Ribbon 工具列增強，使用者可以設定的東西更多，使用更加方便。

（2）增加 xlsx 檔案格式，提高相容性。

（3）支援 Web 功能。

（4）圖表中增加「走勢圖」。

（5）提供網路功能，可與他人共用資料。

微軟在 2012 年年末正式發佈 Microsoft Office 2013 RTM 版本（包括中文版）❹，在 Windows 8 設備上可獲得 Office 2013 的最佳體驗。Microsoft Office 2013 發佈後，給使用者帶來很大的驚喜，它更加簡潔、方便，更貼近使用者視覺操作習慣，大量新增功能將使用者遠離繁雜的數字，繪製更具說服力的資料圖。其設計宗旨是幫助使用者快速獲得具有專業外觀的結果。Excel 2013 透過新的方法更直觀地瀏覽資料。新增功能包括以下 8 個：

（1）推薦的樞紐分析表。

（2）快速填滿功能。

（3）推薦的圖表。

（4）快速分析工具。

（5）圖表格式設定控制項。

（6）簡化共用。

（7）發佈在社群網站。

（8）連線展示。

2015 年下半年，微軟正式開始推出 Microsoft Office 2016 的最新版本❺，其中的協作工具和雲端支援等都是 Office 歷史上的最大改進。與 Excel 2013 相比，Excel 2016 的變化可以分為兩大類。首先是配合 Windows 10 的改變，其次才是軟體本身的功能性升級。其改進主要表現在以下 10 個方面：

（1）增加智慧搜尋框。

（2）更多的 Office 主題。

（3）內建的 PowerQuery 外掛程式。

（4）新增預測功能。

（5）改進樞紐分析表的功能。

（6）增加更多的函數提示。

（7）新增插入連線圖片功能。

（8）可將檔案儲存到最近開啟的資料夾。

（9）檢測惡意的超連結功能。

（10）複製內容後可以不必立刻貼上。

Excel 2019 是 Office 系列的全新產品，其介面與 Excel 2016 相比基本上沒有太大的變化，該版本針對尚未準備好遷移到雲端的企業使用者而推出。Excel 2019 對觸碰和手寫進行最佳化；加入新的函數和表格；新增地圖圖表；同時增強視覺效果，增加可縮放的向量圖形（SVG），可將 SVG 圖示轉換為形狀，可插入 3D 模型，方便從各個角度進行觀察。

❶ Excel 2003 介面

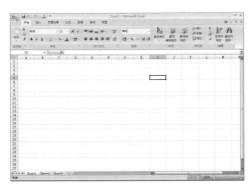

❷ Excel 2007 介面

❸ Excel 2010 介面

❹ Excel 2013 介面

❺ Excel 2016 介面

第四篇

公式與
函數篇

143　這樣輸入公式更省時

在使用 Excel 計算資料時，需要根據表格中的實際資料來進行計算，而不會只是簡單地計算總和。例如，想要計算出總金額，需要輸入「單價」乘「數量」才可以得到 ❶。將數字輸入計算確實是可以得到一個正確的結果。但問題是，後面的計算還需要一個個手動輸入，特別麻煩。那麼輸入什麼樣的公式才能達到省時省力的效果

呢？在輸入公式時直接參照儲存格。首先輸入「=」符號後，然後直接按一下需要參與計算的儲存格，即可將該儲存格名稱輸入到公式中，數學符號需要手動輸入 ❷。公式輸入完成後按 Enter 鍵，或者直接在編輯欄中按一下「輸入」按鈕即可計算出結果。

❶ 輸入公式

❷ 正確輸入公式

144　快速複製公式

當需要對同一儲存格區域中的資料進行相同計算時，可以使用填滿公式實現快速計

算。在這裡將介紹幾種填滿公式的方法。第一種方法是選中包含公式的儲存格，將

游標放在儲存格右下角，當游標變成十字形狀時，按住滑鼠左鍵向下拖動滑鼠❶，即可將公式填滿到拖選區域。第二種方法是將游標放置在儲存格右下角，當游標變成十字形狀時，按兩下即可將公式向下填滿到最後一個儲存格。第三種方法是將包含公式的儲存格，作為選取區域的第一個儲存格，然後按 Ctrl+D 可自動向下填滿公式❷，如表單是橫向，按 Ctrl+R，即可自動向右填滿公式。可以根據實際情況選擇一種方法即可。

❶ 拖動滑鼠填滿公式

❷ 按 Ctrl+D 填滿公式

145 運算子

計算符號是公式中各個運算物件的樞紐，對公式中的資料完成特定類型的運算。Excel 包含四種類型的運算子，分別為算術運算子、比較運算子、文字串連運算子、參照運算子。其中算術運算子能完成基本的數學運算，包括加、減、乘、除和百分比等；比較運算子用於比較兩個值，結果為邏輯值 TRUE 或 FALSE，表示真或假，若滿足條件則傳回邏輯值 TRUE，若未滿足條件則傳回邏輯值 FALSE；文字串連運算子表示使用「&」連接多個字元，結果為一個文字；參照運算子主要用於在工作表中進行合併儲存格範圍的參照。

146 儲存格的參照法則

參照主要有相對參照、絕對參照、混合參照，它們互不相同。若需常在 Excel 中用公式完成各種計算，就應該瞭解相對參照、絕對參照和混合參照的重要性。

■ 01 相對參照

相對參照表示若公式所在儲存格的位置改變，則參照也隨之改變。如果多行或多列地複製或填滿公式，參照會自動調整。例如，要計算表格中的「銷售金額」，需要在 F3 儲存格中輸入公式「=D3*E3」，按 Enter 鍵計算出結果❶。然後將公式向下填滿至 F19 儲存格，隨後選中 F 列任意儲存格，這裡選擇 F11 儲存格，在編輯欄中查

看公式為「=D11*E11」❷，可見參照的儲存格發生變化。

■ 02 絕對參照

絕對參照是參照儲存格的位置不會隨著公式的儲存格的變化而變化，如果多行或多列地複製或填滿公式時，絕對參照的儲存格也不會改變。例如，按 4% 的提成率計算「銷售分潤」。選中 E3 儲存格，輸入公式「=D3*$F$3」❸，然後按 Enter 鍵計算出結果，將公式複製到 E19 儲存格，然後選中 E 列任意儲存格，這裡選擇 E7 儲存格，在編輯欄中查看公式為「=D7*$F$3」❹，可見絕對參照儲存格 F3 沒有改變。

	F3	fx	=D3*E3		
A	B	C	D	E	F
2	銷售員	銷售商品	銷售數量	銷售單價	銷售金額
3	高長恭	香格里拉葡萄酒	30	NT400	NT12,000
4	衛玠	怡園酒莊葡萄酒	25	NT200	
5	慕容冲	賀蘭葡萄酒	10	NT90	
6	獨孤信	王朝葡萄酒	45	NT250	
7	宋玉	雲南紅葡萄酒	20	NT350	
8	子都	威龍葡萄酒	10	NT130	
9	稻蟬	長城葡萄酒	80	NT290	
10	潘安	張裕葡萄酒	50	NT120	
11	韓子高	莫高冰葡萄酒	25	NT90	
12	嵇康	雪花啤酒	100	NT30	
13	王世充	青島啤酒	250	NT30	
14	楊麗華	凱爾特人啤酒	500	NT40	
15	王衍	愛士堡啤酒	250	NT50	
16	李世民	教士啤酒	400	NT70	
17	武則天	瓦倫丁啤酒	600	NT60	
18	李白	燕京啤酒	200	NT70	
19	白居易	哈爾濱啤酒	450	NT20	
20	歐陽修	凱旋1664啤酒	500	NT70	

❶ 計算銷售金額

	F11	fx	=D11*E11		
A	B	C	D	E	F
2	銷售員	銷售商品	銷售數量	銷售單價	銷售金額
3	高長恭	香格里拉葡萄酒	30	NT400	NT12,000
4	衛玠	怡園酒莊葡萄酒	25	NT200	NT5,000
5	慕容冲	賀蘭葡萄酒	10	NT90	NT900
6	獨孤信	王朝葡萄酒	45	NT250	NT11,250
7	宋玉	雲南紅葡萄酒	20	NT350	NT7,000
8	子都	威龍葡萄酒	10	NT130	NT1,300
9	稻蟬	長城葡萄酒	80	NT290	NT23,200
10	潘安	張裕葡萄酒	50	NT120	NT6,000
11	韓子高	莫高冰葡萄酒	25	NT90	NT2,250
12	嵇康	雪花啤酒	100	NT30	NT3,000
13	王世充	青島啤酒	250	NT30	NT7,500
14	楊麗華	凱爾特人啤酒	500	NT40	NT20,000
15	王衍	愛士堡啤酒	250	NT50	NT12,500
16	李世民	教士啤酒	400	NT70	NT28,000
17	武則天	瓦倫丁啤酒	600	NT60	NT36,000
18	李白	燕京啤酒	200	NT70	NT14,000
19	白居易	哈爾濱啤酒	450	NT20	NT9,000
20	歐陽修	凱旋1664啤酒	500	NT70	NT35,000

❷ 查看公式

■ 03 混合參照

又包含絕對參照的混合形式，混合參照具有絕對列和相對行或絕對行和相對列。混合參照時，絕對參照的部分不會隨著儲存格位置的移動而變化。例如，分別計算各個商品的不同折扣的價格。首先選中 E3 儲存格輸入公式「=$D3*(1-E$ 21)」，按 Enter 鍵計算出結果❺。然後將公式向右填滿至 G3 儲存格。接著選中 G3 儲存格，在編輯欄中查看公式為「=$D3*(1-G$21)」❻，公式中的 E$21 變成 G$21，可見隨著公式儲存格的變化，相對的列在變化，絕對行沒有變化。接著選中 E3:G3 儲存格區域，將公式向下填滿至最後一個儲存格❼，查看計算各個商品不同折扣的銷售單價❽。

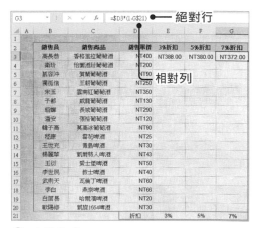

❸ 輸入公式

❹ 查看公式

❺ 計算各個商品不同折扣銷售單價

❻ 查看公式

絕對列相對行 ━━●=$D3*(1-E$21)

	A	B	C	D	E	F	G	H
1								
2	銷售員	銷售商品	銷售單價	3%折扣	5%折扣	7%折扣	
3	高長恭	香格里拉葡萄酒	NT400	NT388.00	NT380.00	NT372.00	
4	衛玠	怡園酒莊葡萄酒	NT200				
5	甚容冲	賀蘭葡萄酒	NT90				
6	獨孤信	王朝葡萄酒	NT250				
7	宋玉	雲南紅葡萄酒	NT350				
8	子都	威龍葡萄酒	NT130				
9	貂蟬	長城葡萄酒	NT290				
10	潘安	張裕葡萄酒	NT120				
11	韓子高	莫高冰葡萄酒	NT90				
12	嵇康	雪花啤酒	NT25				
13	王世充	青島啤酒	NT30				
14	楊麗華	凱爾特人啤酒	NT43				
15	王衍	愛士堡啤酒	NT50				
16	李世民	教士啤酒	NT40				
17	武則天	瓦倫丁啤酒	NT60				
18	李白	燕京啤酒	NT66				
19	白居易	哈爾濱啤酒	NT20				
20	歐陽修	凱旋1664啤酒	NT30				
21				折扣	3%	5%	7%	

❼ 向下填滿公式

E9 絕對列相對行 ━━●=$D9*(1-E$21)

	A	B	C	D	E	F	G
1							
2	銷售員	銷售商品	銷售單價	3%折扣	5%折扣	7%折扣
3	高長恭	香格里拉葡萄酒	NT400	NT388.00	NT380.00	NT372.00
4	衛玠	怡園酒莊葡萄酒	NT200	NT194.00	NT190.00	NT186.00
5	甚容冲	賀蘭葡萄酒	NT90	NT87.30	NT85.50	NT83.70
6	獨孤信	王朝葡萄酒	NT250	NT242.50	NT237.50	NT232.50
7	宋玉	雲南紅葡萄酒	NT350	NT339.50	NT332.50	NT325.50
8	子都	威龍葡萄酒	NT130	NT126.10	NT123.50	NT120.90
9	貂蟬	長城葡萄酒	NT290	NT281.30	NT275.50	NT269.70
10	潘安	張裕葡萄酒	NT120	NT116.40	NT114.00	NT111.60
11	韓子高	莫高冰葡萄酒	NT90	NT87.30	NT85.50	NT83.70
12	嵇康	雪花啤酒	NT25	NT24.25	NT23.75	NT23.25
13	王世充	青島啤酒	NT30	NT29.10	NT28.50	NT27.90
14	楊麗華	凱爾特人啤酒	NT43	NT41.71	NT40.85	NT39.99
15	王衍	愛士堡啤酒	NT50	NT48.50	NT47.50	NT46.50
16	李世民	教士啤酒	NT40	NT38.80	NT38.00	NT37.20
17	武則天	瓦倫丁啤酒	NT60	NT58.20	NT57.00	NT55.80
18	李白	燕京啤酒	NT66	NT64.02	NT62.70	NT61.38
19	白居易	哈爾濱啤酒	NT20	NT19.40	NT19.00	NT18.60
20	歐陽修	凱旋1664啤酒	NT30	NT29.10	NT28.50	NT27.90
21			折扣	3%	5%	7%	

❽ 查看計算各個商品不同折扣的銷售單價

147　隱藏公式

為了防止他人更改工作表中的公式，可以將公式隱藏起來。首先選擇整個工作表，打開「設定儲存格格式」對話方塊，在「保護」選項中取消勾選「鎖定」核取方塊並按一下「確定」按鈕❶。接著按一下「常用」選項中的「尋找和選取」按鈕，從清單中選擇「特殊目標」選項。打開「特殊目標」對話方塊，選中「公式」選項按鈕❷，按一下「確定」按鈕即可將工作表中含有公式的儲存格全部選中，再次打開「設定儲存格格式」對話方塊，從中勾選「鎖定」和「隱藏」核取方塊並按一下「確定」按

❶ 設定儲存格格式

鈕。然後按一下「校閱－保護」選項中的「保護工作表」按鈕，彈出對話方塊，從中直接按一下「確定」按鈕 **3**，可以看到工作表中的公式全部被隱藏了。

2 定位公式

3 保護工作表

148 為公式命名

在 Excel 工作表中，有時候會對經常使用或比較特殊的公式進行命名來提高公式的輸入速度和準確率。那麼如何為公式命名呢？首先在「公式」選項中按一下「定義名稱」按鈕。打開「新名稱」對話方塊。在對話方塊中輸入公式的名稱 A，如果有需要備註的內容就輸入備註，接著在「參照到」選取框中輸入公式 **1**，最後按一下「確定」按鈕關閉對話方塊。接著在工作表中選中 F3 儲存格，輸入「=A」。按 Enter 鍵

後儲存格中自動參照公式，計算出「銷售金額」**2**。

對公式命名後，如果後面還需要使用此公式，就可以快速地計算出結果了。

此外，在對公式進行命名時，大家需要注意以下 4 點，①為公式命名時，名稱不得與公式參照的儲存格名稱相同；②名稱中不能包含空格；③名稱不能以數字開頭，或單獨使用數字命名；④名稱不得超過 255 個字元。

F3		× ✓ fx	=A ◀		
A	B	C	D	E	F
1					
2	銷售員	銷售商品	銷售數量	銷售單價	銷售金額
3	高長恭	香格里拉葡萄酒	30	NT4,000	NT120,000
4	衛玠	怡園酒莊葡萄酒	25	NT2,000	
5	慕容沖	賀蘭葡萄酒	10	NT900	
6	獨孤信	王朝葡萄酒	45	NT2,500	
7	宋玉	雲南紅葡萄酒	20	NT3,500	
8	子都	威龍葡萄酒	10	NT1,300	
9	貂蟬	長城葡萄酒	80	NT2,900	

❶ 設定「名稱」和「參照位置」　　　❷ 計算「銷售金額」

149 不可忽視的陣列公式

當提到陣列公式時，相信很多人對其概念感到很模糊。在工作表中，利用陣列公式可以對一組或多組資料同時進行計算，並傳回一個或多個結果。此外，陣列公式要加大括弧（{}）來表示。下面將以範例的形式進行講解。例如，利用陣列公式求出所有商品的「銷售總金額」。首先在 C21 儲存格中輸入公式「=SUM(E3:E20*F3:F20)」，然後按 Ctrl+Shift+Enter 計算出結果，接著選中陣列公式所在儲存格 C21，在編輯欄中可以發現公式自動增加「{}」符號❶。

如果要一次計算出每個商品的銷售總額，則先選中所有需要輸入陣列公式的儲存格區域，即 F3:F20，然後在編輯欄中輸入公式「=D3:D20*E3:E20」，最後按 Ctrl+Shift+Enter 即可計算出「銷售總額」❷。

陣列公式具有簡潔性、一致性、安全性和檔案小的優點。陣列公式的語法與普通公式的語法相同。它們都是以「=」開始，無論在普通公式或陣列公式中，都可以使用任何內建函數。而陣列公式唯一不同之處在於，必須要按 Ctrl+Shift+Enter 完成公式的輸入。

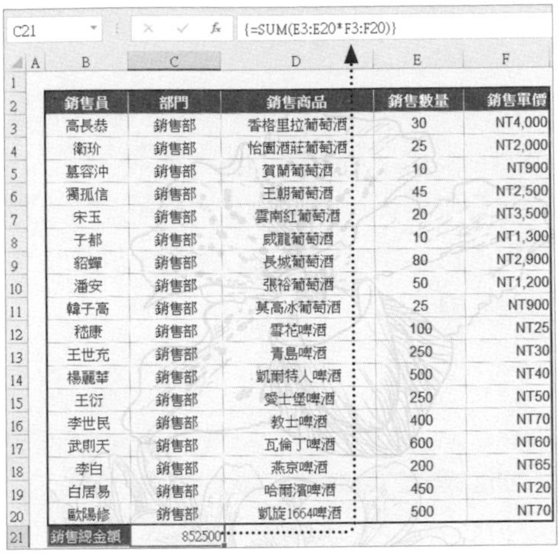

❶ 公式自動增加了「{}」符號

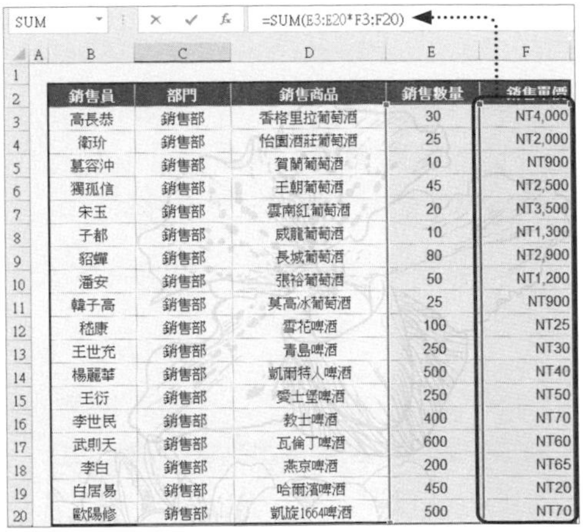

❷ 計算出「銷售總額」

150 可靠的公式稽核

公式稽核是 Excel「公式」選項中的一組指令，包括追蹤前導參照、追蹤從屬參照、錯誤檢查、評估值公式等。運用公式稽核中的一些指令可以對公式的參照和從屬關係進行追蹤，也可以檢查公式中的錯誤。雖然這些規則不能保證工作表沒有錯誤，但對發現常見錯誤卻有幫助，所以公式稽核功能絕不該被忽視。下面就對這些指令進行詳細的介紹。

■ 01 追蹤前導參照 / 從屬參照

追蹤前導參照 / 從屬參照指令按鈕分別可以用箭頭指出所選儲存格的值受哪些儲存格影響或所選儲存格的值影響哪些儲存格。在箭頭的指示下公式的參照和從屬關係會變得很清晰。例如選擇 C21 儲存格，在「公式」選項中的「公式稽核」中按一下「追蹤前導參照」按鈕，可以看見藍色線條選中參照的儲存格區域，同時箭頭指

向 C21 儲存格，❶表示 C21 儲存格參照「銷售數量」和「銷售單價」列中的資料。

選中 F3 儲存格，按一下「公式稽核」中的「追蹤從屬參照」按鈕，可以看到 F3 儲存格被「銷售分潤」列參照❷。

此外，如果不再需要箭頭，可以按一下「移除箭號」指令，將其刪除。

■ 02 錯誤檢查

「錯誤檢查」功能能夠及時檢查出存在問題的公式，以便修正。如果檢查出錯誤，則會自動彈出「錯誤檢查」對話方塊，核實後，再對錯誤公式進行編輯，或直接略過錯誤❸。

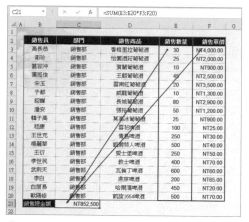

❶ 追蹤前導參照

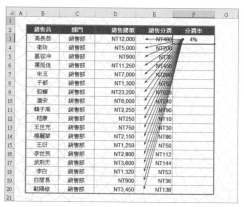

❷ 追蹤從屬參照

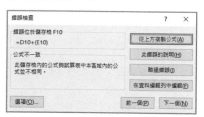

❸ 錯誤檢查

❹ 選擇儲存格

❺「評估值公式」對話方塊

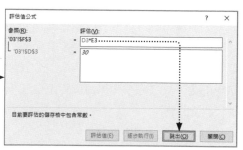

❻ 代入 D3 儲存格的數值

■ 03 評估值公式

使用「評估值公式」功能可以查看公式分步計算的結果。例如，選擇 F3 儲存格❹，按一下「評估值公式」按鈕，打開「評估值公式」對話方塊，按一下「逐步執行」

按鈕❺，在「評估」文字方塊中可以看到已代入 D3 儲存格的數值 30 ❻，然後按一下「跳出」按鈕。用同樣的方法代入 E3 儲存格的值，然後按一下「評估值」按鈕，即可查看其計算結果。

---

151 常用的九個公式選項設定

在「檔案 -Excel 選項」對話方塊中可以進行各種設定，包括對公式相關的選項進行設定，改變與公式相關的操作模式。下面針對九個與公式相關的選項設定進行具體介紹。

■ 01 手動控制公式運算

預設情況下，當在儲存格中輸入公式後，系統會根據所輸入的公式立即進行計算並自動顯示計算結果。如果想手動控制公式運算該怎麼辦呢？首先打開「Excel 選項」對話方塊，在左側列表中選擇「公式」選項，然後在右側「計算選項 - 計算選項」區域中選中「手動」選項按鈕即可❶。

■ 02 設定反覆運算計算

反覆運算計算是一種特殊的運算方式，利用電腦對一個包含反覆運算變數的公式進

行重複計算，每一次都將上一次反覆運算變數的計算結果作為新的變數代入計算，直到滿足特定條件的數值或完成使用者設定的反覆運算計算次數為止。因此，當使用的公式包含迴圈參照時，必須啟用反覆運算計算，即在「計算選項」區域中勾選「啟用反覆運算」核取方塊，並且可以設定「最高次數」。

■ 03 改變儲存格參照樣式

預設情況下，Excel 使用 A1 參照樣式❷。其中用字母 A～XFD 表示列標，用數字 1～1048576 表示行號，儲存格位址由列標與行號組合而成。如果想要改變儲存格的參照樣式，可以在「運用公式」區域中勾選「[R1C1] 欄名列號表示法」核取方塊，這樣就可以將預設的 A1 參照樣式切換為以數字作為行號、列號的顯示模式❸，並且

在使用公式時強制採用 [R1C1] 欄名列號樣式。

04 設定公式記憶鍵入

Excel 系統內建的函數多達 350 個，對於經常使用函數的使用者來說，記住這些公式是非常困難的，這時可以啟用「公式自動完成」功能，即在「運用公式」區域中勾選「公式自動完成」核取方塊即可。啟用這項功能後，當在編輯欄或儲存格中輸入公式時，系統就會自動顯示以輸入字元開頭的函數，或已定義名稱的相關欄位名下拉清單。然後根據需要從清單中選擇函數即可。

05 在公式中使用表格名稱

在「運用公式」區域中勾選「在公式中使用表格名稱」核取方塊後，建立公式時，按一下「表格」中的某一儲存格區域，將在公式中自動建立結構化參照，而不是直接參照該儲存格區域位址。例如，在 H3 儲存格中輸入「=SUM（」，然後選擇 D3:G3 儲存格區域，公式將自動產生「=SUM(表 1[@[工作能力得分]:[協調性得分]])」形式❹。

06 啟用背景錯誤檢查

當在「錯誤檢查」區域中勾選「啟用背景錯誤檢查」核取方塊後，就可以在「錯誤檢查規則」區域根據使用習慣設定 9 種判

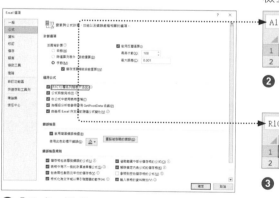

❶「公式」選項

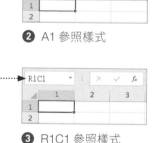

❷ A1 參照樣式

❸ R1C1 參照樣式

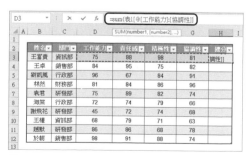

❹ 在公式中使用表格名稱

❺ 標識錯誤公式

斷錯誤的規則。如果儲存格中的資料或公式計算結果與設定的規則相符時，儲存格左上角會自動出現一個小三角形，其被稱為錯誤指示器，預設的顏色為綠色。例如，F6 儲存格中的數位前面有撇號，與「文字格式的數字或者前面有撇號的數字」規則相符，則出現一個小三角形❺，選擇該儲存格並將滑鼠指向儲存格左側的圖示，將會出現錯誤類型提示。

■ 07 公式及格式的自動擴展

在「進階」選項中的「編輯選項」區域勾選「延續資料範圍格式與公式」核取方塊後，如果儲存格區域中有連續 4 個及以上儲存格具有重複使用的公式，則在公式所參照儲存格區域的第 5 個儲存格中輸入公式時，公式將自動擴展到第 5 行。例如，在 A1:A4 儲存格區域中輸入數位，然後在 B1 儲存格中輸入公式「=A1*3」，並將公式複製到 B4 儲存格。接著在 A5 儲存格中輸入數位後，B5 儲存格中自動填滿公式「=A5*3」，計算出結果。

■ 08 啟用多執行緒計算

Excel 可以設定多執行緒數量，用來縮短或控制重新計算包含大量公式的活頁簿所需的時間，只需要在「進階」選項中的「公式」區域勾選「啟用多執行緒計算」核取方塊即可❻。在「使用這台電腦上的所有處理器」後面可以看到該電腦的處理數量。

■ 09 將精確度設為所顯示的精確度

工作中，在對表格中的資料進行計算時，往往會將表格中的金額或數值設定為貨幣或保留 2 位小數的格式。但有時候運用公式計算結果會出現幾個儲存格之和與儲存格顯示的資料之和不相等的情況。例如，G3:G8 儲存格區域中的資料之和應該為 15466.66，然而用公式在 G9 儲存格中求出的數值之和為 15466.67 ❼。這是因為 Excel 將 G3:G8 儲存格區域的值按照 15 位數計算精確度代入計算所致。這時可以透過在「進階」選項中的「計算此活頁簿時」區域勾選「以顯示值為準」核取方塊，將結果顯示為 15466.66 ❽。

❼ 按照 15 位數計算精確度

❽ 設定後的精確度

❻「進階」選項

152 瞭解函數類型

Excel 提供大量的函數，共分為十幾種類型，常用的函數類型包括日期和時間函數、數學與三角函數、統計函數、查閱與參照函數、文字函數、邏輯函數、資訊函數、工程函數、財務函數、Cube 函數、相容性函數、Web 函數等。

瞭解函數的類型後就可以在計算資料時快速聯想到 Excel 函數庫內有沒有相關類型的函數，提高計算速度。下面將詳細介紹一下各種函數類型中常用的函數。

■ 01 日期和時間函數

日期和時間函數可以快速對日期和時間類型的資料進行計算。其中常用的日期和時間函數有 DATE 函數、YEAR 函數、MONTH 函數、DAY 函數、WORKDAY 函數、TODAY 函數、NOW 函數等。

■ 02 數學與三角函數

數學與三角函數可以對數字取整、計算數值的總和和絕對值等。常用的數學與三角函數有 ABS 函數、INT 函數、MOD 函數、SUM 函數、SUMIF 函數、ROUND 函數等。

■ 03 統計函數

統計函數主要用於對資料區域進行統計分析，在複雜的資料中完成統計計算，傳回統計的結果。常用的統計函數有 AVEDEV 函數、AVERAGE 函數、COUNT 函數、COUNTIF 函數、MAX 函數、MIN 函數、RANK 函數等。

■ 04 查閱與參照函數

使用查閱與參照函數可以在工作表中尋找或參照符合某條件的特定數值。常用的查閱與參照函數有 CHOOSE 函數、ROW 函數、VLOOKUP 函數、INDEX 函數、MATCH 函數、OFFSET 函數等。

■ 05 文字函數

文字函數是指處理文字串的函數，主要用於尋找或提取文字中的特殊字元、轉換資料類型或者改變大小寫等。常用的文字函數有 EXACT 函數、LEFT 函數、RIGHT 函數、LEN 函數、LOWER 函數、UPPER 函數、MID 函數、TEXT 函數等。

■ 06 邏輯函數

使用邏輯函數可以根據條件進行真假值判斷。常用的邏輯函數有 AND 函數、OR 函數、IF 函數、NOT 函數等。

■ 07 資訊函數

使用資訊函數確定儲存在儲存格中的資料的類型。常用的資訊函數有 CELL 函數、TYPE 函數等。

■ 08 工程函數

使用工程函數用於工程分析。工程函數大致分為三種類型，即對複數進行處理的函數、在不同的位數系統（如十進位系統、十六進位系統、八進位系統和二進位系統）間進行數值轉換的函數、在不同的度量系統中進行數值轉換的函數。

■ 09 財務函數

財務函數可以滿足一般的財務計算。常用的財務函數有 FV 函數、PMT 函數、PV 函數、DB 函數等。

不常用的函數在這裡就不再進行列舉。

■ 10 Cube 函數

Cube 函數用於分析多維資料集合中的資料。

❶ 查看所有函數類型

■ 11 相容性函數

相容性函數已被新增函數代替，新版本 Excel 之所以保留它們，是為了便於在早期版本中使用。

■ 12 Web 函數

Excel 2016 中只包含三個 Web 函數。ENCODEURL 函數用於傳回 URL 編碼的字串；WEBSERVICE 函數傳回 Web 服務中的資料；FILTERXML 函數透過使用指定的 XPath，傳回 XML 內容中的特定資料。使用後兩個 Web 函數時，需要連網。

在「公式」選項中的「函數庫」組內包含所有函數類型❶。按一下某個類型的函數按鈕，在下拉清單中可以查看該類型的所有函數，當游標停留在某個函數選項上方時，會出現該函數的使用說明❷，大家可以透過這種方式熟悉這些函數大概的作用。這有助於在輸入公式時快速準確地提取需要的函數。

❷ 查看函數說明

153 多種輸入函數的方法

下面就介紹幾種輸入函數的方法，大家可以根據需要進行選擇。

01 手動輸入法

對於一些簡單的函數，若熟悉其語法和參數，可以直接在儲存格中輸入，例如，選擇 H3 儲存格，直接輸入公式「=SUM(D3: G3)」即可❶。

02 使用函數嚮導輸入函數

對於一些比較複雜的函數，如果不清楚如何正確輸入函數的運算式，此時可以透過函數嚮導完成函數的輸入，例如，選擇 H3 儲存格，按一下編輯欄左側的「插入函數」按鈕或者在「公式」選項中按一下「插入函數」按鈕，打開「插入函數」對話方塊，選擇好函數的類別，找到需要的函數，並設定好其函數的相關參數，完成計算操作。

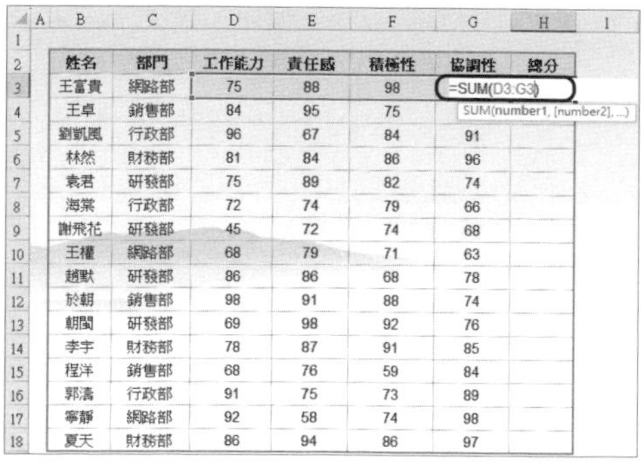

03 運用公式記憶輸入函數

當在儲存格中輸入函數的第一個字母時，系統會自動在其儲存格下方列出以該字母開頭的函數清單❷，在清單中選擇需要的函數並輸入即可。在此需要注意的是，在可以拼寫出函數的前幾個字母的情況下可以使用這種方法。

04 透過對話方塊插入

除了手動輸入函數外，對於不太熟悉的函數可透過「插入函數」對話方塊來輸入。打開該對話方塊的方式有多種，其中最快的方式是透過 Shift+F3 打開。打開「插入函數」對話方塊後，選擇函數類別，然後選擇需要的函數，按一下「確定」按鈕❸，便可打開「函數引數」對話方塊，使用者只需在對話方塊中設定好參數即可完成公式的輸入。

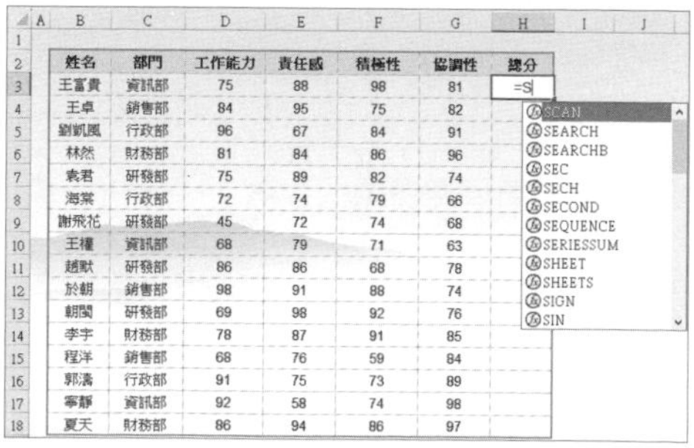

❶ 直接輸入公式

❷ 函數清單

■ 05 從選項中選擇

在選項中插入函數和在「插入函數」對話方塊中插入函數的效果相似。具體操作方法為打開「公式」選項，在「函數庫」中按一下需要的函數類型按鈕，在下拉清單中按一下需要的函數選項❹，便可將該函數輸入到儲存格中。插入函數後會自動彈出「函數引數」對話方塊，接下來只要設定參數即可。

❸「插入函數」對話方塊

■ 06 自動計算

Excel 功能區中提供一些對資料進行求和、求平均值及求最大值和最小值的自動計算功能選項，利用這些功能可以直接進行計算而無須輸入相對應的參數，即可得到需要的結果。例如，在「公式」選項中按一下「自動加總」按鈕，在下拉清單中選擇需要的計算選項，即可快速向儲存格中插入相對應的函數，並根據資料表資料自動產生公式。

❹ 透過「公式」選項插入函數

---

154 Excel 公式中的常見錯誤及處理方法

即使是對 Excel 公式十分熟練的人也不能保證所輸入的公式永遠正確，當儲存格中的公式計算出現錯誤時，Excel 會傳回一個錯誤值，當有錯誤值產生後，應該第一時間判斷錯誤值產生的原因，然後尋找解決的辦法。下面介紹公式產生的錯誤值類型，以及常用解決方法。

■ 01「#####」錯誤

產生原因一：列寬不夠。

解決方法：增加列寬。

產生原因二：儲存格中的日期或時間產生負值。

解決方法：修改日期值即可解決（如果使用者使用的是 1900 年的日期系統，那麼 Excel 中的日期和時間必須是正值，用較早的日期或時間減去較晚的日期或時間就會傳回「#####」錯誤）。

■ 02「#VALUE！」錯誤

「#VALUE！」錯誤的產生原因有很多，當使用錯誤的參數或運算物件時就會產生「#VALUE!」錯誤。

產生原因一：公式參照的儲存格中包含文字。

解決方法：公式中參照確認公式或函數所需的運算子或參數正確，並且公式參照的儲存格中包含有效的資料類型。

產生原因二：賦予需要單一數值的運算子或函數一個數值區域時會產生「#VALUE」錯誤。

解決方法：修改數值區域，將數字區域改為單一數值。

產生原因三：缺少用於計算資料的函數。

解決方法：增加應用於計算的函數。

■ 03「#DIV/O」錯誤

產生原因：除數為 0 或空儲存格。

解決方法：將除數改為非 0 值，或在空儲存格中輸入非 0 值。

■ 04「#NAME ？」錯誤

產生原因一：函數名稱拼寫錯誤。

解決方法：修正拼寫錯誤的名稱。

產生原因二：公式中參照不存在的名稱。

解決方法：確認使用的名稱是否存在，如果名稱不存在，需要使用「定義名稱」功能增加相對應的名稱。

產生原因三：公式中的文字參數沒有使用雙引號。

解決方法：為文字參數增加雙引號。

■ 05「#N/A」錯誤

產生原因：函數或公式中沒有可用數值。

解決方法：保證公式或函數參照的儲存格內包含內容。

■ 06「#REF ！」錯誤

產生原因：公式參照無效儲存格（如公式參照的儲存格被移動、刪除、貼上其他內容等）。

解決方法：更改公式。

■ 07「#NUM！」錯誤

產生原因：公式中的參數無效或不相符，或公式的結果超出 Excel 的表示範圍。

解決方法：確認函數中使用的參數類型正確或修改公式，使其結果在有效數字範圍內。

■ 08「#NULL」錯誤

產生原因：使用不正確的區域運算子，或參照的儲存格區域的交集為空（如為兩個不相交的區域指定交叉點）。

解決方法：改正區域運算子使之正確，或更改參照使之相交。

有些錯誤值除了影響美觀，並不會對資料分析造成影響，例如，在進行批次運算時，錯誤值的產生並不是因為公式本身的問題，對於這類錯誤值可採用刪除或隱藏的方式處理。

刪除錯誤值非常簡單，使用者可借助特殊目標選中所有錯誤值然後批次刪除。按 Ctrl+G 先打開「定位」對話方塊，按一下該對話方塊中的「特殊目標」按鈕即可打開「特殊目標」對話方塊❶。從中選擇特殊目標為錯誤公式即可選中所有錯誤值❷，按 Delete 鍵便可批次刪除錯誤值。

使用 IFERROR 函數與原公式進行嵌套，則能夠在公式傳回錯誤值時將錯誤值隱藏，而不會對正常的值造成任何影響❸。

❶「特殊目標」對話方塊

A	B	C	D	E	F	G	H	I	J
	日期	生產批號	產量	抽樣數	成品不良數	加工不良數	良品數	不良數	不良率
3	2023/3/1	WARP-NI	0	0		0	0	0	#DIV/0!
4	2023/3/1	T-P	2000	150	2	4	144	6	4.17%
5	2023/3/1	T/R-T1	1500	100	5	3	92	8	8.70%
6	2023/3/2	T/R-S1	1300	100	1	5	94	6	6.38%
7	2023/3/2	N-6	0	0	0	0	0	0	#DIV/0!
8	2023/3/2	FLO-J	1200	100	2	1	97	3	3.09%
9	2023/3/3	WARP-NT	2000	150	3	3	144	6	4.17%
10	2023/3/3	T/R-T2	2000	150	0	5	145	5	3.45%
11	2023/3/3	FLO-PVC	1800	150	5	3	142	8	5.63%
12	2023/3/3	T-S	0	0	0	0	0	0	#DIV/0!
13	2023/3/3	V-S	2500	200	4	2	194	6	3.09%
14	2023/3/4	TC-1	2000	150	2	3	145	5	3.45%
15	2023/3/4	T/R-S2	1000	100	2	1	97	3	3.09%
16	2023/3/4		1200	100	1	1	98	2	2.04%

❷ 選中所有錯誤值

J3　　　　　fx　=IFERROR(I3/H3,"")

A	B	C	D	E	F	G	H	I	J
	日期	生產批號	產量	抽樣數	成品不良數	加工不良數	良品數	不良數	不良率
3	2023/3/1	WARP-NI	0	0		0	0	0	
4	2023/3/1	T-P	2000	150	2	4	144	6	4.17%
5	2023/3/1	T/R-T1	1500	100	5	3	92	8	8.70%
6	2023/3/2	T/R-S1	1300	100	1	5	94	6	6.38%
7	2023/3/2	N-6	0	0	0	0	0	0	
8	2023/3/2	FLO-J	1200	100	2	1	97	3	3.09%
9	2023/3/3	WARP-NT	2000	150	3	3	144	6	4.17%
10	2023/3/3	T/R-T2	2000	150	0	5	145	5	3.45%
11	2023/3/3	FLO-PVC	1800	150	5	3	142	8	5.63%
12	2023/3/3	T-S	0	0	0	0	0	0	
13	2023/3/3	V-S	2500	200	4	2	194	6	3.09%
14	2023/3/4	TC-1	2000	150	2	3	145	5	3.45%
15	2023/3/4	T/R-S2	1000	100	2	1	97	3	3.09%
16	2023/3/4		1200	100	1	1	98	2	2.04%

❸ 隱藏所有錯誤值

155　AVERAGE 函數的應用

AVERAGE 函數屬於統計函數，用來求平均值。它在 Excel 中使用的頻率非常高，參數的設定很簡單。例如，求出每個員工的「平均分」，首先選中 H3 儲存格❶，在「公式」選項中按一下「插入函數」按鈕，打開「插入函數」對話方塊，從中選擇 AVERAGE 函數❷，然後按一下「確定」按鈕。彈出「函數引數」對話方塊，設定各個參數❸，設定完成後按一下「確定」按鈕，這時儲存格 H3 中自動計算出「王富貴」的「平均分」。接著將游標移至 H3 儲存格的右下角，當滑鼠游標變為十字形時按兩下，即可將公式填滿至最後一個儲存格。計算出所有員工的「平均分」，最後設定數字格式即可❹。

AVERAGE 函數還可以和 IF 函數嵌套使用，例如，計算銷售部男職工的平均薪資，首先選中 G3 儲存格，輸入公式「=AVERAGE (IF((C3:C15=" 銷 售 部 ")*(D3:D15=" 男 "),E3: E15))」❺，然後按 Ctrl+ Shift+Enter 確認，即可求出銷售部男職工的平均薪資❻。

公式說明：公式首先利用「C3: C15=" 銷售部 "」和「D3: D15=" 男 "」兩個運算式相乘，產生一個陣列，用於將符合兩個條件的儲存格轉換成 TRUE，而不符合條件的儲存格轉換成 FALSE。然後利用 IF 函數根據陣列中的值，將 FALSE 對應的數值忽略，再求平均值。

◢ A	B	C	D	E	F	G	H
1							
2	姓名	部門	工作能力	責任感	積極性	總分	平均分
3	王富貴	資訊部	75	88	98	261	
4	王卓	銷售部	84	95	75	254	
5	劉凱鳳	行政部	96	67	84	247	
6	林然	財務部	81	84	86	251	
7	袁君	研發部	75	89	82	246	
8	海棠	行政部	72	74	79	225	
9	謝飛花	研發部	45	72	74	191	
10	王權	資訊部	68	79	71	218	
11	趙默	研發部	86	86	68	240	
12	於朝	銷售部	98	91	88	277	
13	朝聞	研發部	69	98	92	259	
14	李宇	財務部	78	87	91	256	
15	程洋	銷售部	68	76	59	203	
16	郭濤	行政部	91	75	73	239	
17	寧靜	資訊部	92	58	74	224	
18	夏天	財務部	86	94	86	266	
19							

❶ 選中儲存格

❷ 選擇函數

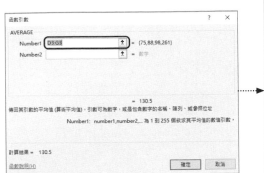

❸ 設定各個參數

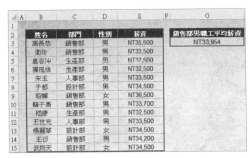

❹ 計算出所有員工的「平均分」

❺ 輸入公式

❻ 計算出結果

---

156 AVERAGEIF 函數的應用

AVERAGEIF 函數屬於統計函數,當同質資料保存在不相鄰的儲存格區域時,可以使用此函數設定資料條件提取同質資料,然後進行平均值計算。例如,求出「白娉婷」

「陳清」「章澤雨」「韓磊」的「平均銷售額」,首先選中 G3 儲存格,然後按一下編輯欄左側的「插入函數」按鈕**❶**,打開「插入函數」對話方塊,從中選擇 AVERAGEIF

函數，按一下「確定」按鈕❷。打開「函數引數」對話方塊，設定各參數，設定完成後按一下「確定」按鈕❸。儲存格 G3 中計算出「白娉婷」的平均銷售額，然後將公式向下填滿，計算出其他員工的平均銷售額，最後設定數字格式即可❹。

❶ 執行插入函數指令

❷ 選擇函數

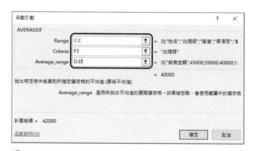

❸ 設定各參數

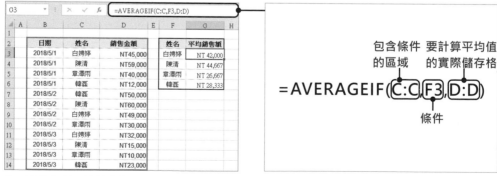

❹ 計算出「平均銷售額」

157 COUNTA、COUNT 和 COUNTBLANK 函數的應用

COUNTA、COUNT 和 COUNTBLANK 這三個函數都屬於統計函數，並且都可用於儲存格的統計。COUNTA 函數可以計算出含有內容的儲存格個數，內容可以是數字、文字、邏輯值、標點符號、空格等。例如，計算出參加考試的人數，首先選中 G2 儲存格，輸入公式「=COUNTA(C3:C14)」，然後按 Enter 鍵計算出結果①。

COUNT 函數只會對參照區域中的數字進行統計，而自動忽略空白儲存格、文字、邏輯值等 例如計算出實際參加考試人數，首先選中 G3 儲存格，輸入公式「=COUNT(D3:D14)」，然後按 Enter 鍵計算出結果②。

COUNTBLANK 函數可以對儲存格區域中的空儲存格進行統計。例如，計算出缺席人數，首先選中 G4 儲存格，輸入公式「=COUNTBLANK (D3: D14)」，然後按 Enter 鍵計算出結果。③

① 計算出參加考試人數

② 計算出實際參加考試人數

③ 計算出缺席人數

此外，COUNT 函數還可以和 MATCH、ROW 等其他函數嵌套使用。例如，從下面表格中統計出有多少個選手。首先在 F3 儲存格中輸入公式「=COUNT(0/(MATCH(D3:D10,D3: D10)=(ROW(3:10)-2)))」❹，按 Ctrl+Shift+Enter 確認，即可計算出選手的個數❺。

需要對公式進行說明的是，公式實際上就是求單列區域中的不重復資料個數。首先利用 MATCH 函數計算每個儲存格的資料在區域中的出現順序，然後與序列進行比較，得到一個由邏輯值 TRUE 和 FALSE 組成的陣列。陣列中 TRUE 的個數表示不重復資料的個數。最後透過 0 除以陣列，將陣列中的 TRUE 轉換成 0，將 FALSE 轉換成錯誤值，便於 COUNT 函數計數。

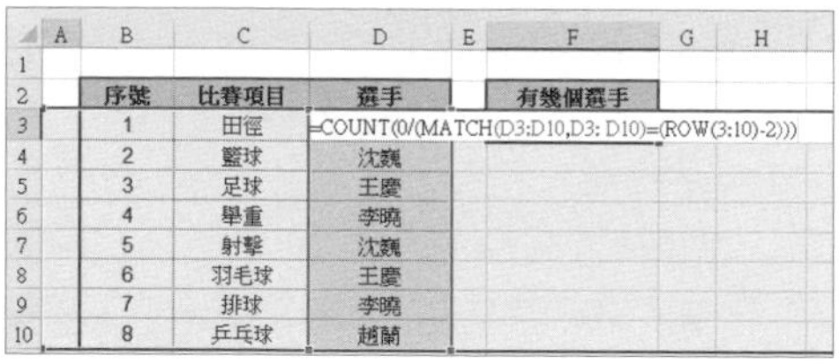

	A	B	C	D	E	F	G	H
1								
2		序號	比賽項目	選手		有幾個選手		
3		1	田徑	=COUNT(0/(MATCH(D3:D10,D3: D10)=(ROW(3:10)-2)))				
4		2	籃球	沈巍				
5		3	足球	王慶				
6		4	舉重	李曉				
7		5	射擊	沈巍				
8		6	羽毛球	王慶				
9		7	排球	李曉				
10		8	乒乓球	趙蘭				

❹ 輸入公式

	A	B	C	D	E	F
1						
2		序號	比賽項目	選手		有幾個選手
3		1	田徑	趙蘭		4
4		2	籃球	沈巍		
5		3	足球	王慶		
6		4	舉重	李曉		
7		5	射擊	沈巍		
8		6	羽毛球	王慶		
9		7	排球	李曉		
10		8	乒乓球	趙蘭		

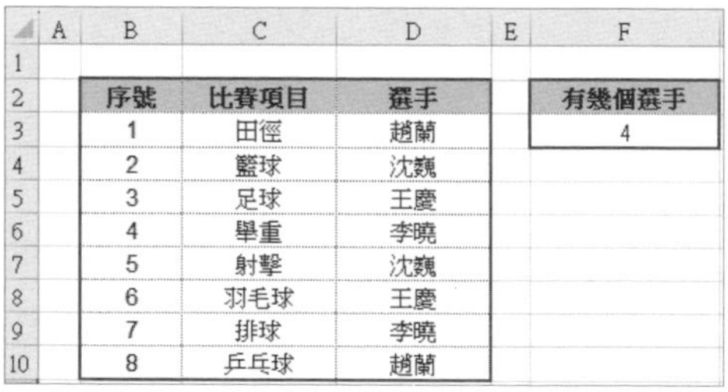

❺ 計算出結果

158 COUNTIF 函數的應用

COUNTIF 函數可統計滿足給定條件的儲存格個數。例如，統計出「被清華大學錄取人數」和「分數大於 670 的人數」，在 F3 儲存格中輸入公式「=COUNTIF(C3:C14,"清華大學")」，按 Enter 鍵確認，便可計算出被清華大學錄取的人數❶。接著選中 F5 儲存格，然後輸入公式「=COUNTIF(D3:D14,">670")」，按 Enter 鍵確認，計算出分數大於 670 的人數❷。

此外，還可以使用萬用字元設定模糊條件統計儲存格個數。例如，從下面的表格中統計三個字的項目個數和最後一個字是球的項目個數。

首先選中 D3 儲存格，輸入公式「=COUNTIF (B3:B12,"???")」，按 Enter 鍵確認，計算出三個字的項目個數❸。接著

選中 D5 儲存格，輸入公式「=COUNTIF
(B3:B12,"* 球 ")」，按 Enter 鍵確認，即可
計算出最後一個字是球的項目個數❹。

在這裡需要注意的是，COUNTIF 函數有兩

個參數，第一個參數表示待統計的區域，
必須是儲存格參照；第二個參數表示統計
條件，支持萬用字元「*」和「？」，可以
是數字、運算式、儲存格參照或文字。

❶ 計算出被清華大學錄取人數

❷ 計算出分數大於 670 的人數

❸ 計算出三個字的項目個數

❹ 計算出最後一個字是球的項目個數

159 MAX 和 MIN 函數的應用

MAX 函數用於計算參數中的最大值，它有 1~255 個參數，參數可以是數字或包含數字的名稱、陣列和參照。MAX 函數在日常工作中經常用到。例如，計算下面表格中「錄取分數」的最高分。首先選中 F3 儲存格，在「公式」選項中按一下「自動加總」按鈕，從清單中選擇「最大值」選項。儲存格 F3 中自動輸入公式，然後保持公式中的參數為選中狀態，拖動滑鼠選擇 D3:D14

儲存格區域，函數引數將自動進行修改❶，接著按 Enter 鍵計算出最高分 ❷。MIN 函數用於計算參數清單中的最小值，其參數可以是數字、名稱、陣列和參照。例如，計算出「錄取分數」的最低分。首先選中 F5 儲存格，輸入公式「=MIN(D3:D14)」❸，最後按 Enter 鍵計算出結果❹。

	A	B	C	D	E	F
1						
2		姓名	院校名稱	錄取分數		最高分
3		王安石	清華大學	690		=MAX(D3:D14)
4		歐陽修	北京大學	698		最低分
5		蘇軾	浙江大學	671		
6		嶽飛	復旦大學	699		求該區域最大值
7		范仲淹	南京大學	663		
8		沈括	北京大學	691		
9		蘇轍	南京大學	665		
10		劉永	浙江大學	659		
11		李清照	清華大學	691		
12		辛棄疾	浙江大學	689		
13		黃庭堅	清華大學	700		
14		朱熹	復旦大學	690		

❶ 輸入公式

	A	B	C	D	E	F
1						
2		姓名	院校名稱	錄取分數		最高分
3		王安石	清華大學	690		700
4		歐陽修	北京大學	698		最低分
5		蘇軾	浙江大學	671		
6		嶽飛	復旦大學	699		
7		范仲淹	南京大學	663		
8		沈括	北京大學	691		
9		蘇轍	南京大學	665		
10		劉永	浙江大學	659		
11		李清照	清華大學	691		
12		辛棄疾	浙江大學	689		
13		黃庭堅	清華大學	700		
14		朱熹	復旦大學	690		

❷ 計算出最高分

	A	B	C	D	E	F
1						
2		姓名	院校名稱	錄取分數		最高分
3		王安石	清華大學	690		700
4		歐陽修	北京大學	698		最低分
5		蘇軾	浙江大學	671		=MIN(D3:D14)
6		嶽飛	復旦大學	699		求該區域最小值
7		范仲淹	南京大學	663		
8		沈括	北京大學	691		
9		蘇轍	南京大學	665		
10		劉永	浙江大學	659		
11		李清照	清華大學	691		
12		辛棄疾	浙江大學	689		
13		黃庭堅	清華大學	700		
14		朱熹	復旦大學	690		

❸ 輸入公式

	A	B	C	D	E	F
1						
2		姓名	院校名稱	錄取分數		最高分
3		王安石	清華大學	690		700
4		歐陽修	北京大學	698		最低分
5		蘇軾	浙江大學	671		659
6		嶽飛	復旦大學	699		
7		范仲淹	南京大學	663		
8		沈括	北京大學	691		
9		蘇轍	南京大學	665		
10		劉永	浙江大學	659		
11		李清照	清華大學	691		
12		辛棄疾	浙江大學	689		
13		黃庭堅	清華大學	700		
14		朱熹	復旦大學	690		

❹ 計算出最低分

LEN 函數的應用

LEN 函數屬於文字函數，該函數表示傳回文字串的字元數。其參數可以是儲存格參照，也可以是文字，當使用文字作為參數時需要加雙引號。一般使用 LEN 函數來計算字串長度。例如，計算出「中國身份證號碼」的位數，判斷輸入的中國身份證號碼是否正確。首先選中 F3 儲存格，然後輸入公式「=LEN(E3)」❶，按 Enter 鍵計算出結果，接著將公式複製到最後一個儲存格，即可計算出所有中國身份證號碼的字元個數❷。

標準的中國身份證號碼是 18 位，所以在這裡字元個數小於 18 位的身份證號碼是錯誤的。

此外，LEN 函數還可以與 SUBSTITUTE 函數組合使用。例如，計算英文句子中有幾個單詞。首先選中 C3 儲存格，輸入公式「=LEN (B3)-LEN(SUBSTITUTE (B3," ","")+1」❸，按 Enter 鍵計算出句子中單詞的個數，接著向下複製公式，求出其他句子中單詞的個數❹。

需要對公式進行說明的是，公式中首先使用 LEN 函數計算語句的總長度，再計算刪除所有空格後的長度，兩者的差加 1 就是單詞的個數。

	A	B	C	D	E	F	G
2		姓名	性別	手機號碼	中國身份證號碼	字元個數	
3		劉徹	男	187****4061	140321199305301416	=LEN(E3)	
4		陳平	男	187****4062	150321198901201435		
5		衛青	男	187****4063	16032119870310154		
6		周亞夫	男	187****4064	17032119820418147 8		
7		霍去病	男	187****4065	18032119960930149		引用 E3
8		韓信	男	187****4066	19032119880805143 1		儲存格
9		李廣	男	187****4067	200321198202201412		
10		貂蟬	女	187****4068	210321199406121423		
11		張騫	男	187****4069	2203211995081017		
12		蘇武	男	187****4070	100321197209111479		
13		司馬遷	男	187****4071	110321198207201458		
14		班固	男	187****4072	12032119930114149		
15		趙飛燕	女	187****4073	130321199106251463		
16							

❶ 輸入公式

	A	B	C	D	E	F
2		姓名	性別	手機號碼	中國身份證號碼	字元個數
3		劉徹	男	187****4061	140321199305301416	18
4		陳平	男	187****4062	150321198901201435	18
5		衛青	男	187****4063	16032119870310154	17
6		周亞夫	男	187****4064	170321198204181478	18
7		霍去病	男	187****4065	18032119960930149	17
8		韓信	男	187****4066	190321198808051431	18
9		李廣	男	187****4067	200321198202201412	18
10		貂蟬	女	187****4068	210321199406121423	18
11		張騫	男	187****4069	2203211995081017	16
12		蘇武	男	187****4070	100321197209111479	18
13		司馬遷	男	187****4071	110321198207201458	18
14		班固	男	187****4072	12032119930114149	17
15		趙飛燕	女	187****4073	130321199106251463	18

❷ 計算出「身份證號碼」的字元個數

求該區域的最大值

計算刪除所有空格後的長度

3 輸入公式

	英文短句	單詞個數
3	Love is blind	3
4	Nothing is impossible	3
5	I will be strong enough to make you feel bad	10
6	I will greet this day with love in my heart	10
7	Never underestimate your power to change yoursel	7
8	Cease to struggle and you cease to live	8

4 計算出句子中單詞的個數

---

161 UPPER、LOWER 和 PROPER 函數的應用

UPPER 函數的作用是將字串轉換成大寫，UPPER 函數只有一個參數。例如，選中 C3 儲存格，輸入公式「=UPPER (C2)」 **1**，按 Enter 鍵確認即可將小寫字母轉換成大寫 **2**。LOWER 函數表示將文字字串中大寫字母轉換為小寫字母。例如，選中 C4 儲存格，輸入公式「=LOWER (C3)」 **3**，

按 Enter 鍵確認即可將大寫字母轉換成小寫 **4**。PROPER 函數的功能是將文字字串的起始字母或者數字之後的起始字母轉換成大寫，將其餘的字母轉換成小寫。例如選中 C5 儲存格，輸入公「=PROPER(C2)」 **5**，按 Enter 鍵確認即可將起始字母轉換成大寫 **6**。

	範例	you are pretty girl
2	轉換成大寫	=UPPER(C2)
3	轉換成小寫	
4	轉換成首字母大寫	

1 輸入公式

	範例	you are pretty girl
2	轉換成大寫	YOU ARE PRETTY GIRL
3	轉換成小寫	
4	轉換成首字母大寫	

2 轉換成大寫

	範例	you are pretty girl
2	轉換成大寫	YOU ARE PRETTY GIRL
3	轉換成小寫	=LOWER(C3)
4	轉換成首字母大寫	

3 輸入公式

	範例	you are pretty girl
2	轉換成大寫	YOU ARE PRETTY GIRL
3	轉換成小寫	you are pretty girl
4	轉換成首字母大寫	

4 將大寫字母轉換成小寫

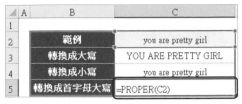
❺ 輸入公式

❻ 將起始字母轉換成大寫

162 LEFT、MID、RIGHT 函數的應用

LEFT 函數用於提取字串中第一個字元或前幾個字元。它有兩個參數,第一個參數是包含要提取的字元的文字字串;第二個參數是提取的長度,即字元個數。經常使用 LEFT 函數從一段文字中提取所需資訊,例如將「姓名」從「人物介紹」中提取出來。選中 C3 儲存格,輸入公式「=LEFT(B3,2)」❶,然後按 Enter 鍵確認,並將公式向下複製,即可將「姓名」提取出來❷。

需要注意的是,當所要提取的字元個數相同時,使用 LEFT 函數才能達到目的。

MID 函數可以提取文字字串中從指定位置開始的特定數量的字元。它有三個參數,第一個參數是包含要提取字元的文字字串;第二個參數是文字中要提取的第一個字元的位置;第三個參數表示提取出來的新字串的長度。例如,將「朝代」從「人物介紹」中提取出來。首先選中 D3 儲存格,輸入公式「=MID(B3,4,2)」❸,按 Enter 鍵確認,然後向下複製公式,即可將「朝代」提取出來❹。

需要注意的是,所要提取的字元必須在字串中的長度和位置結構相同。

RIGHT 函數用於提取字元中右邊長度為 1 位數或者多位數的字串。它有兩個參數,第一個參數表示包含待提取字元的字串;第二個參數表示提取長度。例如,將「字型大小」從「人物介紹」中提取出來。首先選中 E3 儲存格,輸入公式「=RIGHT(B3,2)」❺,按 Enter 鍵確認,然後向下複製公式,即可將「字型大小」提取出來❻。

在這裡同樣要保證所要提取的字元必須在字串中的長度和位置結構相同。

❶ 輸入公式

從第 4 個字元開始提取
提取 2 個字元
要提取的文字字串

❸ 輸入公式

提取 2 個字元
要提取的文字字串

❺ 輸入公式

❷ 提取「姓名」

❹ 提取「朝代」

❻ 提取「字型大小」

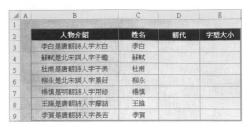

163 REPLACE、SUBSTITUTE 函數的應用

REPLACE 函數用來將一個字串的部分字元用另一個字串替換。它有四個參數，第一個參數是要替換其部分字元的文字；第二個參數是待替換字元的起始位置；第三個參數是被替換字串的長度；第四個參數是替換後的新字串。例如，將下面表

格中的「手機號碼」設定為保密形式。選中 F3 儲存格，輸入公式「=REPLACE（D3,4,4,"****"）」，按 Enter 鍵確認，可以看到儲存格 F3 中顯示的手機號碼第 4~7 位被「*」代替，接著將公式向下填滿，隱藏其他手機號碼的 4~7 位即可❶。

在這裡需要注意的是，REPLACE 函數對字元的替換並不是一對一的，也就是說可以用任意長度的字串替代指定長度的字串。例如，將「=REPLACE(D3, 4,4,"****")」公式換成「=REPLACE（D3,4,4, 保密 "）」也依然成立。

SUBSTITUTE 函數是用新內容替換字串中的指定部分。它也有四個參數，第一個參數為需要替換其中字元的文字或對含有文字的儲存格的參照；第二個參數是待替換的原字串；第三個參數是替換後的新字串；第四個參數表示替換第幾次出現的字串。例如，將「住址」列中的「板橋」更改為「蘆洲」。首先選中 G3 儲存格，然後輸入公式「=SUBSTITUTE（E3," 板橋 "," 蘆洲 ",1）」，按 Enter 鍵確認，然後向下複製公式即可將字串中的「板橋」替換成「蘆洲」❷。

❶ 設定為保密形式

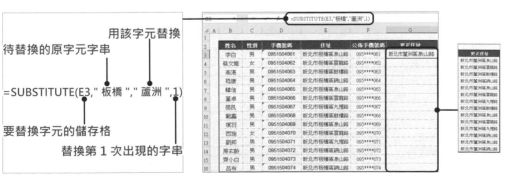

❷ 字串中的「板橋」替換成「蘆洲」

164 FIND 函數的應用

FIND 函數用來尋找一個字串在另一個字串中第一次出現的位置。如果沒找到，則產生錯誤值；如果找到，則傳回其位置。尋找時區分大小寫。它有三個參數，第一個參數表示要尋找的文字；第二個參數表示包含要尋找目標的文字；第三個參數表示從第幾個字元開始尋找。如果忽略第三個參數就表示從第一個位置開始。例如，在英文短句中尋找 I 第一次出現的位置。首先選中 D3 儲存格，輸入公式「=FIND("I",B3,1)」，按 Enter 鍵確認，即可尋找出 I 在 B3 儲存格中的英文短句裡第一次出現的位置。然後將公式向下複製即可 ❶。

此外，FIND 函數還可以和 MID 函數嵌套使用。例如，從所列地址中提取出城市、區域和路 / 街名稱。首先選中 C3 儲存格，輸入公式「=MID(B3, FIND(" 省 ",B3)+1,FIND(" 市 ",B3)-FIND(" 省 ",B3))」❷， 按 Enter

鍵確認，即可將「城市」提取出來，然後向下複製公式即可 ❸。選中 D3 儲存格， 輸 入 公 式「=MID(B3, FIND(" 市 ", B3)+1,FIND(" 區 ",B3)-FIND(" 市 ",B3))」❹，按 Enter 鍵確認，即可將「區域」提取出來。然後向下複製公式 ❺。最後，選中 E3 儲存格，並輸入公式「=MID(B3,FIND(" 區 ",B3)+1,SUM(IFERROR(FIND({" 路 "," 街 "," 道 "},B3),0))-FIND(" 區 ",B3))」❻，按 Ctrl+ Shift+Enter 確認，即可將「路 / 街」提取出來。然後將公式向下填滿 ❼。

在這裡需要對提取「城市」的公式進行說明的是，使用 FIND 函數，找出「省」和「市」所在的位置，它們的位置差便是要提取的「城市」名稱的字元長度，然後用 MID 函數從「省」所在位置的下一位置開始提取，提取的字元長度就是「省」和「市」的位置差。提取區域、路 / 街名的思路也是一樣的。

❶ 得出結果

2 輸入公式 　　　　　　　　　　**3** 提取出「城市」

提取的字元長度

4 輸入公式 　　　　　　　　　　**5** 提取出「區域」

市所在位置的下一位開始提取

6 輸入公式 　　　　　　　　　　**7** 提取出「路／街」

要提取字元的文字串

165　TEXT 函數的應用

TEXT 函數的作用是根據指定的數值格式將數字轉換成文字，它的參數只有兩個，第一個參數可以是數值、能夠傳回的公式或者對儲存格的參照；第二個參數則為文字形式的數字格式。文字形式來源於「設定儲存格格式」對話方塊中「數字」選項下的「分類」列表。例如，使用 TEXT 函數計算出加班工時。首先選中 G3 儲存格，輸入公式「=TEXT (F3-E3,"h 時 m 分 ")」**1**，按 Enter 鍵確認，即可計算出結果，接著將公式向下複製即可**2**。

此外，TEXT 函數還可以和其他函數嵌套使用，例如，將數字金額顯示為大寫。

首先在 D3 儲存格中輸入公式「=IF(MOD (C3,1)= 0,TEXT(INT(C3), " [dbnum2] G/ 通 用 格 式 元 整 ; 負 [dbnum2]G/ 通用 格 式 元 整 ; 零 元 整 ;"),IF(C3>0,," 負 ")&TEXT(INT(ABS (C3)),"[dbnum2]G/ 通 用格 式 元 ;;")&SUBSTITUTE (SUB-STITUTE (TEXT (RIGHT(FIXED(C3) ,2), "[dbnum2]0 角 0 分 ;;")," 零角 ",IF(ABS (C3)<>0,," 零 "))," 零分 ","")) 」❸，然後按 Enter 鍵確認，即

可傳回中文大寫格式。接著向下複製公式即可❹。

需要對公式進行說明的是，公式將數字分成三步來轉換，如果是整數，則直接轉換成大寫形式，並增加「元整」字樣；對帶有小數的資料先格式化整數部分，再格式化小數部分，並將不符合習慣用法的字樣（如「零角」「零分」等）替換掉，最後將兩段計算結果組合即可。

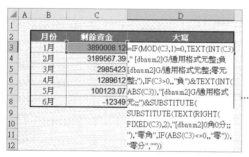

❶ 輸入公式

❷ 計算出加班工時

❸ 輸入公式

❹ 數字金額轉換成大寫

MEMO

166 ▸ REPT 函數的應用

REPT 函數用於按照字串重複幾次顯示文字。可以透過使用該函數來不斷地重複顯示某一文字或字串，對儲存格進行填滿。它有兩個參數，第一個參數是需要重複顯示的文字；第二個參數是指定文字重複次數的正數。如果第二個參數是小數，則截尾取整；如果第二個參數是負數或者是文字，則傳回錯誤值。例如，選中 D3 儲存格，輸入公式「= REPT("m", C3)」❶，按 Enter 鍵確認，即可傳回結果❷。接著選中 D3 儲存格，將字體設定為 Webdings，然後設定合適的字型大小和顏色❸。最後向下填滿公式即可❹。

接下來就介紹一下 REPT 函數的嵌套使用。例如，利用 REPT 函數製作盈虧圖。首先選中 E3:E8 儲存格區域，然後在編輯欄中輸入公式「=IF (C3<0," " &C3&REPT (" ■ ", ABS(C3)),"")」❺，按 Ctrl+Enter 確認，即可產生資料是負數的圖表，然後將圖表設定為右對齊，並將圖表的顏色更改為「紅色」❻。接著選中 F3:F8 儲存格區域，在編輯欄中輸入公式「=IF(C3>0,REPT (" ■ ", ABS(C3)) &" "&C3,"")」❼，然後按 Ctrl+Enter 確認，即可產生資料是正數的圖表，接著將圖表的顏色設定為「藍色」，最後完整的圖表就製作完成了❽。

地區	參賽人數	圖形顯示
泉山區	25	=REPT("m",C15)
雲龍區	20	
銅山區	17	
鼓樓區	10	文字重複的次數
九裡區	5	需要重複顯示的文字

❶ 輸入公式

地區	參賽人數	圖形顯示
泉山區	25	mmmmmmmmmmmmmmmmmmmmmmmmm
雲龍區	20	
銅山區	17	
鼓樓區	10	
九裡區	5	

❷ 傳回結果

地區	參賽人數	圖形顯示
泉山區	25	∏∏∏∏∏∏∏∏∏∏∏∏∏∏∏∏∏∏∏∏∏∏∏∏∏
雲龍區	20	
銅山區	17	
鼓樓區	10	
九裡區	5	

❸ 設定字體、字型大小和顏色

地區	參賽人數	圖形顯示
泉山區	25	∏∏∏∏∏∏∏∏∏∏∏∏∏∏∏∏∏∏∏∏∏∏∏∏∏
雲龍區	20	∏∏∏∏∏∏∏∏∏∏∏∏∏∏∏∏∏∏∏∏
銅山區	17	∏∏∏∏∏∏∏∏∏∏∏∏∏∏∏∏∏
鼓樓區	10	∏∏∏∏∏∏∏∏∏∏
九裡區	5	∏∏∏∏∏

❹ 向下填滿公式

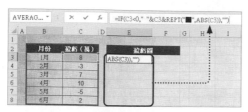

❺ 輸入公式

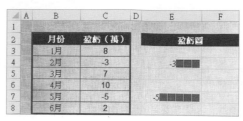

❻ 產生資料是負數的圖表

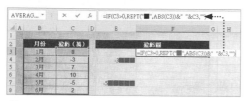

❼ 輸入公式

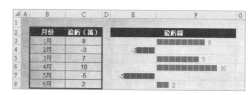

❽ 產生盈虧圖

167 TRIM 函數的應用

TRIM 函數除了用於消除單詞之間的單個空格外，還用於移除文字中所有的空格。它只有一個參數，即需要清除空格的文字。當從網頁或其他地方獲取帶有不規則空格的文字時，可以使用 TRIM 函數移除空格。例如，選中 C3 儲存格，輸入公式「=TRIM(B3)」❶，然後按 Enter 鍵確認，即可將 B3 儲存格中的英文文字中多餘的空格刪除。接著向下填滿公式即可❷。

❶ 輸入公式

❷ 刪除多餘空格

168 ▸ IF 函數的應用

IF 函數可以根據邏輯式判斷指定條件，如果條件成立，則傳回真條件下的指定內容；如果條件不成立，則傳回假條件下的指定內容。它有三個參數，第一個參數是判斷條件，根據第一個參數的值來決定傳回第二個參數還是第三個參數。當第一個參數結果為真時，傳回第二個參數值；否則傳回第三個參數值。例如，選中 D3 儲存格，然後輸入公式「=IF (C3>100," 心動 "," 心未動 ")」❶，按 Enter 鍵確認，即可在 D3 儲存格中傳回判斷結果❷。接著向下填滿公式，完成全部判斷❸。

此 外，IF 函 數 還 可 以 和 DAY、DATE、YEAR 等函數嵌套使用。例如，判斷某年是平年還是閏年。首先選中 D3 儲存格，輸入公式「=IF(DAY(DATE(YEAR (C3),3,0))=29," 閏年 "," 平年 ")」❹，然後按 Enter 鍵確認，判斷出是平年還是閏年❺。接著向下複製公式即可❻。

需要對公式進行說明的是，公式是透過判斷 2 月份是否有 29 天來得出為「閏年」還是「平年」。

❶ 輸入公式

心跳大於 100 為心動，否則為未心動

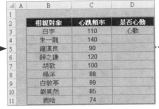

❷ 傳回結果

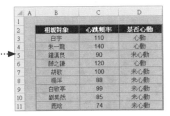

❸ 設定字體、字型大小和顏色

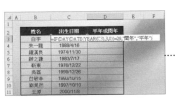

❹ 輸入公式

❺ 判斷出是平年還是閏年

❻ 得出全部判斷結果

169 ROMAN 函數的應用

ROMAN 函數用於將阿拉伯數字轉化為文字形式的羅馬字。它有兩個參數，第一個參數表示需要轉換的阿拉伯數字；第二個參數表示指定要轉換的羅馬字樣式的數字參數。例如選中 D3 儲存格，輸入公式「=ROMAN(B3, 0)」❶，按 Enter 鍵確認，

即可將其轉換為滿足條件的羅馬字❷。接著在 D4 儲存格中輸入公式「=ROMAN(B4,1)」❸，然後按 Enter 鍵確認即可。按照同樣的方法在 D5、D6 和 D7 儲存格中輸入公式，最後按 Enter 鍵確認即可❹。

A	B	C	D
1			
2	阿拉伯數字	類型	對應的羅馬數字
3	499	經典樣式：0	=ROMAN(B3,0)
4	499	簡明樣式：1	
5	499	簡明樣式：2	經典樣式
6	499	簡明樣式：3	
7	499	簡化樣式：4	

❶ 輸入公式

A	B	C	D
1			
2	阿拉伯數字	類型	對應的羅馬數字
3	499	經典樣式：0	CDXCIX
4	499	簡明樣式：1	
5	499	簡明樣式：2	
6	499	簡明樣式：3	
7	499	簡化樣式：4	

❷ 將其轉換為對應的羅馬字

A	B	C	D
1			
2	阿拉伯數字	類型	對應的羅馬數字
3	499	經典樣式：0	CDXCIX
4	499	簡明樣式：1	=ROMAN(B4,1)
5	499	簡明樣式：2	簡明樣式
6	499	簡明樣式：3	
7	499	簡化樣式：4	

❸ 輸入公式

A	B	C	D
1			
2	阿拉伯數字	類型	對應的羅馬數字
3	499	經典樣式：0	CDXCIX
4	499	簡明樣式：1	LDVLIV
5	499	簡明樣式：2	XDIX
6	499	簡明樣式：3	VDIV
7	499	簡化樣式：4	ID

❹ 全部轉換為羅馬字

MEMO

170 QUOTIENT 和 MOD 函數的應用

QUOTIENT 函數可以對兩個數進行除法運算並傳回整數部分，該函數有兩個參數，即被除數和除數。例如，選中 E3 儲存格，輸入公式「=QUOTIENT(C3,D3)」，按 Enter 鍵計算出可採購數量，然後將公式向下填滿即可❶。

MOD 函數用於計算除法運算中的餘數。餘數即被除數整除後剩下部分的數值。MOD 函數的第一個參數為被除數，第二個參數為除數，結果為餘數。例如，選中 F3 儲存格，輸入公式「=MOD (C3, D3)」，按 Enter 鍵計算出剩餘金額，然後將公式向下複製即可❷。

E3	▼ : × ✓ *fx*	=QUOTIENT(C3,D3)			
▲ A	B	C	D	E	F
1					
2	採購商品	預算金額	商品單價	可採購數量	剩餘金額
3	洗衣機	NT250,000	NT20,000	12	
4	冰箱	NT420,000	NT40,000	10	
5	空調	NT300,000	NT25,000	12	
6	電視機	NT500,000	NT32,000	15	

❶ 計算出可採購數量

F3	▼ : × ✓ *fx*	=MOD(C3,D3)			
▲ A	B	C	D	E	F
1					
2	採購商品	預算金額	商品單價	可採購數量	剩餘金額
3	洗衣機	NT250,000	NT20,000	12	NT10,000
4	冰箱	NT420,000	NT40,000	10	NT20,000
5	空調	NT300,000	NT25,000	12	NT0
6	電視機	NT500,000	NT32,000	15	NT20,000

❷ 計算出剩餘金額

171 SUM 和 SUMIF 函數的應用

SUM 函數用來計算儲存格區域中所有數值的和。SUM 函數最多可以設定 255 個參數，也就是說該函數可以對多個區域中的數值或多個單獨的數值進行求和。在實際工作中，SUM 函數常被用來計算資料

的總和。例如，計算出下面表格中的「實發薪資」。首先選中 I3 儲存格，輸入公式「=SUM(F3:H3)」❶，按 Enter 鍵確認，然後將公式向下複製，即可得出計算結果❷。

SUMIF 函數用於條件求和，即對資料區

域有條件地進行求和。它的第一個參數和第三個參數只能是儲存格或儲存格區域參照。如選中 G3 儲存格，輸入公式「=SUMIF (C3: C14," 夏磊 ",E3: E14)」❸，按 Enter 鍵確認，即可求出「夏磊的銷售總額」❹。

此外，SUM 函數還可以和 TIMEVALUE 函數嵌套使用。如下列範例統計員工遲到和早退次數。首先選中 H3 儲存格，輸入公式「=SUM (F3> TIMEVALUE ("8:30:59"), G3<TIMEVALUE ("17: 30:00"))」，按 Enter 鍵確認，即可計算出結果。接著向下複製公式，即可求出其他員工遲到和早退次數❺。

需對公式進行說明，公式中用 TIMEVALUE 函數將上班和下班的時間點轉換為時間序列號，再將所有員工的上下班時間進行比較，判斷是否遲到或早退，最後用 SUM 函數求出遲到或早退次數。

TIMEVALUE 函數用於將文字格式的時間轉換為時間序列號，參數必須以文字格式進行輸入，即時間必須要加雙引號，否則傳回錯誤值。

❶ 輸入公式

❷ 求出所有員工的「實發薪資」

❸ 輸入公式

❹ 求出「夏磊的銷售總額」

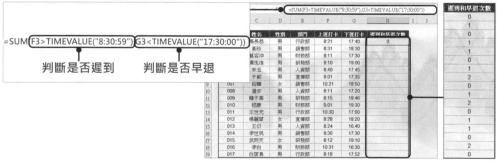

❺ 求出員工遲到和早退次數

AND、OR 和 NOT 函數的應用

AND 函數的作用是檢查所有參數是否均符合條件，如果都符合條件就傳回 TRUE，如果有一個不符合條件則傳回 FALSE。例如，根據表格中的資訊，判斷是否符合結婚條件（僅為範例講解函數的運用）。選擇 G3 儲存格輸入公「=AND(D3>=22,E3>=180,F3>=3000)」 ❶，按 Enter 鍵確認，然後將公式向下填滿即可完成所有的判斷❷。

OR 函數可以用來對多個邏輯條件進行判斷，只要有一個邏輯條件滿足時就傳回 TRUE。例如選擇 G3 儲存格，輸入公式

「=OR(D3>=22,E3>=180,F3>=3000)」 ❸，按 Enter 鍵確認，接著向下複製公式即可得出判斷結果❹。

NOT 函數是一個反函數，用來求與它的參數相反的值。它只有一個參數，當參數為 TRUE 時，函數傳回 FALSE；當參數為「ALSE 時，則傳回 TRUE。例如，選中 G3 儲存格，輸入公式「=NOT(D3>=18)」 ❺，按 Enter 鍵確認得出計算結果，然後向下複製公式，即可判斷其他人員是否成年❻。

❶ 輸入公式

❷ 判斷是否符合結婚條件

❸ 輸入公式

❹ 得出判斷結果

姓名	性別	年齡	身高	收入	是否未成年
王富貴	男	20	170	20000	=NOT(D3>=18)
王卓	男	19	178	25000	
劉凱風	男	15	176	0	
林然	男	24	187	40000	
袁君	男	17	182	0	
海棠	男	30	175	60000	
謝飛花	男	16	169	0	
王權	男	18	171	15000	
趙默	男	17	186	0	
於朝	男	26	178	52000	
朝闖	男	33	181	80000	
李宇	男	29	180	85000	
程洋	男	27	175	65000	
郭濤	男	21	168	28000	
寧靜	男	16	162	0	

條件都成立，傳回FALSE

❺ 輸入公式

姓名	性別	年齡	身高	收入	是否未成年
王富貴	男	20	170	20000	FALSE
王卓	男	19	178	25000	FALSE
劉凱風	男	15	176	0	TRUE
林然	男	24	187	40000	FALSE
袁君	男	17	182	0	TRUE
海棠	男	30	175	60000	FALSE
謝飛花	男	16	169	0	TRUE
王權	男	18	171	15000	FALSE
趙默	男	17	186	0	TRUE
於朝	男	26	178	52000	FALSE
朝闖	男	33	181	80000	FALSE
李宇	男	29	180	85000	FALSE
程洋	男	27	175	65000	FALSE
郭濤	男	21	168	28000	FALSE
寧靜	男	16	162	0	TRUE

❻ 判斷其他人員是否成年

MEMO

173 RODUCT 和 SUMPRODUCT 函數的應用

PRODUCT 函數的作用是計算所有參數的乘積。該函數最多可以設定 255 個參數，參數可以是數字或儲存格參照。例如，根據下面表格中的資訊，計算出「折後總價」。首先選中 F3 儲存格輸入公式「=PRODUCT (C3,D3,1-E3)」❶，按 Enter 鍵確認即可得出結果，接著向下填滿公式，計算出其他商品的折後總價❷。

SUMPRODUCT 函數表示在指定的陣列中，把陣列之間的對應的元素相乘，然後再求和。例如，選中 C18 儲存格，然後輸入公式「=SUMPRODUCT(C3: C17,D3: D17,1-E3:E17)」❸，按 Enter 鍵確認，即可計算出折和後合計總價❹。

需要注意的是，使用 SUMPRODUCT 函數計算時，參數陣列必須具有相同的維度（相同的列數，相同的欄數），否則傳回錯誤的值。

商品名稱	單價	數量	折扣	折後總價
香格里拉葡萄酒	NT4,000	30	=PRODUCT(C3,D3,1-E3)	
怡園酒莊葡萄酒	NT2,000	25	30%	
賀蘭葡萄酒	NT900	10	10%	
王朝葡萄酒	NT2,500	45	10%	
雲南紅葡萄酒	NT3,500	20	15%	
威龍葡萄酒	NT1,300	10	25%	
長城葡萄酒	NT2,900	80	15%	
張裕葡萄酒	NT1,200	50	30%	
莫高冰葡萄酒	NT900	25	25%	
雪花啤酒	NT25	400	18%	
青島啤酒	NT30	300	15%	
凱爾特人啤酒	NT43	500	10%	
愛士堡啤酒	NT50	250	20%	
教士啤酒	NT70	400	17%	
瓦倫丁啤酒	NT60	600	16%	

計算乘積

❶ 輸入公式

商品名稱	單價	數量	折扣	折後總價
香格里拉葡萄酒	NT4,000	30	20%	NT96,000
怡園酒莊葡萄酒	NT2,000	25	30%	NT35,000
賀蘭葡萄酒	NT900	10	10%	NT8,100
王朝葡萄酒	NT2,500	45	10%	NT101,250
雲南紅葡萄酒	NT3,500	20	15%	NT59,500
威龍葡萄酒	NT1,300	10	25%	NT9,750
長城葡萄酒	NT2,900	80	15%	NT197,200
張裕葡萄酒	NT1,200	50	30%	NT42,000
莫高冰葡萄酒	NT900	25	25%	NT16,875
雪花啤酒	NT25	400	18%	NT8,200
青島啤酒	NT30	300	15%	NT7,650
凱爾特人啤酒	NT43	500	10%	NT19,350
愛士堡啤酒	NT50	250	20%	NT10,000
教士啤酒	NT70	400	17%	NT23,240
瓦倫丁啤酒	NT60	600	16%	NT30,240

❷ 計算出其他商品的折後總價

商品名稱	單價	數量	折扣
香格里拉葡萄酒	NT4,000	30	20%
怡園酒莊葡萄酒	NT2,000	25	30%
賀蘭葡萄酒	NT900	10	10%
王朝葡萄酒	NT2,500	45	10%
雲南紅葡萄酒	NT3,500	20	15%
威龍葡萄酒	NT1,300	10	25%
長城葡萄酒	NT2,900	80	15%
張裕葡萄酒	NT1,200	50	30%
莫高冰葡萄酒	NT900	25	25%
雪花啤酒	NT25	400	18%
青島啤酒	NT30	300	15%
凱爾特人啤酒	NT43	500	10%
愛士堡啤酒	NT50	250	20%
教士啤酒	NT70	400	17%
瓦倫丁啤酒	NT60	600	16%
折後合計總價	=SUMPRODUCT(C3:C17,D3:D17,1-E3:E17)		

計算多組乘積

❸ 輸入公式

商品名稱	單價	數量	折扣
香格里拉葡萄酒	NT4,000	30	20%
怡園酒莊葡萄酒	NT2,000	25	30%
賀蘭葡萄酒	NT900	10	10%
王朝葡萄酒	NT2,500	45	10%
雲南紅葡萄酒	NT3,500	20	15%
威龍葡萄酒	NT1,300	10	25%
長城葡萄酒	NT2,900	80	15%
張裕葡萄酒	NT1,200	50	30%
莫高冰葡萄酒	NT900	25	25%
雪花啤酒	NT25	400	18%
青島啤酒	NT30	300	15%
凱爾特人啤酒	NT43	500	10%
愛士堡啤酒	NT50	250	20%
教士啤酒	NT70	400	17%
瓦倫丁啤酒	NT60	600	16%
折後合計總價	NT664,355		

❹ 計算出折和後合計總價

174 INT、TRUNC 和 ROUND 函數的應用

INT 函數的作用是將數字向下捨入到最接近的整數，它只有一個參數，且無論參數有多少個小數位數都不會四捨五入，只會向下取整數部分。例如，選中 C3 儲存格，

輸入公式「=INT (B3)」❶，按 Enter 鍵求出結果，然後將公式向下複製即可求出其他數值的結果❷。

TRUNC 函數按指定要求截取小數。它有兩個參數,第一個參數是需要截尾的數字;第二個參數是保留幾位小數。例如,選中 E3 儲存格,輸入公式「=TRUNC (B3,1)」❸,按 Enter 鍵即可將數值截取一位小數。然後向下複製公式即可❹。如果 TRUNC 函數的第二個參數為 0 或者直接忽略第二個參數時,會截取整數部分。例如,選中 D3 儲存格,輸入公式「=TRUNC(B3)」❺,按 Enter 鍵即可求出結果,然後向下複製公式即可❻。

ROUND 函數按指定位元對數值進行四捨五入,它和 TRUNC 函數的參數類似,不同之處在於 ROUND 函數在截取數值之前會進行四捨五入,而且其參數不能忽略。例如,選中 G3 儲存格,輸入公式「=ROUND (B3,1)」❼,然後按 Enter 鍵即可得到保留一位小數的四捨五入結果。接著向下填滿公式即可❽。如果想要將數值捨入到整數,可以在 F3 儲存格中輸入公式「=ROUND(B3,0)」❾,然後按 Enter 鍵求出結果,再將公式向下填滿即可❿。

數值	INT	TRUNC	TRUNC (截至小數1位)	ROUND (捨入到整數)	ROUND (捨入到小數1位)
5.834	=INT(B3)				
101.445					
3.0426					
5.214					
2.473					
7.563					

向下取整數

❶ 輸入公式

數值	INT	TRUNC	TRUNC (截至小數1位)	ROUND (捨入到整數)	ROUND (捨入到小數1位)
5.834	5				
101.445	101				
3.0426	3				
5.214	5				
2.473	2				
7.563	7				

❷ INT 函數取整

數值	INT	TRUNC	TRUNC (截至小數1位)	ROUND (捨入到整數)	ROUND (捨入到小數1位)
5.834	5		=TRUNC(B3,1)		
101.445	101				
3.0426	3				
5.214	5				
2.473	2				
7.563	7				

保留一位小數

❸ 輸入公式

數值	INT	TRUNC	TRUNC (截至小數1位)	ROUND (捨入到整數)	ROUND (捨入到小數1位)
5.834	5		5.8		
101.445	101		101.4		
3.0426	3		3		
5.214	5		5.2		
2.473	2		2.4		
7.563	7		7.5		

❹ TRUNC 函數截取小數一位

AVERAG... ✕ ✓ fx =TRUNC(B3)

數值	INT	TRUNC	TRUNC (截至小數1位)	ROUND (捨入到整數)	ROUND (捨入到小數1位)
5.834	5	B3)	5.8		
101.445	101		101.4		
3.0426	3		3		
5.214	5		5.2		
2.473	2		2.4		
7.563	7		7.5		

擷取整數部分

❺ 輸入公式

數值	INT	TRUNC	TRUNC (截至小數1位)	ROUND (捨入到整數)	ROUND (捨入到小數1位)
5.834	5	5	5.8		
101.445	101	101	101.4		
3.0426	3	3	3		
5.214	5	5	5.2		
2.473	2	2	2.4		
7.563	7	7	7.5		

❻ TRUNC 函數截取整數部分

數值	INT	TRUNC	TRUNC(截至小數1位)	ROUND(捨入到整數)	ROUND(捨入到小數1位)
5.834	5	5	5.8		=ROUND(B3,1)
101.445	101	101	101.4		
3.0426	3	3	3		
5.214	5	5	5.2		四捨五入到小數一位
2.473	2	2	2.4		
7.563	7	7	7.5		

❼ 輸入公式

數值	INT	TRUNC	TRUNC(截至小數1位)	ROUND(捨入到整數)	ROUND(捨入到小數1位)
5.834	5	5	5.8		5.8
101.445	101	101	101.4		101.4
3.0426	3	3	3		3
5.214	5	5	5.2		5.2
2.473	2	2	2.4		2.5
7.563	7	7	7.5		7.6

❽ ROUND 函數四捨五入得到保留小數一位的數值

AVERAG... ▾ × ✓ fx =ROUND(B3,0)

數值	INT	TRUNC	TRUNC(截至小數1位)	ROUND(捨入到整數)	ROUND(捨入到小數1位)
5.834	5	5	5.8	0)	5.8
101.445	101	101	101.4		101.4
3.0426	3	3	3		3
5.214	5	5	5.2		5.2
2.473	2	2	2.4		2.5
7.563	7	7	7.5		7.6

四捨五入到整數

❾ 輸入公式

數值	INT	TRUNC	TRUNC(截至小數1位)	ROUND(捨入到整數)	ROUND(捨入到小數1位)
5.834	5	5	5.8	6	5.8
101.445	101	101	101.4	101	101.4
3.0426	3	3	3	3	3
5.214	5	5	5.2	5	5.2
2.473	2	2	2.4	2	2.5
7.563	7	7	7.5	8	7.6

❿ ROUND 函數四捨五入得到整數數值

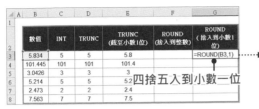

175 NETWORKDAYS 函數的應用

NETWORKDAYS 函數用來計算兩個日期間的完整工作日數。該函數有 3 個參數，第一個參數表示起始日期；第二個參數表示結束日期；第三個參數是可選參數，它用於指定週末以外的節假日日期。例如，選擇 E3 儲存格，輸入公式

「=NET WORKDAYS(C3,D3,$G$3:$G$5)」❶，然後按 Enter 鍵確認，即可計算出 B3 書的寫作天數，接著向下複製公式，計算出其他書的寫作天數❷。

需要說明的是，NETWORKDAYS 函數預設星期六和星期日為休息日，天數中不包含星期六和星期日。

AVERAG... ▾ × ✓ fx =NETWORKDAYS(C3,D3,$G$3:$G$5)

書名	開始寫稿日期	交稿日期	寫作天數	中秋節放假
鬼故事1	2023/7/1	2023/7/31	$G$5)	2023/9/29
鬼故事2	2023/8/3	2023/8/28	18	2023/9/30
鬼故事3	2023/9/1	2023/10/2	21	2023/10/1

❶ 輸入公式

書名	開始寫稿日期	交稿日期	寫作天數	中秋節放假
鬼故事1	2023/7/1	2023/7/31	21	2023/9/29
鬼故事2	2023/8/3	2023/8/28	18	2023/9/30
鬼故事3	2023/9/1	2023/10/2	21	2023/10/1

❷ 計算出寫作天數

176 RANK 函數的應用

RANK 函數表示一個數字在數字清單中的排名。它有三個參數，第一個參數表示需要計算排名的數值或者數值所在的儲存格；第二個參數表示計算數值在此區域中的排名，可以為儲存格區域參照或區域名稱；第三個參數表示排名的方式，1 表示昇冪，0 表示降冪。在工作中，RANK 函數經常被用來計算排名。例如，根據銷售金額進行排名，首先選中 G3 儲存格，輸入公式「=RANK(F3,$F$3:$F$13,0)」，然後按 Enter 鍵計算出結果。接著將公式複製到最後一個儲存格即可得出所有的排名 ❶。

❶ 計算出所有的排名

177 YEAR、MONTH 和 DAY 函數的應用

YEAR 函數的作用是傳回日期的年份值，該函數只有一個參數，參數可以是實際日期，也可以是儲存格參照。例如，選中 D3 儲存格，輸入公式「=YEAR (C3)」❶，按 Enter 鍵即可將出生日期中的年份提取出來 ❷。

需要注意的是，YEAR 函數只能提取 1900～9999 之間的年份，如果參數的年份不在 1900～9999 之間，則會傳回錯誤值。

MONTH 函數用來提取日期中的月份值，並且只有一個參數。例如，選中 E3 儲存格，輸入公式「=MONTH (C3)」❸，按 Enter 鍵確認，即可將出生日期中的月份提取出來❹。

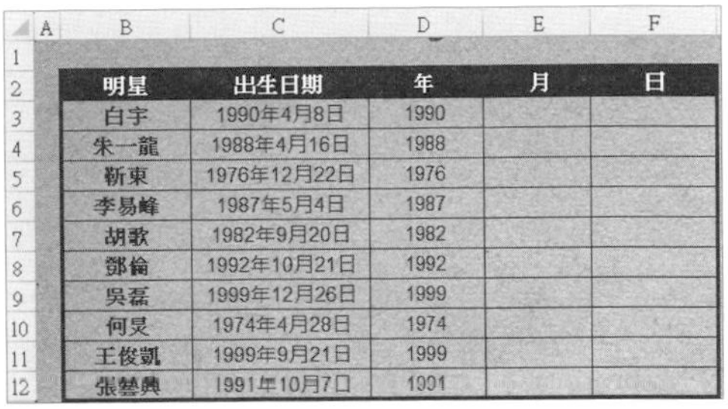

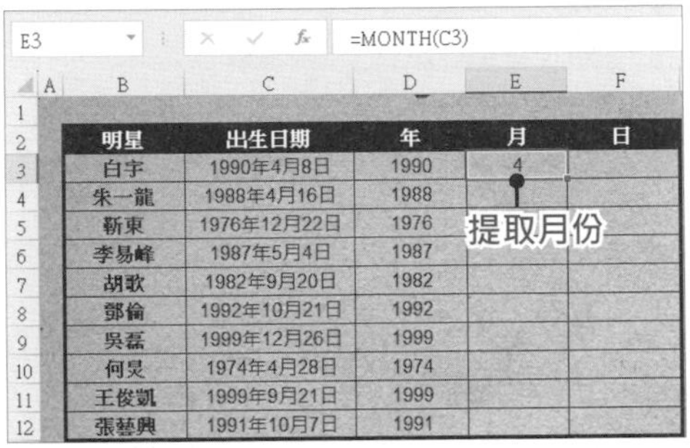

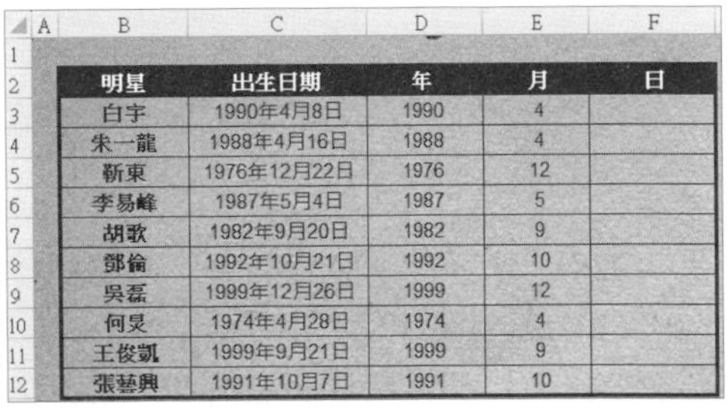

DAY 函數用來提取日期中的第幾天的數值，並且也只有一個參數。例如，在 F3 儲存格中輸入公式「=DAY (C3)」❺，然後按 Enter 鍵確認，即可將出生日期中的日值提取出來❻。

明星	出生日期	年	月	日
白宇	1990年4月8日	=YEAR(C3)		
朱一龍	1988年4月16日			
靳東	1976年12月22日			
李易峰	1987年5月4日			
胡歌	1982年9月20日			
鄧倫	1992年10月21日			
吳磊	1999年12月26日			
何炅	1974年4月28日			
王俊凱	1999年9月21日			
張藝興	1991年10月7日			

❶ 輸入公式

明星	出生日期	年	月	日
白宇	1990年4月8日	1990		
朱一龍	1988年4月16日	1988		
靳東	1976年12月22日	1976		
李易峰	1987年5月4日	1987		
胡歌	1982年9月20日	1982		
鄧倫	1992年10月21日	1992		
吳磊	1999年12月26日	1999		
何炅	1974年4月28日	1974		
王俊凱	1999年9月21日	1999		
張藝興	1991年10月7日	1991		

❷ 提取出年份

明星	出生日期	年	月	日
白宇	1990年4月8日	1990	4	
朱一龍	1988年4月16日	1988		
靳東	1976年12月22日	1976		
李易峰	1987年5月4日	1987		
胡歌	1982年9月20日	1982		
鄧倫	1992年10月21日	1992		
吳磊	1999年12月26日	1999		
何炅	1974年4月28日	1974		
王俊凱	1999年9月21日	1999		
張藝興	1991年10月7日	1991		

❸ 輸入公式

明星	出生日期	年	月	日
白宇	1990年4月8日	1990	4	
朱一龍	1988年4月16日	1988	4	
靳東	1976年12月22日	1976	12	
李易峰	1987年5月4日	1987	5	
胡歌	1982年9月20日	1982	9	
鄧倫	1992年10月21日	1992	10	
吳磊	1999年12月26日	1999	12	
何炅	1974年4月28日	1974	4	
王俊凱	1999年9月21日	1999	9	
張藝興	1991年10月7日	1991	10	

❹ 提取出月份

明星	出生日期	年	月	日
白宇	1990年4月8日	1990	4	=DAY(C3)
朱一龍	1988年4月16日	1988	4	
靳東	1976年12月22日	1976	12	
李易峰	1987年5月4日	1987	5	
胡歌	1982年9月20日	1982	9	
鄧倫	1992年10月21日	1992	10	
吳磊	1999年12月26日	1999	12	
何炅	1974年4月28日	1974	4	
王俊凱	1999年9月21日	1999	9	
張藝興	1991年10月7日	1991	10	

❺ 輸入公式

明星	出生日期	年	月	日
白宇	1990年4月8日	1990	4	8
朱一龍	1988年4月16日	1988	4	16
靳東	1976年12月22日	1976	12	22
李易峰	1987年5月4日	1987	5	4
胡歌	1982年9月20日	1982	9	20
鄧倫	1992年10月21日	1992	10	21
吳磊	1999年12月26日	1999	12	26
何炅	1974年4月28日	1974	4	28
王俊凱	1999年9月21日	1999	9	21
張藝興	1991年10月7日	1991	10	7

❻ 提取出日期

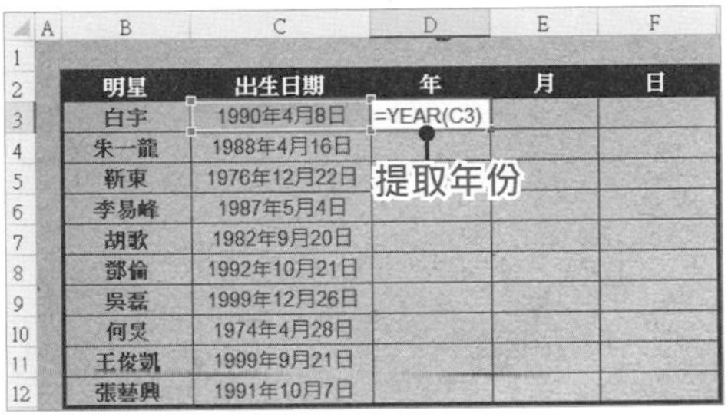

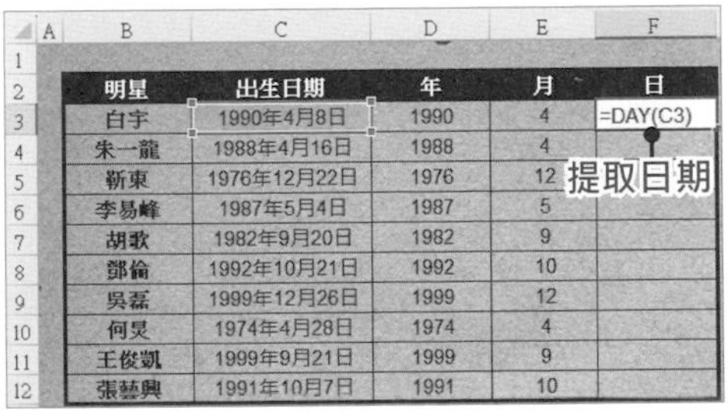

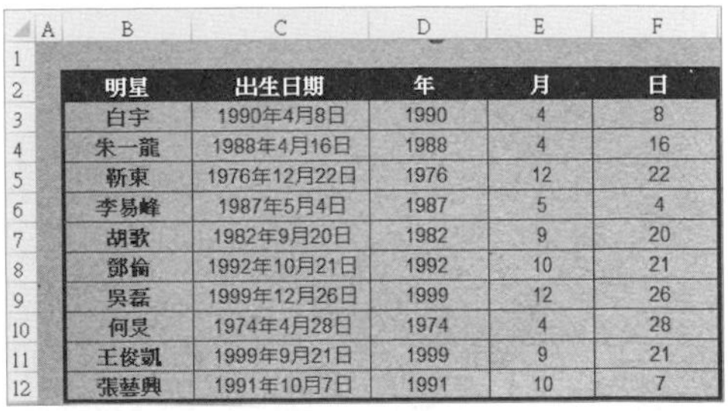

178 WEEKDAY 和 WEEKNUM 函數的應用

WEEKDAY 函數的作用是計算一個日期是一周中的第幾天。其結果是 1~7 的任意數值。它有兩個參數，第一個參數代表日期；第二個參數代表傳回值類型。傳回值類型由 10 種不同的數字表示。通常，習慣將星期一看作一周的第一天，星期日看作一周的第七天，所以在使用 WEEKDAY 函數提取日期是星期幾時，需要將第二個參數設定成 2，即按星期一傳回數值 1、星期二傳回數值 2……星期日傳回數值 7 的順序進行傳回。例如，選中 D3 儲存格，輸入公式「= WEEKDAY(C3,2)」❶，然後按 Enter 鍵確認，即可計算出星期幾❷。

WEEKNUM 函數的作用是計算一個日期在一年中的第幾周。它也有兩個參數，第一個參數代表待計算周數的日期；第二個參數代表類型值。第二個參數類型的選擇決定一周的第一天從星期幾開始。一般以星期一作為一周的第一天，所以第二個參數通常設定為 2。例如，選中 E3 儲存格，輸入公式「=WEEKNUM (C3,2)」❸，然後按 Enter 鍵確認，即可計算出出發日期是一年中的第 15 周，接著向下複製公式即可❹。

此外，WEEKDAY 函數還可以和 TEXT 函數嵌套使用，計算一個日期究竟是星期幾。例如，選中 D3 儲存格，輸入公式「=TEXT(WEEKDAY(C3),"aaaa")」❺，按 Enter 鍵確認，即可計算出是星期四，然後將公式向下填滿，計算出其他日期是星期幾❻。

需要對公式進行說明的是，公式中先使用 WEEKDAY 函數計算出一周中的第幾天，然後再利用 TEXT 函數將其轉換成按指定數字格式表示的文字。

	A	B	C	D	E
1					
2		旅遊地點	出發日期	星期幾	第幾周
3		麗江	=WEEKDAY(C3,2)		
4		黃山	2023/5/7		
5		三亞	2023/6/9		
6		九寨溝	2023/7/15		
7		桂林	2023/8/6		
8		張家界	2023/9/17		
9		西湖	2023/10/1		

❶ 輸入公式

Return_type	傳回的數字
1 或省略	數字 1 (星期日) 到 7 (星期六)，與舊版 Microsoft Excel 的性質相同。
2	數字 1 (星期一) 到 7 (星期日)。
3	數字 0 (星期一) 到 6 (星期六)。
11	數字 1 (星期一) 到 7 (星期日)。
12	數字 1 (星期二) 到 7 (星期一)。
13	數字 1 (星期三) 到 7 (星期二)。
14	數字 1 (星期四) 到 7 (星期三)。
15	數字 1 (星期五) 到 7 (星期四)。
16	數字 1 (星期六) 到 7 (星期五)。
17	數字 1 (星期日) 到 7 (星期六)。

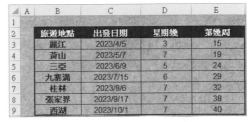

Return_type	一週的開始
1 或省略	星期日
2	星期一
11	星期一
12	星期二
13	星期三
14	星期四
15	星期五
16	星期六
17	星期日
21	星期一

旅遊地點	出發日期	星期幾	第幾周
麗江	2023/4/5	3	
黃山	2023/5/7	7	
三亞	2023/6/9	5	
九寨溝	2023/7/15	6	
桂林	2023/8/6	7	
張家界	2023/9/17	7	
西湖	2023/10/1	7	

❷ 計算出是星期幾

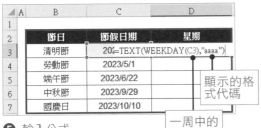

旅遊地點	出發日期	星期幾	第幾周	
麗江	2023/4/5	3	=WEEKNUM(C3,2)	
黃山	2023/5/7	7		
三亞	2023/6/9	5		
九寨溝	2023/7/15	6		
桂林	2023/8/6	7		
張家界	2023/9/17	7		
西湖	2023/10/1	7		

❸ 輸入公式

旅遊地點	出發日期	星期幾	第幾周
麗江	2023/4/5	3	15
黃山	2023/5/7	7	19
三亞	2023/6/9	5	24
九寨溝	2023/7/15	6	29
桂林	2023/8/6	7	32
張家界	2023/9/17	7	38
西湖	2023/10/1	7	40

❹ 計算出是第幾周

節日	節假日期	星期
清明節	20☐ =TEXT(WEEKDAY(C3),"aaaa")	
勞動節	2023/5/1	
端午節	2023/6/22	
中秋節	2023/9/29	
國慶日	2023/10/10	

顯示的格式代碼

一周中的第幾天

❺ 輸入公式

節日	節假日期	星期
清明節	2023/4/5	星期三
勞動節	2023/5/1	星期一
端午節	2023/6/22	星期四
中秋節	2023/9/29	星期五
國慶日	2023/10/10	星期二

❻ 計算出是星期幾

MEMO

179 TODAY 和 NOW 函數的應用

TODAY 函數的作用是傳回日期格式的目前日期。該函數沒有參數，如果試圖為該函數設定參數，在傳回結果時系統會彈出提示對話方塊，提醒公式有誤。在工作中，一般使用該函數來顯示表格的目前製作日期。例如，將下面表格中的目前「採購日期」顯示出來。先選中 H2 儲存格，輸入公式「=TODAY()」，按 Enter 鍵確認，即可計算出目前日期❶。

NOW 函數的作用是傳回目前日期和時間，且該函數同樣沒有參數。例如，選中 H15 儲存格，輸入公式「=NOW()」，按 Enter 鍵確認，即可計算出目前的結算日期和時間❷。

其實，TODAY 函數還可以配合其他函數完成更複雜的日期計算。如 TODAY 函數和 DATEDIF 函數嵌套使用計算電影上映日期距離目前日期有多少天。首先選中 D3 儲

存格，輸入公式「=DATEDIF (C3, TODAY(), "d")」❸，按 Enter 鍵確認，計算出電影上映日期距離目前日期有 342 天，然後將公式向下填滿即可❹。若想要計算出上映距離目前日期有幾個月，可以將公式更改為「=DATEDIF (C3, TODAY(), "m")」，按 Enter 鍵計算出結果❺。若將公式更改為「=DATEDIF(C3, TODAY(), "y")」，按 Enter 鍵即可計算出電影上映日期距離目前日期有幾年❻。

在這裡介紹 DATEDIF 函數的使用方法。DATEDIF 函數是 Excel 中的一個隱藏函數，無法透過函數庫找到它，因此只能手動輸入。DATEDIF 函數經常被用於計算兩個日期之差，它可以傳回兩個日期之間的年、月、日間隔數。它有三個參數，第一個參數是起始日期；第二個參數是結束日期；第三個參數用於指定計算類型。

❶ 計算出目前日期

❷ 計算出目前的日期和時間

電影上映日期

	A	B	C	D	E
1					
2		電影名稱	電影上映時間	上映距今多少天	
3		星球大戰8	2023/1/5	342	
4		南極之戀	2023/2/1		
5		唐人街探案2	2023/2/16		
6		復仇者聯盟3	2023/5/4		
7		愛樂之城	2022/2/14		

今天

傳回「天」數

❸ 輸入公式

	A	B	C	D
1				
2		電影名稱	電影上映時間	上映距今多少天
3		星球大戰8	2023/1/5	342
4		南極之戀	2023/2/1	315
5		唐人街探案2	2023/2/16	300
6		復仇者聯盟3	2023/5/4	223
7		愛樂之城	2022/2/14	667

❹ 計算出上映距今多少天

	A	B	C	D	E
1					
2		電影名稱	電影上映時間	上映距今幾個月	
3		星球大戰8	2023/1/5	11	
4		南極之戀	2023/2/1	10	
5		唐人街探案2	2023/2/16		
6		復仇者聯盟3	2023/5/4	7	
7		愛樂之城	2022/2/14	21	

傳回「月」數

❺ 輸入公式

	A	B	C	D	E
1					
2		電影名稱	電影上映時間	上映距今幾年	
3		星球大戰8	2023/1/5	0	
4		南極之戀	2023/2/1	0	
5		唐人街探案2	2023/2/16		
6		復仇者聯盟3	2023/5/4	0	
7		愛樂之城	2022/2/14	1	

傳回「年」數

❻ 計算出上映距今幾年

180 DATE 和 TIME 函數的應用

DATE 函數可以將代表年、月、日的數字轉換成日期序號，即把分開的年、月、日組合在一起。如果輸入公式前單元格格式是通用格式，那麼公式可以將儲存格數字格式定義為日期格式。DATE 函數有三個參數，第一個參數表示年；第二個參數表示月；第三個參數表示日。例如，在 E3 儲存格中輸入公式「=DATE(B3,C3, D3)」❶，按 Enter 鍵即可提取出日期❷。

TIME 函數的作用就是傳回特定的時間。它也有三個參數，這些參數的用法和 DATE 類似。例如，在 E3 儲存格中輸入公式「=TIME (B3,C3,D3)」❸，按 Enter 鍵即可計算出時間，在這裡系統給出的是預設的時間格式，可以將其設定成滿意的時間格式❹。

DATE 函數還可以和其他函數嵌套使用。例如，根據出生日期計算退休日期。首先選中 F3 儲存格，輸入公式「=IF(D3=" 男 ",DATE (YEAR(E3)+60,MONTH (E3),DAY(E3)),DATE(YEAR(E3)+55,MONTH (E3),DAY(E3)))」❺，按 Enter 鍵確認，計算出退休

日期，然後將公式向下填滿計算出所有人的退休日期❻。

需要對公式進行說明的是，退休日期等於出生日期加上退休歲數，這裡假設男性退休年齡為 60 歲，女性退休年齡為 55 歲，

在公式中先使用 IF 函數判斷是男還是女，如果是男性，則使用 YEAR 函數從「出生日期」中提取出年份加上 60 歲，然後再利用 DATE 函數將年、月、日組合成新的日期，即為退休日期。

A	B	C	D	E
1				
2	年份	月份	日	提取日期
3	2023	4	18	=DATE(B3,C3,D3)
4	2023	5	20	
5	2023	6	15	年 月 日
6	2023	7	9	

❶ 輸入公式

A	B	C	D	E
1				
2	年份	月份	日	提取日期
3	2023	4	18	2023/4/18
4	2023	5	20	2023/5/20
5	2023	6	15	2023/6/15
6	2023	7	9	2023/7/9

❷ 提取出日期

A	B	C	D	E
1				
2	小時	分鐘	秒	時間
3	6	20	10	=TIME(B3,C3,D3)
4	2	15	33	
5	3	30	45	時 分 秒
6	8	45	50	

❸ 輸入公式

A	B	C	D	E
1				
2	小時	分鐘	秒	時間
3	6	20	10	6時20分10秒
4	2	15	33	2時15分33秒
5	3	30	45	3時30分45秒
6	8	45	50	8時45分50秒

❹ 計算出時間

F3　=IF(D3="男",DATE(YEAR(E3)+60,MONTH(E3),DAY(E3)),DATE(YEAR(E3)+55,MONTH(E3),DAY(E3)))

A	B	C	D	E	F	G	H
1							
2	工號	姓名	性別	出生日期	退休日期		
3	DL001	越宇	男	1989/5/7	2049/5/7		
4	DL002	白澤	男	1988/8/10			
5	DL003	李明哲	男	1992/7/21			
6	DL004	白玲瓏	女	1991/6/15			
7	DL005	雲峰	男	1987/9/10			
8	DL006	婉婷	女	1993/10/11			
9	DL007	沈巍	男	1995/6/13			
10	DL008	夏蘭	女	1991/4/30			
11	DL009	景軒	男	1985/6/11			
12	DL010	李若彤	女	1989/10/12			

❺ 輸入公式

A	B	C	D	E	F
1					
2	工號	姓名	性別	出生日期	退休日期
3	DL001	越宇	男	1989/5/7	2049/5/7
4	DL002	白澤	男	1988/8/10	2048/8/10
5	DL003	李明哲	男	1992/7/21	2052/7/21
6	DL004	白玲瓏	女	1991/6/15	2046/6/15
7	DL005	雲峰	男	1987/9/10	2047/9/10
8	DL006	婉婷	女	1993/10/11	2048/10/11
9	DL007	沈巍	男	1995/6/13	2055/6/13
10	DL008	夏蘭	女	1991/4/30	2046/4/30
11	DL009	景軒	男	1985/6/11	2045/6/11
12	DL010	李若彤	女	1989/10/12	2044/10/12

❻ 計算出退休日期

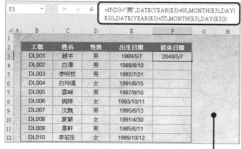

分別提取出生日期的年、月、日，其中年份加上 60，最後用 DATE 函數重新組合

=IF(D3="男",DATE(YEAR(E3)+60,MONTH(E3),DAY(E3)),DATE(YEAR(E3)+55,MONTH(E3),DAY(E3)))

判斷是否為「男」　　　　　　　　否則在年份上加 55

181 HLOOKUP 和 LOOKUP 函數的應用

HLOOKUP 函數用於從陣列或者參照區域的首行尋找指定的值，並由此傳回陣列或者參照區域目前列中指定行處的數值。例如，從下面的表格中尋找出「朱聰」在「雲龍區」和「泉山區」的銷量。首先選中 G3 儲存格，輸入公式「=HLOOKUP (F3,$B$2:$D$12,7,0)」❶，按 Enter 鍵確認，即可尋找出「朱聰」在「雲龍區」的銷量。然後向下複製公式，尋找出在「泉山區」的銷量❷。

LOOKUP 函數用於從單行、單列區域或從一個陣列中傳回值。它有向量型和陣列型兩種語法格式。

LOOKUP 函數的向量形式是在一列或一欄（稱為「向量」）中尋找值，然後傳回第二個一列或一欄中相同位置處的值。例如，選中 G3 儲存格，然後輸入向量形式公式❸「=LOOKUP(F3,B3: B12,D3:D12)」，接著按 Enter 鍵確認，即可尋找出「楊康」的銷量❹。

LOOKUP 函數的陣列形式用於在陣列的第一列或第一欄中尋找指定數值，然後傳回最後一列或最後一欄中相同位置處的值。例如，選中 G4 儲存格，輸入陣列形式公式「=LOOKUP (F4,B3:D12)」❺，按 Enter 鍵確認，即可尋找出「南茜仁」的銷量❻。

需要注意的是，LOOKUP 函數的使用要求查詢準則必須按照昇冪排列，所以在使用該函數之前需要對表格進行排序處理，這裡需要對「銷售員」列進行昇冪排序，否則公式尋找出的值是錯誤的。

此外，LOOKUP 函數還可以和 TEXT 函數嵌套使用。例如，根據出生日期推算出星座。首先選中 E3 儲存格，輸入公式「=LOOKUP (--TEXT(D3,"mdd"), {101, " 摩羯座 ";120," 水準座 ";219, " 雙魚座 ";321," 白羊座 ";420," 金牛座 ";521," 雙子座 ";621, " 巨蟹座 ";723," 獅子座 ";823, " 處女座 ";923," 天秤座 "; 1023," 天蠍座 ";1122," 射手座 ";1222," 摩羯座 "})」❼，然後按 Enter 鍵確認，即可求出對應的星座。接著將公式向下填滿，求出其他人員的星座❽。

需要對公式進行說明的是，公式中使用 TEXT 函數提取出生日期中的月和日，組成 3、4 位數字，再使用減負運算將其轉換成數值。使用星座的起始月日與星座名稱構造一個單位的常數陣列，然後使用 LOOKUP 函數根據出生日期在單位的常數陣列中查詢對應的星座。

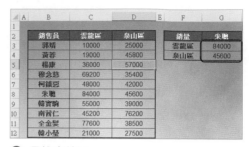

❶ 輸入公式

❷ 尋找出銷量

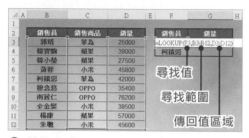

❸ 輸入公式

❹ 尋找出「楊康」的銷量

❺ 輸入公式

A	B	C	D	E	F	G	H
1							
2	銷售員	銷售商品	銷量		銷售員	銷量	
3	郭靖	華為	25000		楊康	57000	
4	韓寶駒	蘋果	39000		柯鎮惡	42000	
5	韓小瑩	蘋果	27500				
6	黃蓉	小米	45800				
7	柯鎮惡	華為	42000				
8	穆念慈	OPPO	35400				
9	南菁仁	OPPO	76200				
10	全金髮	小米	38500				
11	楊康	蘋果	57000				
12	朱聰	小米	45600				

❻ 尋找出「柯鎮惡」的銷量

E3				=LOOKUP(--TEXT(D3,"mdd"),{101,"摩羯座";120,"水瓶座";219,"雙魚座";321,"白羊座";420,"金牛座";521,"雙子座";621,"巨蟹座";723,"獅子座";823,"處女座";923,"天秤座";1023,"天蠍座";1122,"射手座";1222,"魔羯座"})

A	B	C	D	E	F	G	H	I	J	K
2	姓名	性別	出生日期	星座						
3	李易峰	男	1987/5/4	金牛座						
4	朱一龍	男	1988/4/16							
5	王俊凱	男	1999/9/21							
6	薛之謙	男	1983/7/17							
7	鐘漢良	男	1974/11/30							
8	趙麗穎	女	1987/10/16							
9	迪麗熱巴	女	1992/6/3							
10	周傑倫	男	1979/1/18							

❼ 輸入公式

A	B	C	D	E
1				
2	姓名	性別	出生日期	星座
3	李易峰	男	1987/5/4	金牛座
4	朱一龍	男	1988/4/16	白羊座
5	王俊凱	男	1999/9/21	處女座
6	薛之謙	男	1983/7/17	巨蟹座
7	鐘漢良	男	1974/11/30	射手座
8	趙麗穎	女	1987/10/16	天秤座
9	迪麗熱巴	女	1992/6/3	雙子座
10	周傑倫	男	1979/1/18	摩羯座

❽ 求出其他人員的星座

182 SMALL 函數的應用

SMALL 函數可以傳回資料集中第 K 個最小值。它有兩個參數，第一個參數是包含尋找目標的陣列或者數值資料；第二個參數表示目標資料在陣列或數值資料裡從小到大的排列位置。例如，計算出下面表格中第一季度倒數第二的銷量。

首先選中 D7 儲存格，輸入公式「=SMALL(C3: F5,2)」❶，按 Enter 鍵確認，即可求出計算結果❷。

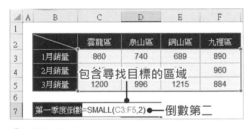

❶ 輸入公式

	B	C	D	E	F
		雲龍區	泉山區	銅山區	九裡區
3	1月銷量	860	740	689	890
4	2月銷量	915	645	876	960
5	3月銷量	1200	996	1215	884
7	第一季度倒數第2的銷量		689		

❷ 求出計算結果

183 HOUR、MINUTEE 和 SECOND 函數的應用

HOUR 函數的功能是傳回指定時間的小時數。即一個 0~23 的整數，它有一個參數，該參數表示時間值，可以是時間序列號或者是文字型時間。例如，選中 C3 儲存格，

輸入公式「=HOUR(B3)&" 時 "」❶，按Enter 鍵確認，即可傳回小時值。接著向下複製公式即可❷。

MINUTEE 函數的功能是傳回指定時間中的分鐘，傳回值為一個 0~59 的整數。它有一個參數，該參數必須是時間或者是帶有日期和時間的序列值，還可以是文字型的時間值。例如，選中 D3 儲存格，輸入公式「=MINUTE(B3)&" 分鐘 "」❸，按 Enter 鍵確認，即可傳回分鐘值，然後向下複製公式即可❹。

SECOND 函數的功能是傳回指定時間的秒數。傳回的秒數為 0~59 的整數。該函數只有一個參數，即時間值。參數可以是時間值以及帶有日期和時間的數值，也可以是文字型時間。例如，選中 E3 儲存格，輸入公式「=SECOND(B3)&" 秒 "」❺，按 Enter 鍵確認，即可根據指定的時間傳回秒數。接著將公式向下填滿即可❻。

| C3 | ▼ | : | × | ✓ | fx | =HOUR(B3)&"時" |

◢ A	B	C	D	E
1				
2	時間	小時數	分鐘數	秒數
3	8:20:10 AM	8時		
4	12:50:30 PM			
5	3:45:50 AM			
6	4:35:20 AM			
7	2:36:15 PM			

❶ 輸入公式

◢ A	B	C	D	E
1				
2	時間	小時數	分鐘數	秒數
3	8:20:10 AM	8時		
4	12:50:30 PM	12時		
5	3:45:50 AM	3時		
6	4:35:20 AM	4時		
7	2:36:15 PM	14時		

❷ 傳回小時值

| D3 | ▼ | : | × | ✓ | fx | =MINUTE(B3)&"分鐘" |

◢ A	B	C	D	E	F
1					
2	時間	小時數	分鐘數	秒數	
3	8:20:10 AM	8時	20分鐘		
4	12:50:30 PM	12時			
5	3:45:50 AM	3時			
6	4:35:20 AM	4時			
7	2:36:15 PM	14時			

❸ 輸入公式

◢ A	B	C	D	E
1				
2	時間	小時數	分鐘數	秒數
3	8:20:10 AM	8時	20分鐘	
4	12:50:30 PM	12時	50分鐘	
5	3:45:50 AM	3時	45分鐘	
6	4:35:20 AM	4時	35分鐘	
7	2:36:15 PM	14時	36分鐘	

❹ 傳回分鐘值

| E3 | ▼ | : | × | ✓ | fx | =SECOND(B3)&"秒" |

◢ A	B	C	D	E
1				
2	時間	小時數	分鐘數	秒數
3	8:20:10 AM	8時	20分鐘	10秒
4	12:50:30 PM	12時	50分鐘	
5	3:45:50 AM	3時	45分鐘	
6	4:35:20 AM	4時	35分鐘	
7	2:36:15 PM	14時	36分鐘	

❺ 輸入公式

◢ A	B	C	D	E
1				
2	時間	小時數	分鐘數	秒數
3	8:20:10 AM	8時	20分鐘	10秒
4	12:50:30 PM	12時	50分鐘	30秒
5	3:45:50 AM	3時	45分鐘	50秒
6	4:35:20 AM	4時	35分鐘	20秒
7	2:36:15 PM	14時	36分鐘	15秒

❻ 傳回秒數

184 VLOOKUP 函數的應用

VLOOKUP 函數用於從陣列或者參照區域的首行尋找指定的值，並由此傳回陣列或者參照區域目前欄中其他列的值。可以選擇精確尋找及模糊尋找。該函數有四個參數，第一個參數是待尋找的目標值；第二個參數是一個區域或者陣列，VLOOKUP 函數將從中尋找目標；第三個參數是傳回值在第二個參數的行號，不能是負數或者 0；第四個參數是可選參數，它用於指定尋找方式，包括精確尋找和模糊尋找兩種方式。例如，使用精確尋找，提取出明星的「主要作品」。選中 H3 儲存格，然後輸入公式「=VLOOKUP(G3,$B$2:$E$14,4,FALSE)」❶，按 Enter 鍵確認，即可尋找出楊洋的主要作品，然後向下填滿公式即可尋找出其他人的主要作品❷。

需要說明的是，VLOOKUP 函數的第四個參數用於指定公式進行精確尋找還是模糊尋找，其值為 FALSE 或 0 為精確尋找，其值為 TRUE 或 1 為模糊尋找。第四個參數也可以省略，表示進行模糊尋找。

例如，使用模糊尋找為明星選擇合適的「戲服尺碼」。選中 E3 儲存格，輸入公式「=VLOOKUP(D3,$G $3:$H $9,2, TRUE)」❸，然後按 Enter 鍵確認，即可尋找出戲服的尺碼，接著向下填滿公式尋找出其他明星的戲服尺碼❹。

VLOOKUP 函數還可以和其他函數嵌套使用，如對帶有合併儲存格的區域進行尋找。可以看到左側的「出生地」列包含多個合併儲存格且都是 3 欄一合併，要求根據「出生地」和明星姓名尋找出對應的星座。首先選中 H3 儲存格，輸入公式「=VLOOKUP (G3,OFFSET (C2: D2,MATCH (F3, B3:B11,),,3),2,) 」❺，按 Enter 鍵確認，即可求出對應的結果❻。

需要對公式進行說明的是，公式利用 MATCH 函數計算出 F3 的出生地在 B 行中的位置，OFFSET 函數根據該位置取出其對應的明星和星座的關係表，最後用 VLOOKUP 函數從該表中尋找資料。

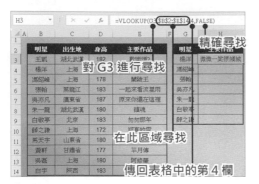

❶ 輸入公式

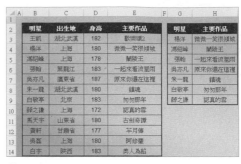

❷ 顯示出尋找的主要作品

❸ 輸入公式

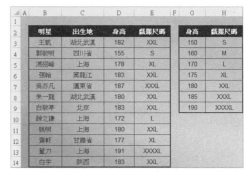

❹ 尋找出戲服的尺碼

❺ 輸入公式

❻ 求出對應的結果

185 IFERROR 函數的應用

IFERROR 函數是一個捕獲及處理公式中的錯誤的函數。在工作中通常使用這個函數來判斷公式使用中是否存在錯誤以及自訂傳回錯誤說明等。

IFERROR 函數只有兩個參數，語法是 IFERROR (value,value_if_error)，其中，value 表示需要檢查是否存在錯誤的參數。value_if_error 表示當公式計算出現錯誤時傳回的資訊，這兩個參數均可以是任意值、運算式或參照。如果第一個參數結果是錯誤值，函數傳回第二個參數；否則傳回第一個參數結果。IFERROR 函數可以檢查多種類型的錯誤，例如，除數為 0 時出現的錯誤，下面先進行一項簡單的測試，有「=IFERROR (4/2," 計算中存在錯誤 ")」及「=IFERROR(4/0," 計算中存在錯誤 ")」兩個公式，前一個公式中 IFERROR 的第一個參數 4/2 可以正常計算，所以這個公式會傳回 4/2 的計算結果；而後一個公式的第一個參數 4/0 的計算結果是「#DIV/0!」，所以該公式最終以第二個參數作為最終傳回結果，即傳回「計算中存在錯誤」❶。除此之外，IFERROR 函數還經常被用來處理名稱錯誤（#NAME?）、參數值錯誤（#VALUE!）、無效值（#N/A）等。

輸入公式❷，合理設定 IFERROR 函數的第二個參數，不僅能夠使用文字對錯誤進行說明❸，而且能夠隱藏由公式產生的錯誤值❹，當 IFERROR 函數的第二個參數設定為空值時可實現隱藏錯誤值的效果，設定空值時應注意，雙引號需在英文狀態下輸入。

IFERROR 函數支援多層函數嵌套。VLOOKUP 和 COLUMN 函數嵌套使用能夠根據所輸入的員工編號查詢詳細的員工資訊❺。但當查詢的工號不存在時，填滿公式後就會產生錯誤值❻，此時只需在原本的嵌套公式外再嵌套一層 IFERROR 函數，便能夠以理想的形式代替錯誤值❼。

公式	傳回結果
=IFERROR (4/2,"計算中存在錯誤")	2
=IFERROR(4/0,"計算中存在錯誤")	計算中存在錯誤

❶ 不同的傳回值

	A	B	C	D	E	F
F3				fx		=D3*E3
1						
2		銷售日期	產品	銷售數量	單價	銷售金額
3		5月1日	產品A	15	500	7500
4		5月1日	產品B	/	/	#VALUE!
5		5月1日	產品C	20	750	15000
6		5月2日	產品A	15	500	7500
7		5月2日	產品B	10	630	6300
8		5月2日	產品C	/	/	#VALUE!
9		5月3日	產品A	20	500	10000
10		5月3日	產品B	23	630	14490
11		5月3日	產品C	16	750	12000

❷ 輸入公式

❸ 説明錯誤原因

F4	fx	=IFERROR(D4*E4,"")

	A	B	C	D	E	F
1						
2		銷售日期	產品	銷售數量	單價	銷售金額
3		5月1日	產品A	15	500	7500
4		5月1日	產品B	/	/	
5		5月1日	產品C	20	750	15000
6		5月2日	產品A	15	500	7500
7		5月2日	產品B	10	630	6300
8		5月2日	產品C	/	/	
9		5月3日	產品A	20	500	10000
10		5月3日	產品B	23	630	14490
11		5月3日	產品C	16	750	12000

❹ 隱藏錯誤值

H3	fx	=VLOOKUP($G$3,$B$3:$E$27,COLUMN(B:B),0)

	A	B	C	D	E	F	G	H	I	J
1										
2		員工編號	姓名	部門	職務		輸入要尋找的工號	姓名	部門	職務
3		1512001	高長恭	行政部	專案經理		1512001	高長恭	行政部	專案經理
4		1552002	衛玠	銷售部	職員					
5		1342003	慕容沖	財務部	職員					
6		1122004	獨孤信	研發部	職員					
7		1524005	宋玉	人資部	主管					

❺ 正常查詢員工資訊

H3	fx	=VLOOKUP($G$3,$B$3:$E$27,COLUMN(B:B),0)

	A	B	C	D	E	F	G	H	I	J
1										
2		員工編號	姓名	部門	職務		輸入要尋找的工號	姓名	部門	職務
3		1512001	高長恭	行政部	專案經理		1512050	#N/A	#N/A	#N/A
4		1552002	衛玠	銷售部	職員					
5		1342003	慕容沖	財務部	職員					
6		1122004	獨孤信	研發部	職員					
7		1524005	宋玉	人資部	主管					

❻ 要查詢的工號不存在

H3	fx	=IFERROR(VLOOKUP($G$3,$B$3:$E$27,COLUMN(B:B),0),"查無此人")

	A	B	C	D	E	F	G	H	I	J
1										
2		員工編號	姓名	部門	職務		輸入要尋找的工號	姓名	部門	職務
3		1512001	高長恭	行政部	專案經理		1512050	查無此人	查無此人	查無此人
4		1552002	衛玠	銷售部	職員					
5		1342003	慕容沖	財務部	職員					
6		1122004	獨孤信	研發部	職員					
7		1524005	宋玉	人資部	主管					

❼ 以文字內容提示要查詢的內容不存在

186 OFFSET、AREAS 和 TRANSPOSE 函數的應用

OFFSET 函數是以指定的儲存格參照作為參照透過給定偏移量得到新的參照。傳回參照可為一個儲存格或儲存格區域，並可以指定傳回的行數或列數。例如，在商品銷售報表中，建立動態的產品各區域銷售資料。首先在 I2 儲存格中輸入資料顯示動態變數，如 2。選中 I3 儲存格，輸入公式「=OFFSET(B2,0, $I$2)」❶，按 Enter 鍵確認，即可根據動態變數（偏移量）傳回對應地區銷量「泉山區銷量」。再次選中 I3 儲存格，向下複製公式，即可傳回各商品在泉山區的銷量❷。若在 I2 儲存格中改變動態變數，如 4，即可傳回各商品在鼓樓區的銷量❸。注意動態變數 2 是指要尋找的「泉山區 銷量」在「商品名稱」列後的第 2 列。

AREAS 函數是一個參照函數，它的作用是傳回參照中所包含的儲存格區域個數。該函數只有一個參數，表示對某個儲存格或儲存格區域的參照，也可以參照多個區域 如果需要將幾個參照指定為一個參數，則必須用括弧括起來。例如，在 C12 儲存格中輸入公式「=AREAS ((B2:C5,E2:F5, B7:C10, E7:F10))」，按 Enter 鍵確認，即可計算出區域個數❹。

TRANSPOSE 函數用於傳回置換儲存格區域，即將一列儲存格區域置換成一欄儲存格區域，反之亦然。例如，選中 B6:D11 儲存格區域，然後在編輯欄中輸入公式「=TRANSPOSE(B2: G4)」❺，按 Ctrl+Shift +Enter，B2:G4 儲存格區域的資料隨即在選中的空白區域中進列欄置換，最後為其增加邊框，適當美化表格即可❻。

需要注意的是，選中的空白區域其行數必須和資料來源的欄數相等，欄數則必須和資料來源的列數相等。這樣才不會在轉置以後出現錯誤值或不能完全顯示內容。

❶ 輸入公式

❷ 傳回各商品在泉山區的銷量

❸ 傳回各商品在鼓樓區的銷量

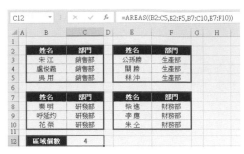

❹ 輸入公式

❺ 輸入公式

❻ 完成列欄置換

187 CHOOSE 函數的應用

CHOOSE 函數根據索引值，選取最多 254 個數值中的一個。該函數有 2~255 個參數，其中第 3~255 個為可選參數。第 1 個參數用於指定傳回值在參數列表中的位置，必須是 1~254 的數字或者包含數值的儲存格參照。第 2~255 個參數是供第一個參數進行選擇的列表，當第一個參數是 1 時，傳回列表中第一個參數所代表的

值，當第一個參數是 2 時，傳回參數列表中第二個參數所代表的值，以此類推。CHOOSE 函數往往和其他函數配合使用，如與 IF 函數的配合使用。首先選中 E3 儲存格，輸入公式「=IF(D3<=3, CHOOSE (D3," 一等獎 "," 二等獎 "," 三等獎 "),"")」❶，按 Enter 鍵確認，即可求出結果。接著向下複製公式，得出其他人員獲獎情況❷。

需要對公式進行説明的是，公式是按照排名進行頒發獎項的，前三名分別是「一等獎」「二等獎」「三等獎」，其他排名無獎。

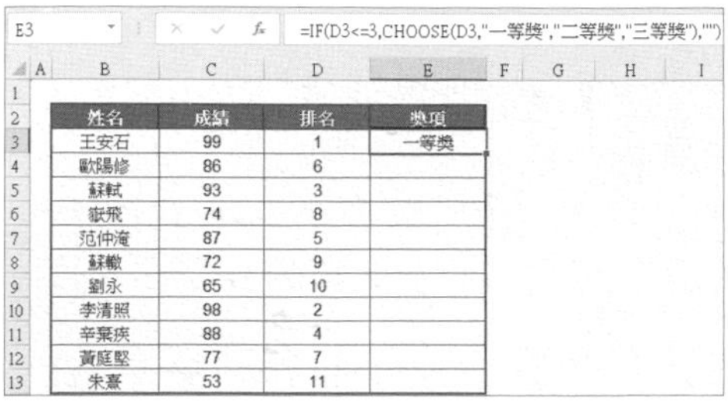

E3 =IF(D3<=3,CHOOSE(D3,"一等獎","二等獎","三等獎"),"")

姓名	成績	排名	獎項
王安石	99	1	一等獎
歐陽修	86	6	
蘇軾	93	3	
嶽飛	74	8	
范仲淹	87	5	
蘇轍	72	9	
劉永	65	10	
李清照	98	2	
辛棄疾	88	4	
黃庭堅	77	7	
朱熹	53	11	

❶ 輸入公式

姓名	成績	排名	獎項
王安石	99	1	一等獎
歐陽修	86	6	
蘇軾	93	3	三等獎
嶽飛	74	8	
范仲淹	87	5	
蘇轍	72	9	
劉永	65	10	
李清照	98	2	二等獎
辛棄疾	88	4	
黃庭堅	77	7	
朱熹	53	11	

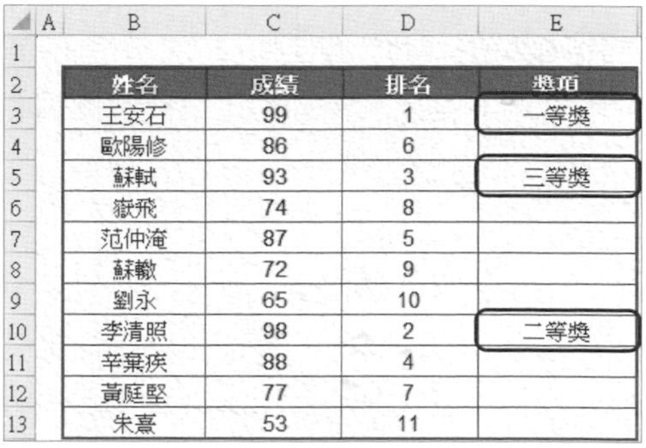

❷ 獲獎情況

188 HYPERLINK 函數的應用

HYPERLINK 函數的功能是建立一個快捷方式，用來打開儲存在網路服務器、內部網路或網際網路上的檔。也可以跳轉至目前活頁簿中任意非隱藏儲存格。它有兩個參數，第一個參數是目的檔案的完整路徑，必須是文字，用雙引號括起來；第二個參數是可選參數，它表示儲存格中的顯示值，如果預設，則顯示第一個參數的完整路徑。例如，建立 E-mail 電子郵件連結位址。首先選中 E3 儲存格，輸入公式「=HYPERLINK ("liming@desheng.com"," 發送 E-mail")」，按 Enter 鍵即可為「德勝科技」專案負責人建立「發送 E-mail」超連結。接著按照同樣的方法為其他公司建立超連結❶。

序號	公司名稱	專案負責人	E-Mail	聯繫電話
1	德勝=HYPERLINK("liming@desheng.com","發送E-mail")			
2	綠源科技	楊修		09****4062
3	華光集團	王珂		09****4063
4	米粒集團	劉廣		09****4064
5	黑豹集團	孫亞		09****4065

專案負責人	E-Mail
李明	發送E-mail
楊修	發送E-mail
王珂	發送E-mail
劉廣	發送E-mail
孫亞	發送E-mail

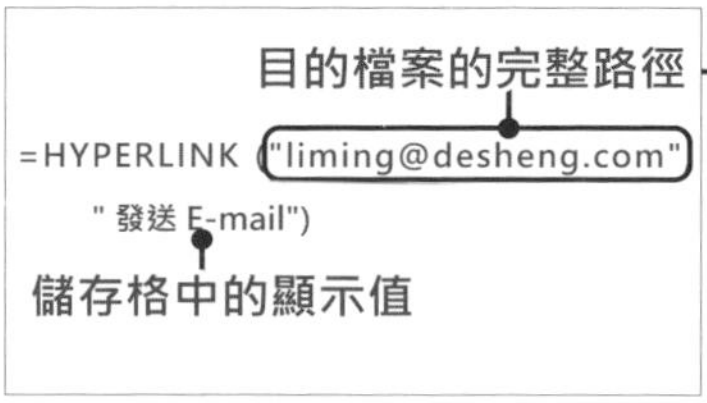

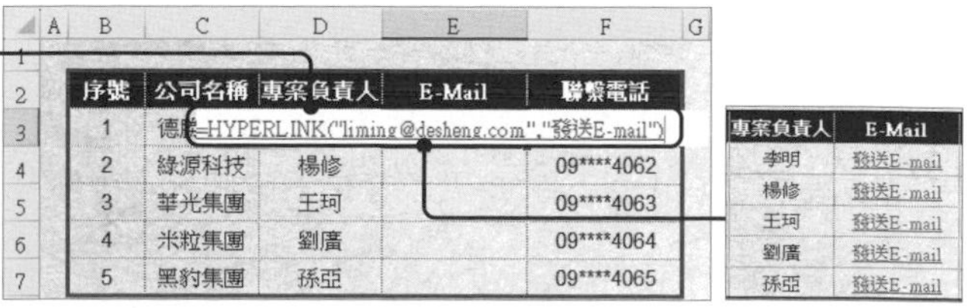

❶ 建立 E-mail 電子郵件連結位址

189

示範中國身份證號碼在員工檔案系統的應用

從前面的講解中瞭解到中國身份證號碼中隱含很多個人資訊，如果能將這些資訊提取出來，在很多場景中都會大有用處。例如，在製作員工薪資表時利用好身份證號碼可大大減少工作量，也能減少資訊錄入時的錯誤率。以此為範例，讀者可以延伸應用至其他數據資料。下面先來看一下圖中的表格❶，這是一份員工薪資表，表格中的資訊並不完整，這些未完整的資訊都可以透過公式從身份證號碼中自動提取出來。資訊提取結果見圖❷。

從中國身份證號碼中提取資訊時需要根據所提取的內容來確定使用哪種函數。下面將對提取資訊過程中用到的公式和函數進行詳細介紹。

從中國身份證號碼中提取性別的依據是判斷身份證號碼的第 17 位數是奇數還是偶數，奇數為男性，偶數為女性。下面這個公式中用到 IF 函數、MOD 函數和 MID 函數❸。台灣則是身分證字母第一位數字判定。

IF 函數的作用是判斷是否滿足某個條件，如果滿足傳回一個值，如果不滿足傳回另外一個值。語法格式為 =IF(判斷條件 , 條件成立時傳回的值 , 條件不成立時傳回的值)。

MOD 函數可傳回兩數相除的餘數。語法格式為 =MOD(被除數，除數)。

MID 函數可從文字字串的指定位置起提取指定位元數的字元。語法格式為 =MID(字串 , 提取字元的位置，提取字元的長度)。

下面這個公式使用 MID 函數尋找出中國身份證號碼的第 17 位數，然後用 MOD 函數將尋找到的數字與 2 相除得到餘數，最後用 IF 函數進行判斷，並傳回判斷結果，當第 17 位數與 2 相除的餘數等於 1 時，說明該數為奇數，傳回「男」，否則傳回「女」。

提取生日的公式中使用 TEXT 函數和 MID 函數❹。TEXT 函數是一個文字函數，作用是將數位轉換成指定格式的文字。語法格式為 =TEXT(數位 , 文字形式的格式)。分析提取性別的公式時，介紹 MID 函數的作用及語法結構，在此不再贅述。下面這個公式使用 MID 函數從身份證號碼中提取出代表生日的數字，然後用 TEXT 函數將提取出的數字以指定的文字格式傳回。

提取年齡的公式中用到 DATEDIF 函數、TEXT 函數、MID 函數以及 TODAY 函數❺。DATEDIF 函數是 Excel 隱藏函數，使用者無法在公式選項及插入函數對話方塊中找到它。DATEDIF 函數可用來計算兩日

① 不完整的員工薪資表

工號	姓名	所屬部門	職務	性別	出生日期	年齡	生肖	星座	身份證號碼	戶籍地	退休日期
0001	宋以珍	財務部	經理						546513198710083121		
0002	宋毅	銷售部	經理						620214199306120435		
0003	張明宇	生產部	員工						331213198808044377		
0004	周浩泉	行政部	經理						130131198712097619		
0005	烏梅	人資部	經理						150732199809104661		
0006	顧飛	設計部	員工						435326198106139871		
0007	李希	銷售部	主管						435412198610111242		
0008	張樂樂	採購部	經理						654351198808041187		
0009	史俊	銷售部	員工						320100198511095335		
0010	吳磊	生產部	員工						320513199008044373		
0011	薛倩	人資部	主管						370600197112055364		
0012	伊卿	設計部	主管						314032199305211668		
0013	陳慶林	銷售部	員工						620214198606120435		
0014	周怡	設計部	主管						331213198808044327		
0015	吳亮	銷售部	員工						320324196806280531		
0016	方曉雪	採購部	員工						212231198712097629		
0017	劉俊賢	財務部	主管						212231198912187413		
0018	顧霄春	銷售部	員工						315600197112055389		
0019	程愛照	生產部	員工						213100197511095365		
0020	張東	行政部	主管						212231198712097619		
0021	劉棟	人資部	員工						435412198610111252		
0022	梁婉	設計部	員工						371050199512250060		
0023	穆帆	銷售部	員工						310101199004181597		

② 根據中國身份證號碼提取出的相關資訊

工號	姓名	所屬部門	職務	性別	出生日期	年齡	生肖	星座	身份證號碼	戶籍地	退休日期
0001	宋以珍	財務部	經理	女	1987-10-08	36	兔	天秤座	546513198710083121	西藏江孜	2037-10-08
0002	宋毅	銷售部	經理	男	1993-06-12	30	雞	雙子座	620214199306120435	甘肅嘉峪關	2053-06-12
0003	張明宇	生產部	員工	男	1988-08-04	35	龍	獅子座	331213198808044377	浙江麗水	2048-08-04
0004	周浩泉	行政部	經理	男	1987-12-09	36	兔	射手座	130131198712097619	河北石家莊	2047-12-09
0005	烏梅	人資部	經理	女	1998-09-10	25	虎	處女座	150732199809104661	內蒙古呼倫貝爾	2048-09-10
0006	顧飛	設計部	員工	男	1981-06-13	42	雞	雙子座	435326198106139871	湖南湘西	2041-06-13
0007	李希	銷售部	主管	女	1986-10-11	37	虎	天秤座	435412198610111242	湖南湘西	2036-10-11
0008	張樂樂	採購部	經理	女	1988-08-04	35	龍	獅子座	654351198808041187	新疆阿勒泰	2038-08-04
0009	史俊	銷售部	員工	男	1985-11-09	38	牛	天蠍座	320100198511095335	江蘇南京	2045-11-09
0010	吳磊	生產部	員工	男	1990-08-04	33	馬	獅子座	320513199008044373	江蘇蘇州	2050-08-04
0011	薛倩	人資部	主管	女	1971-12-05	52	豬	射手座	370600197112055364	山東煙臺	2021-12-05
0012	伊卿	設計部	主管	女	1993-05-21	30	雞	雙子座	314032199305211668	上海市	2043-05-21
0013	陳慶林	銷售部	員工	男	1986-06-12	37	虎	雙子座	620214198606120435	甘肅嘉峪關	2046-06-12
0014	周怡	設計部	主管	女	1988-08-04	35	龍	獅子座	331213198808044327	浙江麗水	2038-08-04
0015	吳亮	銷售部	員工	男	1968-06-28	55	猴	巨蟹座	320324196806280531	江蘇徐州	2028-06-28
0016	方曉雪	採購部	員工	女	1987-12-09	36	兔	射手座	212231198712097629	遼寧朝陽	2037-12-09
0017	劉俊賢	財務部	主管	男	1989-12-18	33	蛇	射手座	212231198912187413	遼寧朝陽	2049-12-18
0018	顧霄春	銷售部	員工	女	1971-12-05	52	豬	射手座	315600197112055389	上海市	2021-12-05
0019	程愛照	生產部	員工	女	1975-11-09	48	兔	天蠍座	213100197511095365	遼寧朝陽	2025-11-09
0020	張東	行政部	主管	男	1987-12-09	36	兔	射手座	212231198712097619	遼寧朝陽	2047-12-09
0021	劉棟	人資部	員工	男	1986-10-11	37	虎	天秤座	435412198610111252	湖南湘西	2046-10-11
0022	梁婉	設計部	員工	女	1995-12-25	27	豬	摩羯座	371050199512250060	山東威海	2045-12-25
0023	穆帆	銷售部	員工	男	1990-04-18	33	馬	白羊座	310101199004181597	上海市	2050-04-18

判斷中國身份證號碼第 17 位是否
是奇數，是則傳回「男」，否則傳回女

餘數為 1 時傳回「男」，否則傳回女

性別 ＝IF(MOD(MID(K3,17,1),2)=1," 男 "," 女 ")

從中國身份證號碼的第　　將提取出的數字除以 2
17 位開始提取 1 位數

③ 提取性別

期之差。其語法格式為 =DATEDIF（一個日期，另一個日期，傳回類型）。

TODAY 函數的作用是傳回日期格式的目前日期，該函數沒有參數，一般只需在儲存格中輸入 =TODAY()，便可傳回系統顯示的目前日期。下面是對年齡公式的詳細分析。

下面這段公式使用 CHOOSE 函數從生肖

清單中提取與出生年份對應的生肖。

CHOOSE 函數的作用是根據給定的索引值，從參數清單中提取對應的值。該函數的語法格式為 =CHOOSE（要提取的值在參數列表中的位置，參數 1，參數 2，參數 3,......）。

生肖與出生年份相關，計算生肖需要先從

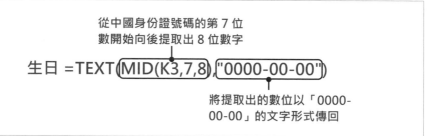

❹ 提取生日

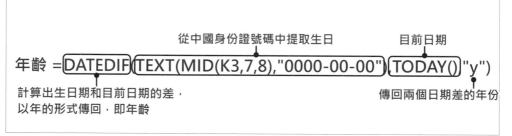

❺ 提取年齡

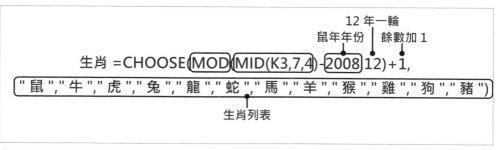

❻ 提取生肖

提取出生月份，日期   星座 =LOOKUP(--   日期陣列

MID(K3,11,4) {100;120;219;321;421;521;622;723;823;923;1023;1122;1222}{" 摩羯座 ";" 水瓶座 ";" 雙魚座 ";" 白羊座 ";" 金牛座 ";" 雙子座 ";" 巨蟹座 ";" 獅子座 ";" 處女座 ";" 天秤座 ";" 天蠍座 ";" 射手座 ";" 摩羯座 "})

星座陣列

❼ 提取星座

身份證號碼中提取出生年份。12 個動物生肖是已知的，並且位置固定，生肖「鼠」排在第一的位置，2008 年是鼠年，每輪有 12 年，與 12 相除的餘數加 1，結果所對應的就是屬相。

提取星座的公式看起來很複雜，其實透過分析就會發現星座和出生月份及日期有關係，因此使用者第一步要做的就是提取身份證號碼中的出生月份和日期❼。與提取生肖相同，使用者要編制一個出生日期和星座對應的列表。然後使用 LOOKUP 函數進行比對。

LOOKUP 函數是一個尋找函數，該函數可在向量或陣列中尋找一個值。在尋找陣列時，此公式將日期轉換成數位直接進行計算，如 3 月 15 日是 315，5 月 20 日是 520 等。

中國身份證號碼的前 4 位是省份和地區代碼，不同的代碼對應不同的省份和地區，如 3201 代表江蘇南京。在提取戶籍地之前，使用者必須要獲取一份準確的代碼對照表（可在網上下載），並將其保存在身份證號碼所在活頁簿中。

本例提取戶籍地的公式中用到 VLOOKUP 函數、VALUE 函數以及 LEFT 函數❽。下面分別對這 3 個函數進行說明。

VLOOKUP 函數是尋找函數，功能是尋找參照或陣列的首行，並傳回對應的值。語法格式為 =VLOOKUP(要尋找的值 , 尋找區域 , 待尋找值所在列序號 , 尋找是的相符方式)。

VALUE 函數可將一個代表數值的文字字串轉換成真正的數值 該函數只有一個參數，語法格式為 =VALUE(待轉換的文字)。

LEFT 函數能夠從一個字串的第一個字元開始傳回指定個數的字元。語法格式為 =LEFT(字串 , 要提取的字元個數)。

提取退休日期的時候，考慮到不同地區的退休年齡不同，且最近可能發生的延遲退休，需要對公式做一下說明，本公式以男性 60 歲，女性 50 歲退休作為計算標準。大家在套用本公式時可根據實際情況自行修改❾。

在分析這個公式之前先對 EDATE 函數做一個簡單的介紹。EDATE 函數可根據指定的月數傳回該月數之前或之後的日期。語法格式為 =EDATE(一個日期 , 日期之前或之後的月數)。

下面的公式中出現的 600 表示 600 個月，也就是 50 年。

MOD 函數結合 MID 函數，計算出性別碼的奇偶性，結果是 1 或是 0，再用 1 或是 0 乘以 120 個月（10 年）。如果性別是男，則是 1*120+600，結果是 720（60 年）。如果性別是女，則是 0*120+600，結果是 600（50 年）。

提取中國身份證號碼前 4 位數後轉換成數值

籍貫資訊在查詢表的第 2 列

戶籍地 =VLOOKUP(VALUE(LEFT(K3,4)),Sheet2! $A$2:$B$536,2)

從該區域中提取籍貫

❽ 提取戶籍地

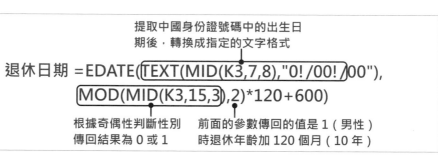

提取中國身份證號碼中的出生日期後，轉換成指定的文字格式

退休日期 =EDATE(TEXT(MID(K3,7,8),"0! /00! /00"),
MOD(MID(K3,15,3),2)*120+600)

根據奇偶性判斷性別傳回結果為 0 或 1

前面的參數傳回的值是 1（男性）時退休年齡加 120 個月（10 年）

❾ 提取退休日期

MEMO

製作員工資訊表

員工資訊表包含員工的姓名、性別、年齡、出生日期、身份證號碼等。在製作員工資訊表時，有的人會選擇一個個手動輸入員工資訊，既費時又容易出現錯誤，其實表格中的一些資訊是可以不用透過手動輸入的。在這裡介紹一種便捷的方法，即根據中國身份證號碼製作員工資訊表。首先製作一個表格框架，然後輸入一些基本資訊。接著選擇 D3 儲存格，輸入公式「=IF(MID(G3,17,1)/2=TRUNC(MID(G3,17,1)/2)," 女 "," 男 ")」，按 Enter 鍵確認，即可從中國身份證號碼中提取出性別。接著向下複製公式提取出其他員工的性別❶。然後選擇 F3 儲存格輸入公式「=MID(G3,7,4)&" 年 "&MID(G3,11,2)&" 月 "&MID (G3,13,2)&" 日 "」❷，按 Enter 鍵確認，提取出出生日期，接著向下複製公式即可❸。最後選擇 E3 儲存格輸入公式「=YEAR(TODAY())-YEAR(VALUE(F3)) &" 歲 "」，按 Enter 鍵確認，計算出年齡，然後向下填滿公式即可❹。至此，就完成員工資訊表的製作。

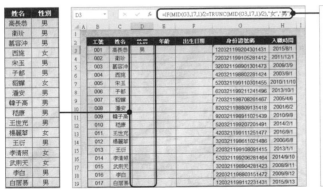

從 G3 中的第 17 位元
提取 1 個數字，除以 2

=IF(MID(G3,17,1)/2=

TRUNC(MID(G3,17,1)/2)," 女 "," 男 ")

用 TRUNC 函數取整

❶ 提取出性別資訊

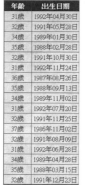

❷ 輸入公式

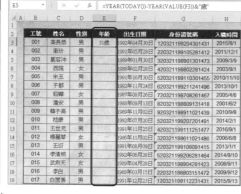

❸ 提取出出生日期

❹ 計算出年齡

191 製作員工出勤表

出勤表是公司員工每天上班的憑證，也是員工領取薪資的憑證，因為它記錄員工上班的天數。例如，公司為了激勵員工，對當月全勤的員工獎勵 400 元，事假一天扣 100 元，病假一天扣 50 元，缺勤一天扣 300 元。首先新建一個工作表，然後構建出勤表的基本框架，在其中輸入員工考勤記錄情況，如 B 表示病假，S 表示事假，K 表示缺勤❶。接著選中 AJ4 儲存格，輸入公式「=COUNTIF(D4:AH4, "B")」，

按 Enter 鍵確認，即可計算出請病假的天數。然後在 AK4 和 AL4 儲存格中分別輸入公式「=COUNTIF (D4:AH4, "S")」和「=COUNTIF(D4:AH4, "K")」，按 Enter 鍵確認，計算出事假和缺勤天數。接著選中 AI4 儲存格，輸入公式「=NETWORKDAYS ("2018/8/1","2018/8/ 31")-AJ4-AK4-AL4」，按 Enter 鍵確認，即可計算出出勤的天數。在 AM4 儲存格中輸入公式

「=AJ4*50+AK4* 100+AL4*300」，然後按 Enter 鍵確認，計算出應扣金額。接著選中 AN4 儲存格，輸入公式「=IF(AM4=0,"400","")」，按 Enter 鍵計算出滿勤獎。最後選中 AO4 儲存格輸入公式「=IF(AM4<>0,-AM4, AN4)」，然後按 Enter 鍵計算出合計值。接著選中 AI4:AO4 儲存格區域，將公式向下填滿，即可查看當月全體員工的考勤情況和獎懲情況❷。

工號	姓名	員工出勤記錄 (1-31)																														出勤天數	病假	事假	曠時	應扣額	全勤獎	合計
		1	2	3	4	5	6	7	8	9	10	11	12	13	14	15	16	17	18	19	20	21	22	23	24	25	26	27	28	29	30	31							
001	宋江	S														B																							
002	盧俊義						K																	B															
003	吳用									S																													
004	公孫勝																																						
005	關勝													B																									
006	林沖																																						
007	秦明									S															K														
008	呼延灼													K																									
009	花榮									S														B															
010	柴進																																						
011	李應					B																																	
012	潘金蓮											B							K																				
013	魯智深														K													B											
014	武松						S													K																			
015	董平																																						
016	張清								S										K																				
017	扈三娘																																						
018	徐寧							B																		S													

❶ 構建表格框架

工號	姓名	員工出勤記錄 (1-31)																														出勤天數	病假	事假	曠時	應扣額	全勤獎	合計
		1	2	3	4	5	6	7	8	9	10	11	12	13	14	15	16	17	18	19	20	21	22	23	24	25	26	27	28	29	30	31							
001	宋江	S														B																	21	1	1	0	150		-150
002	盧俊義						K																	B									21	1	0	1	350		-350
003	吳用									S																							22	0	1	0	100		-100
004	公孫勝																																23	0	0	0	0	400	400
005	關勝													B																			22	1	0	0	50		-50
006	林沖																																23	0	0	0	0	400	400
007	秦明									S															K								21	0	1	1	400		-400
008	呼延灼													K																			22	0	0	1	300		-300
009	花榮									S														B									21	1	1	0	150		-150
010	柴進																																23	0	0	0	0	400	400
011	李應					B																											22	1	0	0	50		-50
012	潘金蓮											B							K														21	1	0	1	350		-350
013	魯智深														K													B					21	1	0	1	350		-350
014	武松						S													K													21	0	1	1	400		-400
015	董平																																23	0	0	0	0	400	400
016	張清								S										K														21	0	1	1	400		-400
017	扈三娘																																23	0	0	0	0	400	400
018	徐寧							B																		S							21	1	1	0	150		-150

❷ 公式統計出勤結果

192　製作應扣繳統計表

台灣薪資會依據薪資級距扣除所得，雇主負擔僱用員工的勞保、健保及勞退金。其計算方式比較複雜，目前以中國勞工享有的五險一金（養老保險、醫療保險、失業保險、工傷保險和生育保險、住房公積金）分擔比率來示範，假設公司必須為員工繳納保險，包括養老保險、醫療保險、失業保險、工傷保險和生育保險。由於不同地方勞動者應繳納各項保險的比例不同，所以在這裡假設養老保險個人繳納 8%；失業保險個人繳納 0.5%；工傷保險和生育保險個人不繳納；醫療保險個人繳納 2%；住房公積金個人繳納 8%。首先製作應扣應繳統計表的基本框架，並在其中輸入一些基本資訊❶。接著選中 G3 儲存格輸入公式「=F3*8%」，按 Enter 鍵確認，

即可計算出養老保險應扣金額。然後選中 H3 儲存格，輸入公式「=F3* 0.5%」，按 Enter 鍵確認，即可計算出失業保險的應扣金額。選中 I3 儲存格，並輸入公式「=F3* 2%」，然後按 Enter 鍵確認，即可計算出醫療保險的應扣金額。由於生育保險和工傷保險都由公司繳納，所以在 J3 和 K3 儲存格中輸入 0，接著選中 L3 儲存格輸入公式「=F3*8%」，按 Enter 鍵確認，即可計算出住房公積金應扣的金額。然後選中 M3 儲存格，輸入公式「=SUM (G3:L3)」，按 Enter 鍵確認，即可計算出總共要扣除的金額。最後選中 G3:M3 儲存格區域，將公式向下填滿，這樣每位員工的各項應扣和總共應扣的金額就統計好了❷。

	A	B	C	D	E	F	G	H	I	J	K	L	M
1													
2		工號	姓名	所屬部門	職務	薪資合計	養老保險	失業保險	醫療保險	生育保險	工傷保險	住房公積金	總計
3		001	宋江	財務部	經理	NT$76,500							
4		002	盧俊義	銷售部	經理	NT$89,000							
5		003	吳用	人資部	經理	NT$68,500							
6		004	公孫勝	行政部	主管	NT$55,000							
7		005	關勝	人資部	員工	NT$35,000							
8		006	林沖	設計部	主管	NT$76,000							
9		007	秦明	銷售部	員工	NT$45,000							
10		008	呼延灼	財務部	員工	NT$37,000							
11		009	花榮	人資部	主管	NT$58,000							
12		010	柴進	行政部	員工	NT$34,500							
13		011	李應	行政部	員工	NT$34,500							
14		012	潘金蓮	財務部	員工	NT$37,500							
15		013	魯智深	銷售部	員工	NT$48,700							
16		014	武松	設計部	主管	NT$78,500							
17		015	董平	人資部	員工	NT$40,000							
18		016	張清	人資部	員工	NT$42,000							
19		017	扈三娘	設計部	員工	NT$39,500							
20		018	徐寧	銷售部	員工	NT$53,000							

❶ 製作表格框架

工號	姓名	所屬部門	職務	薪資合計	養老保險	失業保險	醫療保險	生育保險	工傷保險	住房公積金	總計
001	宋江	財務部	經理	NT$76,500	NT$6,120	NT$383	NT$1,530	NT$0	NT$0	NT$6,120	NT$14,153
002	盧俊義	銷售部	經理	NT$89,000	NT$7,120	NT$445	NT$1,780	NT$0	NT$0	NT$7,120	NT$16,465
003	吳用	人資部	經理	NT$68,500	NT$5,480	NT$343	NT$1,370	NT$0	NT$0	NT$5,480	NT$12,673
004	公孫勝	行政部	主管	NT$55,000	NT$4,400	NT$275	NT$1,100	NT$0	NT$0	NT$4,400	NT$10,175
005	關勝	人資部	員工	NT$35,000	NT$2,800	NT$175	NT$700	NT$0	NT$0	NT$2,800	NT$6,475
006	林沖	設計部	主管	NT$76,000	NT$6,080	NT$380	NT$1,520	NT$0	NT$0	NT$6,080	NT$14,060
007	秦明	銷售部	員工	NT$45,000	NT$3,600	NT$225	NT$900	NT$0	NT$0	NT$3,600	NT$8,325
008	呼延灼	財務部	員工	NT$37,000	NT$2,960	NT$185	NT$740	NT$0	NT$0	NT$2,960	NT$6,845
009	花榮	人資部	主管	NT$58,000	NT$4,640	NT$290	NT$1,160	NT$0	NT$0	NT$4,640	NT$10,730
010	柴進	行政部	員工	NT$34,500	NT$2,760	NT$173	NT$690	NT$0	NT$0	NT$2,760	NT$6,383
011	李應	行政部	員工	NT$34,500	NT$2,760	NT$173	NT$690	NT$0	NT$0	NT$2,760	NT$6,383
012	潘金蓮	財務部	員工	NT$37,500	NT$3,000	NT$188	NT$750	NT$0	NT$0	NT$3,000	NT$6,938
013	魯智深	銷售部	員工	NT$48,700	NT$3,896	NT$244	NT$974	NT$0	NT$0	NT$3,896	NT$9,010
014	武松	設計部	主管	NT$78,500	NT$6,280	NT$393	NT$1,570	NT$0	NT$0	NT$6,280	NT$14,523
015	董平	人資部	員工	NT$40,000	NT$3,200	NT$200	NT$800	NT$0	NT$0	NT$3,200	NT$7,400
016	張清	人資部	員工	NT$42,000	NT$3,360	NT$210	NT$840	NT$0	NT$0	NT$3,360	NT$7,770
017	扈三娘	設計部	員工	NT$39,500	NT$3,160	NT$198	NT$790	NT$0	NT$0	NT$3,160	NT$7,308
018	徐寧	銷售部	員工	NT$53,000	NT$4,240	NT$265	NT$1,060	NT$0	NT$0	NT$4,240	NT$9,805

❷ 應扣應繳統計表

193 製作個人所得稅稅率速算表

員工薪資全年超過應納稅所得額起需要交納個人所得稅。員工可自行繳納或於請公司每個月所得稅預扣。個人所得稅按目前一般薪資是預扣 5% 或達到起扣點。應納稅額 = 綜合所得淨額 X 稅率 - 累進差額。首先製作個人所得稅表的基本框架，輸入基本資訊。然後在該工作表的適當位置設定輔助表格「個人所得稅稅率表」❶。選中 G3 儲存格輸入公式「=IF(F3>540000,F3-540000, 0)」，按 Enter 鍵確認，計算出應納稅所得額。然後將公式向下填滿即可❷。選中 H3 儲存格，並輸入公式「=IF(G3=0 ,0,LOOKUP(G3,$M$3:$M$7,$N$3:$N$7))」，按 Enter 鍵確認，計算出稅率。然後向下複製公式，並將其設定為百分比形式顯示❸。選中 I3 儲存格，輸入公式「=IF(G3=0, 0,LOOKUP(G3,$M$3:$M$7,$O$3:$O$7))」，按 Enter 鍵確認，計算出累進差額。然後將公式向下填滿即可❹。選中 J3 儲存格，並輸入公式「=G3*H3-I3」❺，按 Enter 鍵確認，計算出代扣個人所得稅。然後將公式向下填滿即可。至此，就完成個人所得稅表的製作。

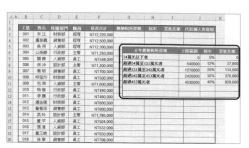

❶ 製作個人所得稅表的基本框架並設定「個人所得稅稅率表」

❷ 計算應納稅所得額

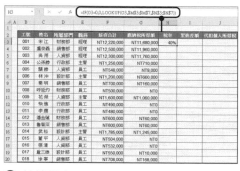

❸ 計算稅率

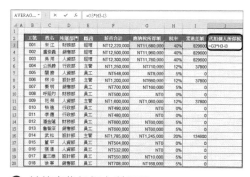

判斷 G3 是否等於 0，如果是，則稅率為 0

=IF(G3=0,0,
LOOKUP(G3,$M$3:$M$6,$N$3:$N$6))

如果 G3 不等於 0，則在 M3:M9 區域尋找對應的 G3 值，然後傳回 N3:N9 區域對應的值

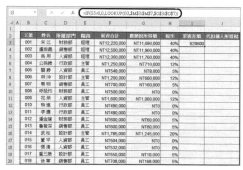

❹ 計算累進差額

❺ 計算出代扣個人所得稅

194 示範製作薪資條

薪資條也叫薪資表，是員工所在單位定期給員工反映薪資情況的紙條。薪資條需要根據薪資明細表來製作，並且應該包括薪資明細表中的各個組成部分，如基本薪資、提撥、實發薪資等（項目再依據各公司實際狀況調整表格）。薪資條的製作其實很簡單。首先打開製作好的「薪資明細表」工作表❶，複製標題行，並貼上到「薪資條」工作表中，構建薪資條的基本框架❷。接著在 B3 儲存格中輸入公式「=OFFSET(薪 資 明 細 表 !$B$3,ROW()/3-1,COLUMN()-2)」，按 Enter 鍵確認，傳回薪

資明細表中第一個員工的工號。然後向右拖動公式提取出第一位員工的所有資訊，製作出第一個薪資條❸。接著選中 B1：Q3 儲存格區域，向下複製公式，即可批次產生薪資條❹。

此處需要對本例公式中的「ROW()/3-1」部分進行特別說明，為了便於裁剪紙質的薪資條，本例在製作薪資條時，每一個薪資條之間都設定一個空白行。而「ROW()/3-1」是一個完整的參數，其作用正是用來保證在設定空白行的情況下，公式依然能夠準確地從薪表中提取資訊。

工號	姓名	所屬部門	職務	基本薪資	年資薪資	福利津貼	提成	全勤獎	缺勤扣款	養老保險	失業保險	醫療保險	住房公積金	代扣個人所得稅	實發薪資
001	宋江	財務部	經理	NT30,000	NT12,000	NT5,600	NT0	NT0	NT700	NT365	NT228	NT191	NT365	NT4,392	NT41,359
002	盧俊義	銷售部	經理	NT25,000	NT11,000	NT4,000	NT3,480	NT0	NT700	NT280	NT175	NT170	NT280	NT1,713	NT40,163
003	吳用	人資部	經理	NT25,000	NT11,000	NT4,000	NT0	NT2,000	NT0	NT280	NT175	NT170	NT280	NT0	NT41,095
004	公孫勝	行政部	主管	NT25,000	NT8,000	NT5,000	NT0	NT0	NT550	NT304	NT190	NT176	NT304	NT0	NT36,476
005	關勝	人資部	員工	NT20,000	NT1,100	NT5,000	NT0	NT0	NT2,000	NT328	NT205	NT182	NT328	NT0	NT23,057
006	林沖	設計部	員工	NT35,000	NT9,000	NT7,000	NT0	NT0	NT2,000	NT408	NT255	NT102	NT408	NT1,370	NT46,458
007	秦明	銷售部	員工	NT20,000	NT9,000	NT3,000	NT2,950	NT2,000	NT0	NT256	NT160	NT164	NT256	NT1,208	NT34,906
008	呼延灼	財務部	員工	NT20,000	NT8,000	NT4,000	NT0	NT2,000	NT0	NT256	NT160	NT164	NT256	NT0	NT33,164
009	花榮	人資部	主管	NT20,000	NT4,000	NT2,000	NT1,600	NT0	NT3,000	NT208	NT130	NT152	NT208	NT0	NT23,902
010	柴進	行政部	員工	NT20,000	NT5,000	NT2,000	NT0	NT0	NT500	NT216	NT135	NT154	NT216	NT0	NT24,279
011	李應	行政部	員工	NT20,000	NT6,000	NT3,750	NT0	NT0	NT700	NT278	NT174	NT170	NT278	NT0	NT28,151
012	潘金蓮	財務部	員工	NT25,000	NT6,000	NT5,250	NT0	NT2,000	NT0	NT370	NT231	NT193	NT370	NT14,081	NT23,005
013	魯智深	銷售部	員工	NT20,000	NT2,000	NT0	NT360	NT0	NT500	NT216	NT135	NT154	NT216	NT0	NT26,139
014	武松	設計部	主管	NT35,000	NT0	NT3,500	NT0	NT0	NT2,000	NT308	NT193	NT177	NT308	NT0	NT35,515
015	董平	人資部	員工	NT20,000	NT5,000	NT2,000	NT2,500	NT0	NT0	NT216	NT135	NT154	NT216	NT3,452	NT24,828
016	張清	人資部	員工	NT20,000	NT6,000	NT2,000	NT0	NT2,000	NT0	NT224	NT140	NT156	NT224	NT0	NT29,256
017	童三娘	人資部	員工	NT25,000	NT7,000	NT4,200	NT0	NT0	NT500	NT314	NT196	NT178	NT314	NT0	NT34,698
018	徐寧	銷售部	員工	NT20,000	NT6,000	NT3,000	NT3,000	NT0	NT500	NT232	NT145	NT158	NT232	NT7,635	NT23,098

❶ 薪資明細表

工號	姓名	所屬部門	職務	基本薪資	年資薪資	福利津貼	提成	全勤獎	缺勤扣款	養老保險	失業保險	醫療保險	住房公積金	代扣個人所得稅	實發薪資

❷ 構建薪資條的基本框架

B3　｜　fx　=OFFSET(薪資明細表!$B$3,ROW()/3-1,COLUMN()-2)

工號	姓名	所屬部門	職務	基本薪資	年資薪資	福利津貼	提成	全勤獎	缺勤扣款	養老保險	失業保險	醫療保險	住房公積金	代扣個人所得稅	實發薪資
001	宋江	財務部	經理	30000.00	12000.00	5600.00	0.00	0.00	700.00	364.80	228.00	191.20	364.80	4392.00	41359.20

❸ 製作出第一個薪資條

工號	姓名	所屬部門	職務	基本薪資	年資薪資	福利津貼	提成	全勤獎	缺勤扣款	養老保險	失業保險	醫療保險	住房公積金	代扣個人所得稅	實發薪資
001	宋江	財務部	經理	30000	12000	5600	0	0	700	364.80	228.00	191.20	364.80	4392.00	41359.20
002	盧俊義	銷售部	經理	25000	11000	4000	3480	0	700	280	175	170	280	1712.5	40162.5
003	吳用	人資部	經理	25000	11000	4000	0	2000	0	280	175	170	280	0	41095
004	公孫勝	行政部	主管	25000	8000	5000	0	0	550	304	190	176	304	0	36476
005	關勝	人資部	員工	20000	1100	5000	0	0	2000	328	205	182	328	0	23057
006	林沖	設計部	主管	35000	9000	7000	0	0	2000	408	255	102	408	1369.5	46457.5
007	秦明	銷售部	員工	20000	9000	3000	2950	2000	0	256	160	164	256	1208	34906

❹ 製作出所有薪資條

195 製作員工薪資計算及查詢系統

　　薪資組成部分無外乎是基本薪資加獎金、津貼、補貼、年終加薪、加班薪資等，有些公司可能會多一些特別津貼及獎金。而薪資扣除項目以中國的個人應繳五險一金、個人所得稅及遲到請假應扣薪資等。而員工的實發薪資應由稅前薪資減去所得稅，稅前薪資和所得稅的計算就變得非常重要，本次使用的範例包含許多已知資訊，如基本薪資、年資薪資、福利津貼以及各種保險繳費比率等❶。現在需要根據這些已知的基本資訊計算出其他薪資費用，如加班費、請假扣款、稅前薪資等，形成完整的薪資計算系統及薪資查詢系統。表格中的已知條件為手動輸入的資料，以黑色的字體顯示，由公式計算得來的資料以綠色的字體顯示。薪資計算表❷的製作，將重點用到 VLOOKUP 函數和 IF 函數，其中用到的公式及其用法如下。

① 員工資訊表

工號	姓名	基本薪資	年資薪資	福利津貼	養老保險比率	失業保險比率	醫療保險比率	住房公積金比率	總繳費比率
001	宋江	NT30,000	NT12,000	NT5,600	8.00%	0.50%	3.00%	10.00%	21.50%
002	盧俊義	NT25,000	NT11,000	NT4,000	8.00%	0.50%	3.00%	10.00%	21.50%
003	吳用	NT25,000	NT11,000	NT4,000	8.00%	0.50%	3.00%	10.00%	21.50%
004	公孫勝	NT25,000	NT8,000	NT5,000	8.00%	0.50%	3.00%	10.00%	21.50%
005	關勝	NT20,000	NT1,100	NT5,000	8.00%	0.50%	3.00%	10.00%	21.50%
006	林沖	NT35,000	NT9,000	NT7,000	8.00%	0.50%	3.00%	10.00%	21.50%
007	秦明	NT20,000	NT9,000	NT3,000	8.00%	0.50%	3.00%	10.00%	21.50%
008	呼延灼	NT20,000	NT8,000	NT4,000	8.00%	0.50%	3.00%	10.00%	21.50%
009	花榮	NT20,000	NT2,000	NT5,000	8.00%	0.50%	3.00%	10.00%	21.50%
010	柴進	NT20,000	NT5,000	NT2,000	8.00%	0.50%	3.00%	10.00%	21.50%
011	李應	NT20,000	NT6,000	NT3,750	8.00%	0.50%	3.00%	10.00%	21.50%
012	潘金蓮	NT25,000	NT6,000	NT5,250	8.00%	0.50%	3.00%	10.00%	21.50%
013	魯智深	NT20,000	NT5,000	NT2,000	8.00%	0.50%	3.00%	10.00%	21.50%
014	武松	NT35,000	NT0	NT3,500	8.00%	0.50%	3.00%	10.00%	21.50%
015	董平	NT20,000	NT5,000	NT2,000	8.00%	0.50%	3.00%	10.00%	21.50%
016	張清	NT20,000	NT6,000	NT2,000	8.00%	0.50%	3.00%	10.00%	21.50%
017	扈三娘	NT25,000	NT7,000	NT4,200	8.00%	0.50%	3.00%	10.00%	21.50%
018	徐寧	NT20,000	NT6,000	NT3,000	8.00%	0.50%	3.00%	10.00%	21.50%

② 薪資計算表

工號	姓名	獎金	加班天數	加班費率	加班費	薪資總和	請假天數	請假扣款	繳費及扣款合計	稅前薪資	計稅薪資	稅率	速算累進差額	所得稅	實發薪資
001	宋江		1	200%	NT$3,818	NT$51,418	1	NT$400	NT$9,430	NT$41,988	NT$40,788	30%	NT$3,375	NT$8,861	NT$33,127
002	盧俊義	NT$1,000		200%	NT$0	NT$41,000		NT$0	NT$7,740	NT$33,260	NT$32,060	30%	NT$1,375	NT$6,640	NT$26,620
003	吳用		3	200%	NT$9,818	NT$49,818		NT$0	NT$7,740	NT$42,078	NT$40,878	30%	NT$3,375	NT$8,888	NT$33,190
004	公孫勝			200%	NT$0	NT$38,000		NT$0	NT$7,095	NT$30,905	NT$29,705	25%	NT$1,375	NT$6,051	NT$24,854
005	關勝			200%	NT$0	NT$26,100		NT$0	NT$4,537	NT$21,564	NT$20,364	25%	NT$1,375	NT$3,716	NT$17,848
006	林沖			200%	NT$0	NT$51,000		NT$0	NT$9,460	NT$41,540	NT$40,340	30%	NT$3,375	NT$8,727	NT$32,813
007	秦明	NT$2,200	1.5	200%	NT$3,955	NT$38,155		NT$0	NT$6,235	NT$31,920	NT$30,720	25%	NT$1,375	NT$6,305	NT$25,615
008	呼延灼	NT$2,500		200%	NT$0	NT$34,500	2	NT$818	NT$6,838	NT$27,662	NT$26,462	25%	NT$1,375	NT$5,240	NT$22,421
009	花榮		2	200%	NT$4,364	NT$30,364		NT$0	NT$5,160	NT$25,204	NT$24,004	25%	NT$1,375	NT$4,626	NT$20,578
010	柴進			200%	NT$0	NT$27,000		NT$0	NT$5,375	NT$21,625	NT$20,425	25%	NT$1,375	NT$3,731	NT$17,894
011	李應			200%	NT$0	NT$29,750	2	NT$886	NT$6,476	NT$23,274	NT$22,074	25%	NT$1,375	NT$4,143	NT$19,130
012	潘金蓮	NT$5,000		200%	NT$0	NT$41,250		NT$0	NT$6,665	NT$34,585	NT$33,385	25%	NT$1,375	NT$6,971	NT$27,614
013	魯智深		2	200%	NT$4,545	NT$31,545		NT$0	NT$5,375	NT$26,170	NT$24,970	25%	NT$1,375	NT$4,868	NT$21,303
014	武松			200%	NT$0	NT$38,500		NT$0	NT$7,525	NT$30,975	NT$29,775	25%	NT$1,375	NT$6,069	NT$24,906
015	董平			200%	NT$0	NT$27,000		NT$0	NT$5,375	NT$21,625	NT$20,425	25%	NT$1,375	NT$3,731	NT$17,894
016	張清	NT$1,200	5	200%	NT$11,818	NT$41,018		NT$0	NT$5,590	NT$35,428	NT$34,228	25%	NT$1,375	NT$7,182	NT$28,246
017	扈三娘			200%	NT$0	NT$36,200		NT$0	NT$6,880	NT$29,320	NT$28,120	25%	NT$1,375	NT$5,655	NT$23,665
018	徐寧			200%	NT$0	NT$29,000		NT$0	NT$5,590	NT$23,410	NT$22,210	25%	NT$1,375	NT$4,178	NT$19,233

員工姓名 =VLOOKUP(B3, 員工資訊 !$B$3:$K$27,2,FALSE)

加班費 =(VLOOKUP(B3, 員工資訊 !$B$3:$K$27,3)+VLOOKUP(B3, 員工資訊 !$B$3:$K$27,4))/22*E3*F3

薪資總和 =(VLOOKUP(B3, 員工資訊 !$B$3:$K$27,3,FALSE)+VLOOKUP(B3, 員工資訊 !$B$3:$K$27,4,FALSE)+ VLOOKUP(B3, 員工資訊 !$B$3:$K$27,5,FALSE)+(D3+G3))

請假扣款 =(VLOOKUP(B3, 員工資訊 !$B$3:$K$27,4,FALSE)+VLOOKUP(B3, 員工資訊 !$B$3:$K$27,5,FALSE))/22*I3

繳費及扣款合計 =(VLOOKUP(B3, 員工資訊 !$B$3:$K$28,3)+VLOOKUP(B3, 員工資訊 !$B$3:$K$28,4))*VLOOKUP(B3, 員工資訊 !$B$3:$K$28,10)+J3

稅前薪資 =H3-K3

計稅薪資 =IF((L3-1200)>0,(L3-1200),0)

稅率 =IF(M3>80000,0.4,IF(M3>60000,0.35,IF(M3>40000,0.3,IF(M3>20000,0.25,IF(M3>5000,0.2,IF(M3>2000,0.15,IF(M3>500,0.1,IF(M3<>0,5,0)))))))

速算累進差額 =IF(M3<=500,0,IF(M3<=2000,25,IF(M3<=5000,125,IF(M3<=20000,375,IF(M3<=40000,1375,IF(M3<=60000,3375,IF(M3<=80000,6375,10375)))))))

所得稅 =M3*N3-O3

實發薪資 =L3-P3

薪資查詢系統❸根據所輸入的員工 ID 從員薪資訊表或者薪資計算系統表中提取出對應的薪資資訊。VLOOKUP 函數是資訊提取時的常用函數。本例在製作薪資查詢系統時 VLOOKUP 函數也將發揮重要的作用。下面也會貼出查詢每一項所使用的公式。

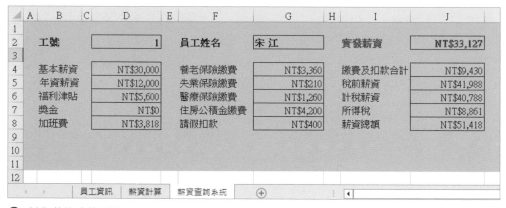

❸ 製作薪資查詢系統

員工姓名 =VLOOKUP(D2, 員工資訊 !$B$3:$K$27,2,FALSE)

基本薪資 =VLOOKUP(D2, 員工資訊 !$B$3:$K$27,3,FALSE)

年資薪資 =VLOOKUP(D2, 員工資訊 !$B$3:$K$27,4,FALSE)

福利津貼 =VLOOKUP(D2, 員工資訊 !$B$3:$K$27,5,FALSE)

獎金 =VLOOKUP(D2, 薪資計算 !$B$3:$Q$27,3,FALSE)

加班費 =VLOOKUP(D2, 薪資計算 !$B$3:$Q$27,6,FALSE)

養老保險繳費 =(VLOOKUP(D2, 員工資訊 !$B$3:$K$27,3,FALSE)+VLOOKUP(D2, 員工資訊 !$B$3:$K$27,4,FALSE))* VLOOKUP(D2, 員工資訊 !$B$3:$K$27,6,FALSE)

失業保險繳費 =(VLOOKUP(D2, 員工資訊 !$B$3:$K$27,3,FALSE)+VLOOKUP(D2, 員工資訊 !$B$3:$K$27,4,FALSE))* VLOOKUP(D2, 員工資訊 !$B$3:$K$27,7,FALSE)

醫療保險繳費 =(VLOOKUP(D2, 員工資訊 !$B$3:$K$27,3,FALSE)+VLOOKUP(D2, 員工資訊 !$B$3:$K$27,4,FALSE))* VLOOKUP(D2, 員工資訊 !$B$3:$K$27,8,FALSE)

住房公積金繳費 =(VLOOKUP(D2, 員工資訊 !$B$3:$K$27,3,FALSE)+VLOOKUP(D2, 員工資訊 !$B$3:$K$27,4, FALSE))*VLOOKUP(D2, 員工資訊 !$B$3:$K$27,9,FALSE)

請假扣款 =VLOOKUP(D2, 薪資計算 !$B$3:$Q$27,9,FALSE)

繳費及扣款合計 =VLOOKUP(D2, 薪資計算 !$B$3:$Q$27,10,FALSE)

稅前薪資 =VLOOKUP(D2, 薪資計算 !$B$3:$Q$27,11,FALSE)

計稅薪資 =VLOOKUP(D2, 薪資計算 !$B$3:$Q$27,12,FALSE)

所得稅 =VLOOKUP(D2, 薪資計算 !$B$3:$Q$27,15,FALSE)

薪資總額 =SUM(D4:D8)

實發薪資 =VLOOKUP(D2, 薪資計算 !$B$3:$Q$27,16,FALSE)

196 製作動態員工資料卡

在工作中，HR 有時候需要從大量的資料中尋找某個員工資訊。如果一個一個地尋找，則非常麻煩，而且容易看得眼花繚亂。在這裡就教大家一種製作動態員工資料卡的方法。用這種方法透過滑鼠選取姓名，可以快速查看員工的資訊和照片，非常方便快捷。

首先新建一個名為「基本資料」的工作表，輸入員工資訊，其中 E 列是每名員工的照片，其餘列是員工的姓名、性別、出生日期、職位等資訊❶。然後再新建一個名為「員工資料卡」的工作表，構建表格框架❷。選中「員工資料卡」工作表的 C3 儲存格，打開「資料驗證」對話方塊，然後在「允許」下拉清單中選擇「序列」選項，在「來源」文字方塊中輸入公式「= 基本資料 !$C$3: $C$17」，確認即可。接著在「公式」選項中按一下「定義名稱」按鈕，

打開「新建名稱」對話方塊，在「名稱」文字方塊中輸入「照片」，然後在「參照位置」文字方塊中輸入「=INDEX(基本資料 !$E:$E,MATCH(員工資料卡 !$C$3, 基本資料 ! $C:$C,))」，最後確認即可。

接下來需要從「基本資料」工作表中複製任意一個頭像照片貼上到「員工資料卡」的頭像位置，然後按一下照片，在編輯欄內輸入「= 照片」❸。最後使用 VLOOKUP 函數，完善其他資訊的尋找。即在 E3 儲存格中輸入的公式為「=VLOOKUP ($C$3, 基本資料 !$C:$J, MATCH(D3, 基本資料 ! $C$2: $J$2,0), 0)」。 在 C4 儲存格中輸入的公式為「=VLOOKUP ($C$3, 基礎信 !$C:$J, MATCH(B4, 基本資料 !$C$2:$J$2,0),0)」。 在 E4 儲存

格中輸入的公式為「=VLOOKUP($C$3, 基本資料 !$C:$J,MATCH(D4, 基本資料 !$C$2: $J$2,0),0)」。 在 C5 儲存格中輸入的公式為「=VLOOKUP ($C$3, 基本資料 !$C: $J,MATCH(B5, 基本資料 !$C $2:$J$2,0), 0)」。 在 E5 儲存格中輸入的公式為「=VLOOKUP($C $3, 基本資料 !$C:$J,MATCH (D5, 基本資料 !$C$2: $J$2,0),0)」。

在 C6 儲存格中輸入的公式為「=VLOOKUP ($C$3, 基本資料 !$C:$J, MATCH

(B6, 基本資料 !$C$2:$J$2,0),0)」。

最後當從姓名列表中選擇不同的姓名時，資訊卡就會出現對應的詳細資訊。例如，選擇「韓信」時，出現韓信的詳細資訊❹。

❶「基本資料」工作表

❷ 新建一個名為「員工資料卡」的工作表

❸ 在編輯欄中輸入公式

❹「蔡文姬」詳細資訊

197 Excel 原來還能這樣玩

大家先觀察圖❶的這幅繪畫作品，然後思考一下這幅畫是用什麼軟體繪製出來的？是 Photoshop，是 Illustrator，還是 CorelDRAW？答案可能會讓大家感到驚訝，這其實是使用 Excel 畫的。

目前市場上已經出現了許許多多的圖片創作和編輯軟體，但出人意料的是微軟 Office 辦公軟體中的 Excel 也能夠做到這一點。通常來說，對於 Excel 用途的定義主要是圍繞著製作資料圖表、柱狀圖或者公司業績分析。而 80 多歲的日本退休老人堀內辰男卻在過去數十年時間內透過 Excel 創作出一幅幅精美的畫作！圖❶就是他眾多作品中的其中一幅。

堀內辰男所創作的畫作大多為日式風格的山水風景圖，至於為何捨棄以往的傳統作畫方式而改用 Excel 來製作，他表示「傳統的專業繪畫成本較高，而自己的這一創新方式只需一台電腦即可輕鬆實現」。Excel 裡面有各種粗細的畫筆，有 256 色的 RGB 調色板，有足夠大的畫布空間，還有便捷的圖形元件。堀內辰男的作畫方法是使用 Excel 的圖形描繪功能 AutoShape（自選圖形，透過「形狀」功能插入），利用線性畫筆工具拉出高山、樹木、動物的輪廓，接著選擇上色範圍進行著色，經過

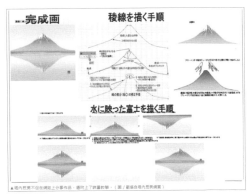

❶ 堀內辰男作品

（資料來源 https://pasokonga.com/）

❷ 堀內辰男 Excel 畫作手稿 1

細緻的調整，讓人驚訝的作品就誕生了，其 Excel 畫作手稿如圖 ❷ 和圖 ❸ 所示。最初，他想在電腦上作畫，又覺得 Photoshop 之類的畫圖軟體太難，Word 又有尺幅的限制，有一次他看到有人在 Excel 裡畫圖表，於是決定用這個普通電腦裡都會安裝的軟體作畫。當他第一次在家裡接觸電腦時，作為初學者，其實是充滿擔心的，因為不知道該怎麼做。堀內辰男坦言，曾經受到許多人質疑，但他堅決走自己的路，在作出了無數驚艷的作品後，終於獲得了世界的關注。

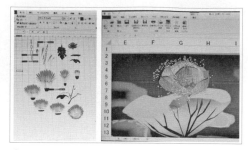

❸ 堀內辰男 Excel 畫作手稿 2

第五篇

報表列印及
綜合應用篇

198　列印時的基本設定

在工作中，一些財務報表或其他報表需要列印出來，以方便查看或計算。在列印之前，需要對報表進行相關設定，如設定列印份數、列印方向、紙張大小等。接下來對列印的基本設定進行詳細介紹。

01 設定列印份數

如果要列印多份報表，以便多人查看，則可以在打開的報表中按一下「檔案」按鈕，選擇「列印」選項，進入列印視窗❶。然後在「份數」數值框中輸入想要列印的份數，這裡輸入 5，這樣在列印時就會將報表列印成 5 份。

02 設定列印方向

有的報表比較寬，無法將其完整地列印出來，這時可以設定紙張方向，使所有列全部列印在一頁上，只需要在「列印」視窗按一下「設定」區域的「橫向方向」選項就可以了。

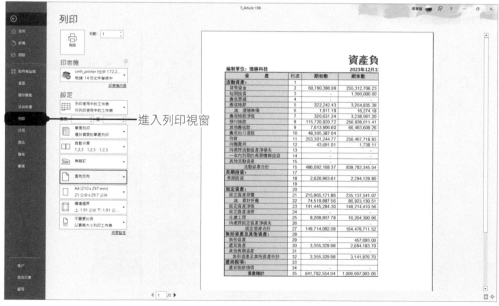

❶ 列印視窗

■ 03 設定紙張大小

一般會根據報表中的內容設定列印紙張大小，這裡在「列印」視窗的「設定」區域將紙張大小設定成 A4 ❷。

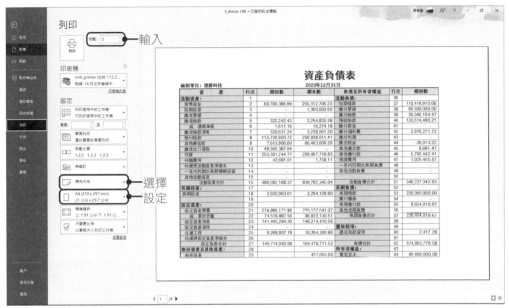

❷ 設定後的列印效果

199 你會列印報表嗎

通常，製作好報表後就可以直接對報表進行列印。其實列印報表的方式有很多種，可以對目前的工作表進行列印，也可以列印指定工作表，或者列印所有工作表。

如果想列印目前工作表，只需要在打開工作表後進入列印視窗，可以看到在「設定」區域顯示「列印使用中的工作表」選項❶，只列印目前工作表。

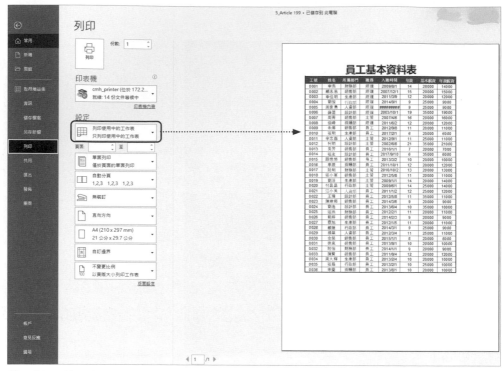

❶ 列印目前工作表

如果想要列印指定工作表，則可以選擇需要列印的工作表❷，然後進行列印就可以了。

如果想要將活頁簿中所有的工作表都列印出來，則直接在「列印」視窗的「設定」區域設定「列印整本活頁簿」選項即可❸。

❷ 列印指定工作表

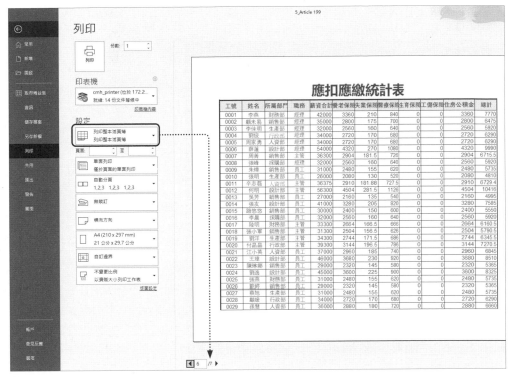

❸ 列印所有工作表

---

200 如何處理列印後工作表中的虛線

對報表進行列印後，會發現工作表中出現虛線❶。如果覺得這些虛線影響報表的美觀，想要去掉的話，則可以關閉活頁簿，然後重新打開這個活頁簿，工作表中的虛線就不再顯示，這種方法雖然很簡單，但

也比較麻煩，需要列印一次，重新開機一下活頁簿。

這裡介紹一種可以永久不顯示虛線的方法，首先打開「Excel 選項」對話方塊，選擇「進階」選項，然後在右側取消勾選「顯

示分頁線」核取方塊❷，確認後，不論對
這張工作表執行多少次列印，都不會顯示
列印虛線。

❶ 列印後出現虛線

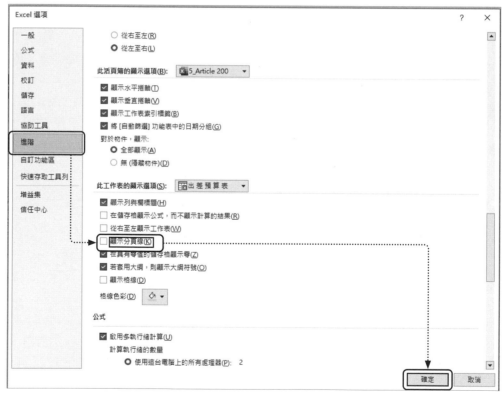

❷ 取消勾選「顯示分頁線」

201 ▶ 防止列印某些儲存格內容

在列印報表時，有的資訊是不需要列印出來的，為了節省紙張，只需要將有用的資訊列印出來就可以了，那麼該怎麼操作呢？這裡介紹幾種簡單的方法。

第一種方法是隱藏列或欄，首先選中不需要列印的列或欄，然後右擊選擇「隱藏」指令❶，將列或欄隱藏起來，這樣列印時就不會將隱藏的列或欄列印出來。

❶ 隱藏列

❷ 將字體設定為白色

第二種方法是設定字體顏色，選中不需要列印的儲存格區域，將儲存格中的字體顏色設定為白色❷，但這種方法起不到節約紙張的作用，只可以不列印不需要的資訊。

最後一種方法是文字方塊遮蓋，即插入一個文字方塊，將其覆蓋在不需要列印的資料區域❸，這樣覆蓋住的資料就不會被列印出來。

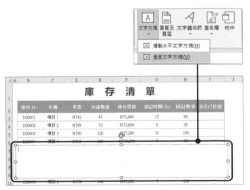

❸ 使用文字方塊遮擋資料

202 一個步驟讓表格在列印時居中顯示

列印時，如果報表中的資料列比較少，則會在預覽列印區域看到報表顯示在靠左的一側❶，如果想居中列印報表，就需要打開「版面設定」對話方塊，在「邊界」選項中勾選「置中方式」區域的「水平置中」核取方塊，按一下「確定」按鈕後，就可以看到報表資料在預覽列印區域居中顯示❷。

❶ 報表顯示在靠左的一側

❷ 報表置中顯示

203 一次列印多個活頁簿

一般情況下，每次只會列印一個活頁簿中的工作表，但有時需要一次列印多個活頁簿，又不想一個一個地打開這些活頁簿再進行列印，那麼該怎麼操作呢？首先打開資料夾，選擇需要列印的活頁簿，然後按滑鼠右鍵，選擇「列印」選項，就可以一次列印選中的多個活頁簿❶。

需要說明的是，這種方法列印出來的工作
表是每個活頁簿最後儲存時的活動工作
表，而不是每個活頁簿中所有的工作表。

❶ 列印多個活頁簿

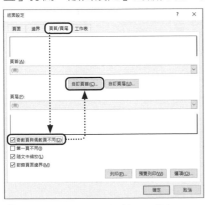

204　設定奇數頁與偶數頁不同的頁首與頁尾

在 Word 檔案中可以很方便地設定奇數頁
和偶數頁不同的頁首與頁尾，同樣在 Excel
中也可以輕鬆實現相同的操作。「頁面配
置」打開「版面設定」對話方塊，在「頁
首 / 頁尾」選項中勾選「奇數頁與偶數頁
不同」核取方塊❶，然後按一下「自訂頁
首」按鈕，分別設定奇數頁和偶數頁的頁
首就可以了❷。

❶ 勾選「奇數頁與偶數頁不同」

❷ 設定奇數頁和偶數頁頁首

205 在紙上顯示日期和頁碼

如果需要列印的表格有很多頁，建議在列印時增加頁碼，以便閱讀。首先打開「頁面配置」選項，按一下「版面設定」選項打開「版面設定」對話方塊，因為需要在頁尾增加頁碼，所以切換到「頁首/頁尾」選項，然後按一下「自訂頁尾」按鈕❶，在打開的「頁尾」對話方塊中先選擇頁碼顯示的位置，這裡將游標插入到「中」文字方塊中，然後按一下「插入頁碼」按鈕❷，就可以讓頁碼顯示在頁尾的中間位置。按一下「確定」按鈕後返回到「版面設定」對話方塊，在「頁尾」下拉清單中

可以選擇頁碼顯示的樣式❸，接著按一下「預覽列印」按鈕，進入預覽列印視窗，可以看到在報表的底部顯示增加的頁碼❹。

同樣，如果想要在列印時增加日期來呈現工作表的時效性，則可以在「頁首/頁尾」選項中按一下「自訂頁首」按鈕，讓日期顯示在頁首中，然後在打開的「頁首」對話方塊中將游標插入到「左」文字方塊中，按一下「插入日期」按鈕❺，按一下「確定」按鈕後，設定好日期顯示樣式，接著進入預覽列印視窗，可以看到在報表的左上角顯示目前日期❻。

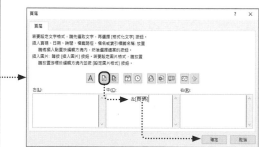

❶ 按一下「自訂頁尾」按鈕

❷ 設定頁碼顯示位置

❸ 設定頁碼樣式

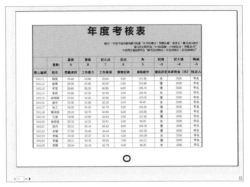

❹ 報表底部顯示頁碼

❺ 設定日期顯示位置

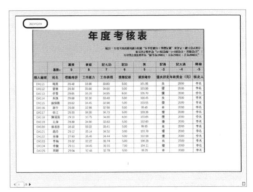

❻ 查看顯示的日期

---

206 隨心所欲地列印資料區域

工作中可能會遇到只列印需要資料的情況，這時該怎麼處理呢？其實方法很簡

單，只需要選中需要列印的資料區域，然後打開「頁面配置」選項，按一下「列印

範圍」下拉按鈕，從清單中選擇「設定列印範圍」選項❶，進入列印視窗後，可以看到只列印選定的資料區域的預覽效果。

也可以先選中需要列印的資料區域，再進入列印視窗設定列印範圍，將列印範圍設定為「列印選取範圍」就可以只列印選中的資料區域了❷。

除了列印指定的資料區域，還可以使用攝影工具列印不連續的資料區域，可能大家對攝影工具很陌生，因為攝影工具並不常用，而且一般在工作表中找不到它，需要把它調出來才可以使用。首先打開「Excel選項」對話方塊，選擇「所有指令」，然後在下方的清單方塊中找到並選擇「攝影」，按一下「增加」按鈕，最後按一下「確定」按鈕❸，就可以把攝影工具增加到快速查詢工具列中了 接下來需要選中資料區域，按一下「攝影」按鈕，將所選的資料區域拍攝下來，可以看到所選區域的周圍出

現滾動的虛線❹，然後新建一個工作表，按一下就可以將拍攝的圖片貼到新工作表中，接著拍攝其他位置的資料，在新工作表中調整拍攝圖片的位置，使圖片整齊地排列在一起❺。最後進入列印視窗，預覽列印效果，可以看到已將不同位置的資料列印在一起❻。

此外，還可以透過使用「設定列印範圍」指令來列印工作表中不連續的資料區域。首先將不列印的資料區域隱藏起來，然後選擇剩餘的資料區域，打開「頁面配置」選項，按一下「列印範圍」下拉按鈕，從清單中選擇「設定列印範圍」選項❼，進入列印視窗後，可以看到隱藏的資料沒有列印出來，只列印顯示不連續資料區域❽。

如果分別選中需要列印的資料區域，再設定列印範圍，則在預覽列印區域可以看到選中的資料區域分別列印在不同的頁面上，而不在同一張頁面上。

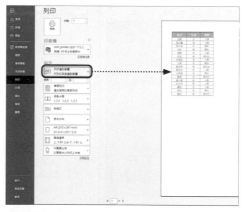

❶ 設定列印範圍　　　　　❷ 預覽列印效果

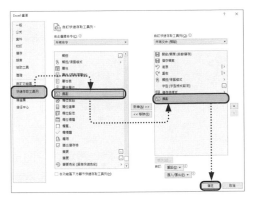

❸ 調出「攝影」工具

❹ 拍攝所選區域

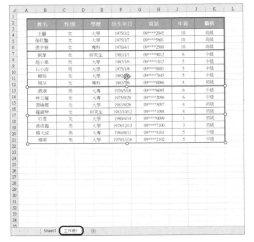

❺ 調整拍攝的圖片

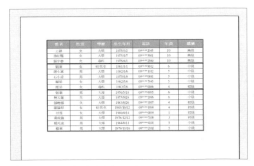

❻ 列印不連續資料區域

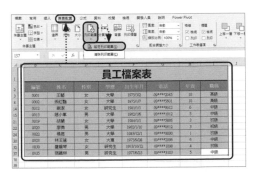

❼ 設定列印範圍

❽ 查看列印效果

207 節約的列印方式

在製作報表時，為了使報表看起來更加美觀，會為其設定網底和邊框顏色，其實在列印時沒有必要將這些顏色列印出來，只需要列印成黑白效果就可以了。進入列印視窗，按一下下方的「版面設定」按鈕❶，打開「版面設定」對話方塊，在「工作表」選項中直接勾選「儲存格單色列印」即可❷，列印時工作表的網底和邊框顏色全部為黑白效果。

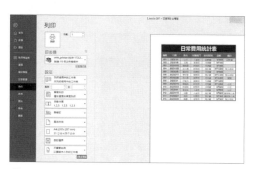

❶ 設定列印範圍

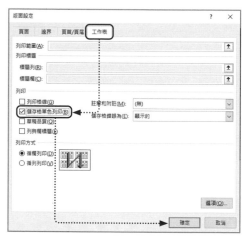

❷ 勾選「儲存格單色列印」核取方塊

MEMO

208 每頁都能列印表頭

工作表中的資料較多，需要分多頁列印時，為了方便查看資料，可以在每頁的開始位置增加表頭。首先打開「頁面配置」選項，從中按一下「列印標題」按鈕❶，打開「版面設定」對話方塊，在「工作表」選項中按一下「標題列」右側的「折疊」按鈕❷，返回到工作表中，選擇標題列所在的整個列，此時需要將游標移動到標題列列號上，然後按一下，可以看到在「標題列」對話方塊中顯示選中的儲存格區域❸，再次按一下「折疊」按鈕，返回到「版面設定」對話方塊，直接按一下「預覽列印」按鈕，進入列印視窗，在預覽區域可以看到每一頁的頂端都顯示表頭❹。

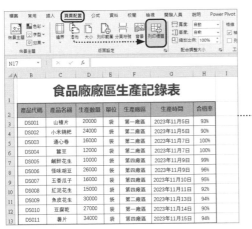

❶ 按一下「列印標題」按鈕

❷ 按一下「折疊」按鈕

❸ 選擇標題列

❹ 每頁都列印表頭

209 一頁紙列印整張報表

為了方便查看報表資料，通常會將報表資料列印在一張紙上。如果列印時發現一頁紙不能容納整張報表，該怎麼操作呢？首先打開「檢視」選項，在「活頁簿檢視」中按一下「整頁模式」按鈕❶，可以看到工作表進入整頁模式檢視，在整頁模式下，工作表以列印模式顯示，此時，可以看到有一列資料被分在下一頁。

要讓這列資料與其他資料顯示在一頁中，稍微調整邊界即可，選中第一頁中的任意儲存格，頁面上方出現一個尺規，在尺規的兩端有兩處灰白色區域，將游標放在灰白色區域內側，當游標變為雙向箭頭時，

按住滑鼠左鍵向左拖動滑鼠調整左邊距❷或者向右拖動滑鼠調整右邊距。調整頁面上下邊距也可以使用同樣的方法。頁面左右邊距縮小後，可以看到原本多出的一列回到第一頁❸。再進行列印即可。

此外，對於資料超出列印範圍不是很多的報表，還可以嘗試採用縮放列印，即把整個報表縮小到一頁中。首先進入列印視窗，在預覽列印中可以看到，需要列印 2 頁報表資料❹，此時可以在「設定」區域中把「不變更比例」選項設定成「將工作表放入單一頁面」選項，就可以在一頁紙上列印所有報表資料❺。

❶ 頁面配置檢視

2 調整邊界

3 報表資料顯示在一頁

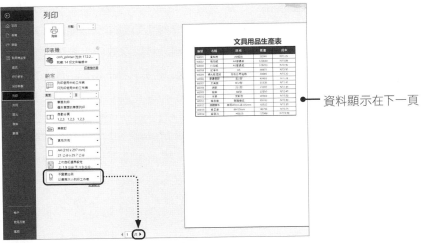

4 列印 2 頁報表資料

資料顯示在下一頁

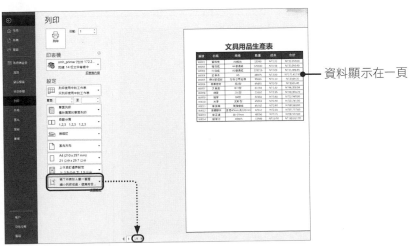

5 資料顯示在一頁

資料顯示在一頁

210 表格列印出來很小怎麼辦

由於報表中的資料內容較多，所以列印時報表中的資料顯得比較小，不方便閱讀。有沒有一種方法可以在列印時調整報表顯示的大小，使報表中的資料呈現得更清楚呢？這裡就教大家一種方法，從圖❶中可以看出，報表又長又窄，而列印的紙張比較寬，所以報表顯示得比較小，可以透過更改列印紙張的大小來調整報表顯示的大小。這裡在列印視窗將 A4 紙設定成「B5 JIS」，縮小列印紙張的大小，這樣預覽列印中的報表就會被調大。此外，在「版面設定」對話方塊的「自訂邊界」選項中，還可以透過減小上、下、左、右的邊界，來增加報表的顯示大小❷。

如果只需要列印報表中的「姓名」列❸，則可以透過設定讓「姓名」列單獨列印在一張紙上，顯示得更清楚。首先在工作表中建立一個表格，並在表格中輸入「姓名」對應儲存格的列和欄標題❹，然後按 Ctrl+H 打開「尋找及取代」對話方塊，在「尋找目標」文字方塊中輸入「B」，在「取代成」文字方塊中輸入「=B」，接著按一下「全部取代」按鈕，將儲存格替換成公式。此時，可以看到儲存格中隨即顯示出對應的姓名。然後進入預覽列印視窗，可以看到「姓名」列被列印在一張紙上，並且資料內容清晰地展現出來❺。

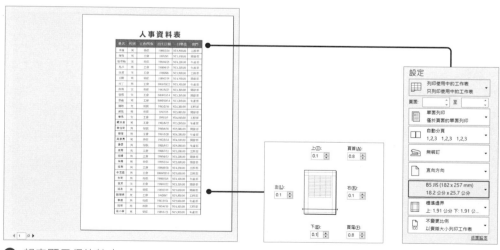

❶ 報表顯示得比較小

2 增大報表的顯示大小

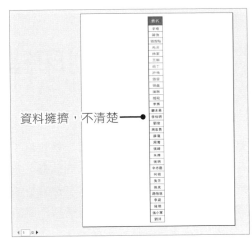

資料擁擠，不清楚 ←

3 列印「姓名」列

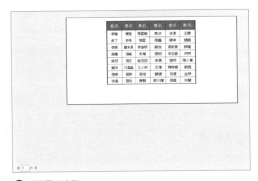

輸入列與欄

4 建立表格

5 預覽列印

MEMO

211 隱藏列印錯誤值

有的報表中需要運用公式計算一些資料，在計算的過程中可能會出現錯誤值❶，如果這些錯誤值可以忽略，為了不影響報表整體的美觀，則在列印時可以選擇不將錯誤值列印出來，那麼該怎麼操作呢？首先打開「版面設定」對話方塊，在「工作表」選項中按一下「儲存格錯誤為」右側的下拉按鈕，從清單中選擇「空白」選項❷，按一下「確定」按鈕後進入預覽列印視窗，此時可以看到報表中的錯誤值沒有顯示出來❸。

需要說明的是，只有報表中的錯誤值對報表沒有影響時，才可以在列印時選擇不列印錯誤值。

❶ 列印出錯誤值

❷ 設定不列印錯誤值

❸ 不列印錯誤值

212 保護機密資訊

由於每個活頁簿除了所包含工作表的內容外，還可能儲存由多人協作時留下的註解、墨蹟等資訊，記錄檔案的所有修訂記錄。如果將活頁簿發送給其他人員，那麼這些資訊可能會洩露私密資訊，應該及時檢查這些資訊並刪除，此時可以使用「檢查檔案」功能，即打開「檔案」功能表，選擇「資訊」選項，然後按一下「檢查問題」下拉按鈕，選擇「檢查檔案」選項，

打開「文件檢查」對話方塊，列出可檢查的各項內容，按一下「檢查」按鈕❶，開始檢查，檢查完成後會顯示結果，如果確認檢查結果的某項內容應該去除，則直接按一下該項右側的「全部移除」按鈕即可❷。

需要注意的是，在「文件檢查」中刪除的內容無法撤銷，應該謹慎使用。

❶ 檢查檔案

❷ 移除內容

213 讓列和欄標題躍然紙上

預設情況下，在列印工作表時是不列印列和欄標題，如果需要將其列印出來，則可以透過 Excel 提供的自動列印列和欄標題功能來實現。首先打開「頁面配置」選項，在「工作表選項」中勾選「標題」區域中的「列印」核取方塊，然後按 Ctrl+P 進入預覽列印視窗，可以看到列印列和欄標題 ❶。此外，還可以打開「版面設定」對話方塊，在「工作表」選項中勾選「行和列標題」核取方塊 ❷，也可以實現該效果。

❶ 顯示列和欄標題

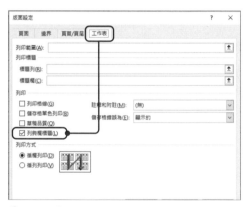

❷ 勾選「行和列標題」核取方塊

214 列印公司 Logo

在列印報表時，有時需要增加公司的 Logo 來提升公司的知名度 ❶。那麼該如何增加呢？打開「版面設定」對話方塊，在「頁首 / 頁尾」選項中按一下「自訂頁首」按

鈕，打開「頁首」對話方塊，把游標插入「左部」文字方塊中，然後按一下「插入圖片」按鈕，打開的對話方塊中選擇公司的 Logo 圖片檔，插入圖片後，接著按一下「設定圖片格式」按鈕，在打開的對話方塊中對圖片的高度和寬度進行設定，並將圖片設定成合適的大小。最後進入預覽列印視窗，即可看到在報表的左上角增加公司 Logo 。

❷ 增加公司 Logo

（左圖）

❶ 未增加 Logo

215 將註解內容列印出來

製作報表時，有時需要在報表中增加註解，以便理解和閱讀報表中的資料。預設情況下，工作表中的註解是不被列印出來的❶，如果列印報表時要想將註解一併列印出來，可以打開「版面設定」對話方塊，在「工作表」選項中按一下「註解和附註」右側的下拉按鈕❷，從下拉清單中選擇「顯示再工作表底端」，然後按一下「預覽列印」按鈕，進入預覽列印視窗，此時，可以看到在第二頁中顯示出註解資訊❸。

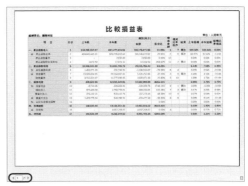

❶ 未列印註解

❷ 選擇「工作表末尾」選項　　　　❸ 在第二頁顯示註解

216 不列印圖表

為了直覺地展示並分析資料，一般會在報表中插入圖表。當列印報表時，預設情況下圖表也會一起被列印出來❶，如果不需要將圖表列印出來，則可以選中圖表，打開「圖表工具 - 格式」選項，按一下「圖案樣式」，打開「圖表區格式」視窗，開啟「大小與屬性」選項，在「屬性」選項群組中取消勾選「列印物件」核取方塊就可以❷，進入預覽列印視窗中，可以看到圖表沒有被列印出來❸。

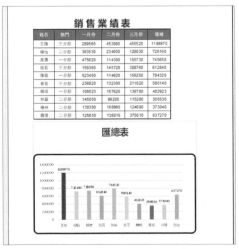

❶ 圖表被列印出來了

❷ 取消勾選「列印對象」核取方塊　　　　**❸** 圖表未被列印出來

		銷 售 業 績 表			
姓名	部門	一月份	二月份	三月份	匯總
王陳	三分部	289560	453890	455520	1198970
楊怡	二分部	363530	234600	128030	726160
周勇	一分部	475620	114300	155730	745650
張茉	三分部	158360	145720	308760	612840
陳嵐	一分部	523450	114620	156250	794320
黃良	三分部	236820	132300	211020	580140
柳成	一分部	108523	157620	136780	402923
林篁	二分部	145050	96200	115280	356530
楊林	二分部	139390	108960	124690	373040
蓋澄	二分部	125650	136010	375610	637270

217 列印報表背景

通常為了使報表看上去更美觀，會為其增加圖片背景，但在列印報表時不會將背景列印出來❶。如果想要將背景列印出來，則可以先選中需要列印的資料區域，按一下「攝影」按鈕，將拍攝的圖片放置在新的工作表中，然後調整好圖片的位置，進入預覽列印視窗，可以看到報表的背景被列印出來了❷。

此外，如果一開始沒有為報表增加背景圖片，可以先選中沒有增加背景圖片的資料區域，按一下「攝影」按鈕，對該資料區域進行拍攝，然後打開新的工作表，選擇

合適的位置，將照片放置好。

接著為照片設定背景圖片，首先選擇照片，右擊選擇「設定圖片格式」指令❸，打開「設定圖片格式」視窗，在「填滿」中選中「圖片或材質填滿」選項，然後按一下下方的「圖片來源 - 插入」按鈕❹，於對話方塊中選擇合適的背景圖片，插入後進入預覽列印視窗，即可看到報表的背景可被列印出來。

需要說明的是，如果大家想要取消報表的背景圖片，則可以在「頁面配置」選項中直接按一下「刪除背景」按鈕。

5-25

❶ 未將背景列印出來

❷ 列印出報表背景

❸ 選擇「設定圖片格式」指令

❹ 按一下「圖片來源 - 插入」按鈕

218 按指定位置分頁列印

在列印報表時，Excel 預設會列印整個工作表，並根據頁面能容納的內容自動插入分頁線。但有時候系統自動分頁列印出來的並不是想要的效果，從圖❶中可以看出，在第一頁，圖表只被列印一部分，如果要將圖表調整到第二頁進行列印，則可以

為其設定分頁線，即選中圖表上方的儲存格，這裡選擇 A43 儲存格，打開「頁面配置」選項，按一下「分頁符號」下拉按鈕，選擇「插入分頁」選項，然後進入預覽列印視窗，可以看到圖表被分到第二頁進行列印❷。

❶ 圖表顯示出一部分

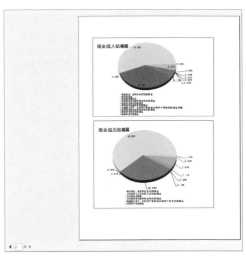

❷ 圖表被列印在第二頁

219 將工作表儲存為 HTML 格式

HTML 為超文本標記語言，是建立網頁的標準標記語言。Excel 2016 具有將活頁簿儲存為 HTML 格式的功能，然後可以在企業內部網站或 Internet 上發佈，造訪者只需要使用網頁瀏覽器即可查看活頁簿內容。將活頁簿儲存為 HTML 格式後，該檔案還可以使用 Excel 打開和編輯，但一部分 Excel 功能將會丟失。具體的操作方法為按一下「檔案」按鈕，選擇「另存新檔」選項，然後在「另存新檔」視窗中按一下「瀏覽」按鈕，彈出「另存新檔」對話方塊，

先選擇儲存位置，然後選擇「存儲類型」為「網頁（*.htm；*.html）」，接著輸入檔案名。如果發佈整個活頁簿，則可以按一下「儲存」按鈕，此時彈出一個提示對話方塊，按一下「是」按鈕就可以完成操作 **❶**。打開該檔案，選擇瀏覽器後，就可以在網頁中查看發佈的活頁簿了 **❷**。

如果只希望發佈一張工作表或者一個儲存格區域，則可以在「另存新檔」對話方塊中按一下「發佈」按鈕，彈出「發佈為網頁」對話方塊，可以選擇發佈的內容，以及設

定一些相關選項，最後按一下「發佈」按
鈕❸，就可以在網頁中查看發佈的工作表。

需要注意的是，從 Excel 2007 開始，Excel
不再支援將活頁簿發佈為互動式網頁，只
能發佈為靜態網頁。

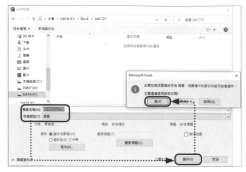

❶ 執行另存新檔操作

❷ 在網頁中查看

❸ 設定發佈內容

220 工作表也能匯出為 PDF 文件

通常會將 Word 或 PowerPoint 匯出成 PDF
檔，其實 Excel 也支援將活頁簿發佈為
PDF 檔，以便獲得更好的閱讀相容性以及
檔案安全性。具體方法為按一下「檔案」

按鈕，選擇「匯出」選項，然後在「匯出」
視窗按一下「建立 PDF/XPS 文件」按鈕❶
，彈出「建立 PDF/XPS 文件」對話方塊，
先選擇儲存位置，再輸入檔案名，最後按

一下「發佈」按鈕，就可以將工作表匯出為 PDF 檔❷。如果希望設定更多的選項，則可以在對話方塊下方按一下「選項」按鈕，在彈出的「選項」對話方塊中可以設定發佈的頁面範圍、工作表範圍等參數。

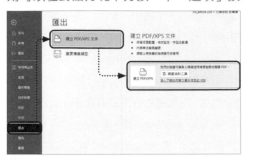

❶ 按一下「建立 PDF/XPS 文件」按鈕

❷ 匯出為 PDF 文件

221 Office 應用程式的共享辦公

Office 一 般 包 括 Word、Excel 和 Power-Point。在日常工作中，常常需要同時使用多個應用程式，因此進行應用程式之間的資料共用顯得非常重要。這裡介紹一下 Excel 和其他應用程式之間的共享辦公。

■ 01 將 Excel 表格輸入到 Word 中

可以將 Excel 表格中的資料登錄到 Word 檔案中，首先需要選擇工作表中的資料區域，按 Ctrl+C 進行複製❶，然後打開 Word 檔案，選擇需要貼上的位置，按一下「貼上」下拉按鈕，選擇「選擇性貼上」選項，彈出「選擇性貼上」對話方塊，將貼上形式設定為「HTML 格式」❷，按一下「確定」按鈕後可以看到 Word 檔案中插入表格，最後適當調整表格的列寬就可以❸。

■ 02 將 Excel 表格插入到 PowerPoint 中

如果想要將 Excel 中的資料直接導入到 PowerPoint 中，則可以先選中工作表中的資料區域，複製後，打開 PowerPoint，然後按一下「貼上」下拉按鈕，選擇「選擇性貼上」選項，在打開的對話方塊中設定「貼上連結」為「Microsoft Excel 工作表物件」❹，按一下「確定」按鈕後可以看到

在 PowerPoint 中插入了表格，適當調整表格的大小和位置即可❺。

需要說明的是，當 Excel 表格中的資料發生改變後，PowerPoint 中表格的資料也會進行同步更新。

■ 03 在 Excel 中插入 Word

還可以在 Excel 中插入其他 Office 應用程式，如插入 Word 檔案，首先打開「插入」選項，按一下「物件」按鈕❻，彈出「物件」對話方塊，從中將「物件類型」設定為 Microsoft Word Document，按一下「確定」按鈕後可以看到在工作表中插入了一個 Word 檔案❼。

■ 04 在 Word 中插入 Excel

當需要在 Word 中輸入資料並對資料進行各種運算時，可以在 Word 中插入一個 Excel 表，在表格中進行相關運算。首先打開 Word 檔案，在「插入」選項中按一下「表格」下拉按鈕，選擇「Excel 試算表」選項，此時，在 Word 檔案中就插入一個工作表，並且 Word 的功能區變為 Excel 的功能區❽。

■ 05 將 Excel 中的圖片輸入到其他應用程式

如果需要將 Excel 中的圖片導入到其他應用程式中，如導入到 Word 或 PowerPoint 中，則可以先選中 Excel 中的圖片，複製後❾打開 Word 或 PowerPoint，按一下「貼上」下拉按鈕，選擇「選擇性貼上」選項，彈出「選擇性貼上」對話方塊❿，可以看到選擇性貼上允許以多種格式的圖片來貼上，但只能進行靜態貼上，而且不同格式的檔案大小也有所差異。如果在「形式」清單方塊中選擇「點陣圖」選項，圖片會以 BMP 格式貼上到 Word 或 PowerPoint 中；選擇「圖片（增強型圖中繼檔）」，圖片會以 EMF 格式貼上到 Word 或 PowerPoint 中；選擇「圖片（GIF）」，圖片會以 GIF 格式貼上到 Word 或 PowerPoint 中；選擇「圖片（PNG）」，圖片會以 PNG 格式貼上到 Word 或 PowerPoint 中；選擇「圖片（JPEG）」，圖片會以 JPEG 格式貼上到 Word 或 PowerPoint 中；選擇「Microsoft Office 圖形物件」，圖片會以 JPEG 格式貼上到 Word 或 PowerPoint 中。

■ 06 連結 Excel 圖表到 PowerPoint 中

Excel 圖表同時支援靜態貼上連結和動態貼上連結。如果想要將 Excel 中的圖表靜態貼上到 PowerPoint 中，則可以選中圖表，複製後⓫打開 PowerPoint，然後按一下「貼上」下拉按鈕，從清單中選擇「圖片」選項⓬，即可將 Excel 中的圖表以圖片的形式靜態貼上到 PowerPoint 中。若要將圖表動態貼上到 PowerPoint 中，則可以在「貼上」下拉清單中選擇「選擇性貼上」選項，打開「選擇性貼上」對話方塊，選擇「貼上連結」，然後按一下「確定」按鈕⓭，此時可以看到當 Excel 中圖表的資料來源發生變化時，PowerPoint 中的圖表也會跟著發生改變⓮。

編號	名稱	規格	數量	成本	合計
		文具用品生產表			
WJ001	資料夾	A4縱向	13240	NT1.25	NT16,550.00
WJ002	複印紙	A4普通紙	125630	NT0.08	NT10,050.40
WJ003	打印紙	A3普通紙	123215	NT0.09	NT11,089.35
WJ004	記事本	A5	48975	NT3.50	NT171,412.50
WJ005	特大號信封	印有公司名稱	35685	NT0.10	NT3,568.50
WJ006	普通信封	長3型	45465	NT0.09	NT3,955.46
WJ007	文具盒	BT2型	31239	NT1.42	NT44,359.38
WJ008	鋼筆	251型	21002	NT2.35	NT49,354.70
WJ009	鉛筆	B4型	32350	NT0.40	NT12,940.00
WJ010	水筆	尤彩型	45563	NT0.50	NT22,781.50
WJ011	橡皮擦	笑臉橡皮	85742	NT0.80	NT66,593.60
WJ012	液體膠水	直徑40mm高135mm	42512	NT2.30	NT97,777.60
WJ013	修正液	44×10mm	48796	NT0.75	NT36,597.00
WJ014	鉛筆刀	HS915	12589	NT13.00	NT163,657.00

❶ 複製工作表中的資料

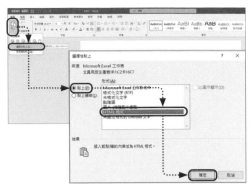

❷ 設定貼上形式

❸ 表格資料導入到 Word

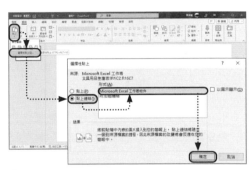

❹ 設定貼上連結

❺ 表格資料導入到 PowerPoint

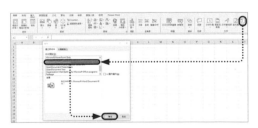

❻ 設定物件類型

❼ Excel 中插入 Word 檔案

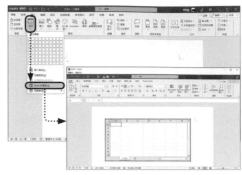

❽ Word 中插入 Excel 表格

❾ 複製 Excel 中的圖片

❿「選擇性貼上」對話方塊

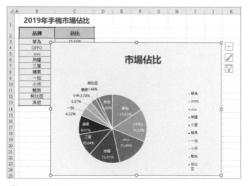

⓫ 複製圖表

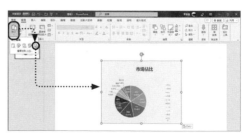

⓬ 將圖表貼上為圖片

⓭ 選擇「貼上連結」

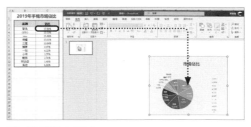

⓮ 動態貼上圖表

222 為活頁簿設定雙重密碼保護

對於一些重要的資料表,都會為其設定密碼,以防止資料資訊的洩露。為了保險起見,還可以為活頁簿設定雙重密碼。首先打開活頁簿,從「檔案」功能表中選擇「另存新檔」選項,然後在打開的「另存新檔」對話方塊中按一下「工具」下拉按鈕,選擇「一般選項」選項❶,打開「一般選項」對話方塊,設定「保護密碼」(密碼為123)和「防寫密碼」(密碼為321),設定好後按一下「確定」按鈕❷,再次彈出一個對話方塊,確認密碼,請再輸入一次密碼,按一下「確定」按鈕後,最後返回到「另存新檔」對話方塊,儲存後,打開

另存新檔的活頁簿,會彈出一個「密碼」對話方塊,只有在其中輸入正確的密碼,才能打開活頁簿❸,接著會再次彈出一個對話方塊,提示只有輸入密碼才能獲取修改許可權,否則只能按一下「唯讀」按鈕,以「唯讀」的方式打開活頁簿❹。

此外,除了對活頁簿和工作表進行保護,還可以對連結的外部檔案進行安全設定。首先需要打開「Excel 選項」對話方塊,選擇「信任中心」選項❺,並在右側按一下「信任中心設定」按鈕,在打開的「信任中心」對話方塊中選擇「外部內容」選項,隨後在右側區域進行設定就可以了❻。

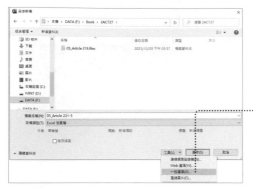

❶ 選擇「一般選項」

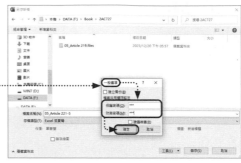

❷ 設定密碼

❸ 輸入密碼

❹ 以唯讀的方式打開

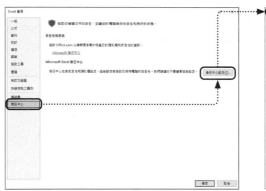

❺ 打開「Excel 選項」對話方塊

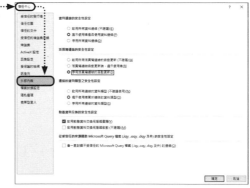

❻ 設定外部內容

223 Excel 的自動恢復

在製作報表的過程中可能遇到斷電、當機等意外情況，導致 Excel 非正常關閉，如果還沒有來得及儲存檔案❶，那簡直就是一場災難。Office 系統考慮到會有這一情況的發生，為 Excel 軟體配置自動恢復資訊的功能，只需要打開上次未儲存的活頁簿，就可以看到在左側顯示的「檔案恢復」資訊，選擇「上次‘自動恢復’時建立的版本」，就可以恢復最後一次自動儲存時的資料資訊❷。最後儲存恢復後的工作表就可以。

	A	B	C	D	E	F
1	年份	客戶	銷售人員	產品型號	出庫單號	數量
2	2014	內蒙古	宋志涵	電子提花機	FZJ1301-001	3
3	2014	四川	王有權	電子提花機	FZJ1301-002	2
4	2014	四川	程有為	電子提花機	FZJ1301-003	4
5	2014	四川	夏昌傑	電子提花機	FZJ1301-004	1
6	2014	黑龍江	宋志涵	倍撚機	FZJ1301-005	5
7	2014	廣東	王有權	電子提花機	FZJ1301-006	7
8	2014	遼寧	程有為	電子提花機	FZJ1301-007	4
9	2014	遼寧	夏昌傑	電子提花機	FZJ1301-008	1

❶ 未儲存的工作表

❷ 自動恢復資料資訊

224 Excel 的自動儲存

Excel 的自動恢復功能之所以可以恢復丟失的資料，是因為設定自動儲存，系統已經自動儲存之前輸入的資料內容，所以才能找回來。那麼該如何設定自動儲存呢？首先打開「Excel 選項」對話方塊，選擇「儲存」選項，然後在右側勾選「儲存自動恢

復資訊時間間隔」核取方塊，並在後面的
數值框中輸入自動儲存的時間間隔，這裡
輸入 1，即每隔一分鐘自動儲存一次。最
後按一下「確定」按鈕即可❶。

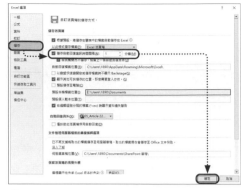

❶ 設定自動儲存時間間隔

225　Excel 的自動備份

當對報表進行修改時，有時會因為粗心，
將正確的資料修改成錯誤的，並且進行儲
存。這樣會造成很大的麻煩，如果想要挽
回，該怎麼操作呢？可以透過設定讓系統
在儲存檔案時自動建立一個備份檔案，這
樣就可以避免這種失誤了。首先打開「另
存新檔」對話方塊，按一下「工具」下拉
按鈕，選擇「一般選項」選項，彈出「一
般選項」對話方塊，勾選「建立備份」核
取方塊❶，按一下「確定」按鈕後直接儲
存，此時會彈出「另存新檔」對話方塊，
直接按一下「是」按鈕，系統就會為該活
頁簿自動建立一個備份。然後將工作表中
的「基本工資」由 5200 修改成 5500，並

進行儲存，接著修改其餘的基本工資，當
修改完成並進行儲存後，發現錯誤❷，此
時可以打開備份的活頁簿，這樣就可以得
到上一次操作之前的正確資料了❸。

❶ 設定自動備份

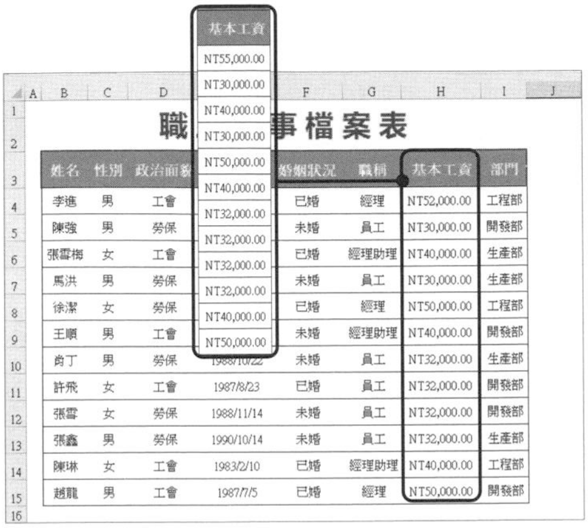

❷ 修改成錯誤內容

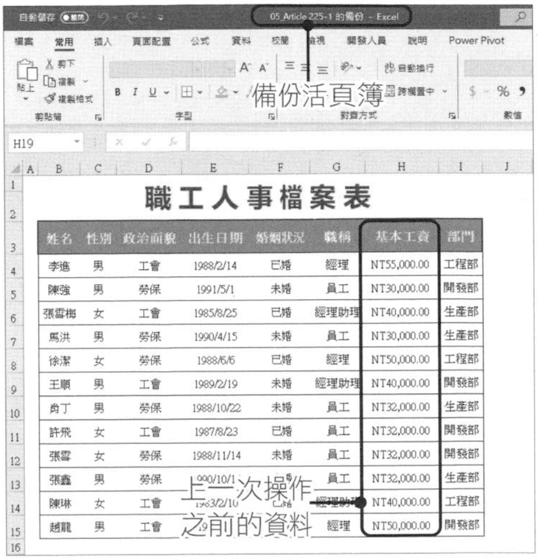

❸ 備份資料內容

226 保護活頁簿結構

前面介紹用加密的方法保護整個活頁簿，這裡再介紹一種保護活頁簿的方法，即保護活頁簿的結構。在「校閱」選項中按一下「保護活頁簿」按鈕，彈出「保護結構及視窗」對話方塊，勾選「結構」核取方塊❶，就可以禁止在目前活頁簿中插入、刪除、移動、複製、隱藏或取消隱藏工作表，並且禁止重新命名工作表。

大家可以根據需要設定密碼，此密碼與工作表保護密碼和活頁簿打開密碼沒有任何關係。

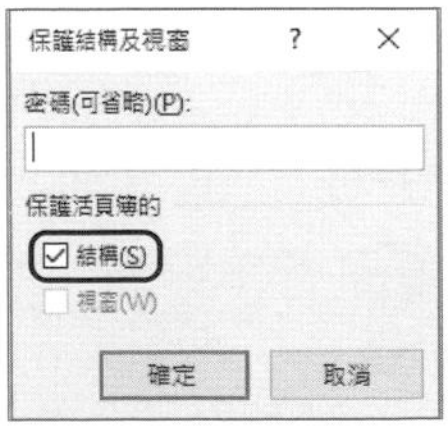

❶ 設定保護活頁簿結構

227 Excel 在行動裝置上的使用

不僅可以在電腦上使用 Excel，而且可以在手機上使用 Excel 軟體，如今手機的功能越來越齊全，也越來越完善。大家可以在手機上下載需要的 App，隨時隨地登錄並進行操作，方便、快捷，節省大量的時間。每個手機上都會自帶一個應用程式商店或類似功能的軟體，大家可以點擊進入，然後搜尋 Excel，找到官方的 Excel 應用程式，並點擊「安裝」按鈕❶，隨後會顯示安裝進度❷，安裝好後，點擊「開啟」按鈕❸，顯示準備進入視窗❹，打開 Excel 軟體後，會詢問是否要升級為 Microsoft 365 個人版進階版❺，先暫時略過，接著看到系統提供多種存取空間位置，可以根據需要選擇。這裡選擇「OneDrive - 個人」❻，隨後需要進行一系列的登錄操作。

登錄後，進入操作視窗，在視窗的下方顯示「最近」「共用」「開啟舊檔」3 個選項❼，在視窗的上方顯示「+」選項。如果想要新建一個活頁簿，則可以點擊，進入新增視窗❽，選擇「空白活頁簿」選項，就可以新建一個空白活頁簿❾。選擇 A1 儲存格，在其中輸入資訊，在活頁簿的下方會顯示一些常用的功能選項，如「篩選」「排序」等，如果點擊底端右側的小三角圖示，則在展開的清單中可以使用各個選項中的功能❿。

需要說明的是，以上操作全部於安卓系統的手機，如果使用的是蘋果手機，顯示的視窗則會有差異。

❶ 點擊「安裝」按鈕

❷ 顯示下載進度

❸ 點擊「開啟」按鈕

❹ 顯示提示資訊

❺ 準備進入視窗

❻ 雲存儲空間類型

❼ 操作視窗

❽ 選擇「空白活頁簿」

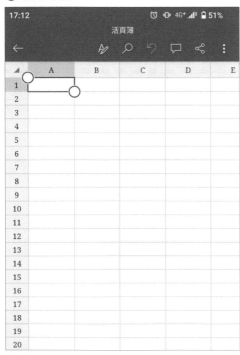

❾ 新建的空白活頁簿

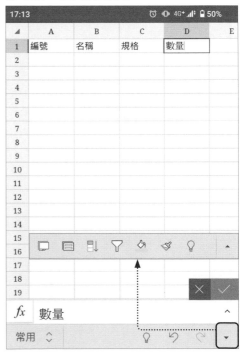

❿ 功能選項

228 用 Excel 製作抽獎神器

在一些節目或活動中經常會看到抽獎環節，需要在大量的手機號碼或者姓名中抽取或指定獲獎人員❶。接下來就講解一下其製作過程。首先，在 Excel 表格中製作人員名單，並配上相對應的照片，然後插入一張背景圖片，並在圖片上輸入文字❷。接著在 E1 儲存格中輸入公式「=INDEX (A:A,D1)」，然後在背景圖片上插入一個文字方塊，將文字方塊設定成無填滿，然後選中文字方塊，在「編輯欄」中輸入公式「=E1」，這樣文字方塊中的內容便會隨著 E1 儲存格中的內容變化而變化。設定好文字方塊中的字體後，將文字方塊移至背景圖片的合適位置❸。打開「公式」選項，按一下「定義名稱」按鈕，打開「新名稱」對話方塊，設定「名稱」和「參照到」選項，設定好後可以在「名稱管理器」中查看「參照到」公式，其表示將 D1 儲存格和 B 列中對應的照片指定❹。接著在 D1 儲存格中輸入任意一個數字，這裡輸入 2，然後插入一張照片，將其移至背景圖片的合適位置，選中照片，在「編輯欄」中輸入公式「= 照片」，將照片裁剪成圓形，並設定圖片的邊框顏色和粗細❺。

接下來開始設定 VBA，按 Alt+F11 打開 VBA 編輯器，在其中輸入程式碼，建立開始、結束以及內定 3 個過程❻。然後插入

3 個按鈕，分別指定這3個過程，即打開「開發工具」選項，按一下「插入」下拉按鈕，從中選擇「按鈕（表單控制項）」選項，繪製一個按鈕，並在彈出的「指定巨集」對話方塊中選擇指定的巨集名稱，這裡選擇「Sheet 1. 開始」❼。再繪製一個按鈕，並指定「Sheet 1. 結束」巨集，然後右擊繪製的按鈕，選擇「編輯文字」指令，將按鈕中的文字更改為「開始」和「結束」，接著再次右擊按鈕，選擇「控制項格式」指令，在彈出的對話方塊中設定按鈕中文本的字體格式。此時抽獎器基本已經製作完成，按一下「開始」按鈕開始抽獎，按一下「結束」按鈕，就會顯示抽到的人員名稱和照片❽。

若想要指定某個人中獎，則可以繪製一個圓形，然後選中圓形右擊，選擇「指定巨集」指令❾，在打開的「指定巨集」對話方塊中選擇「Sheet 1. 內定」選項，這樣抽獎器就製作完成了。當想要抽到指定人員時，就先按一下一下白色圓形，然後再按一下「 開始」按鈕，這樣不論什麼時候按一下「 結束」按鈕，百分之百抽到的都是指定人員❿。

需要注意的是，活頁簿預設禁用所有的巨集，所以使用巨集需要在「Excel 選項」對話方塊的「信任中心」設定巨集為「啟用

VBA 巨集」，然後將活頁簿另存為「Excel 啟用巨集的活頁簿」類型，這樣才可以 在下次打開活頁簿時執行巨集並執行抽獎操作。

❶ 獲獎人員

❷ 設定標題

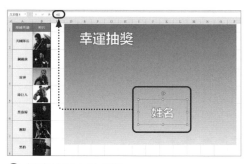

❸ 設定抽獎人員名稱

❹ 定義名稱

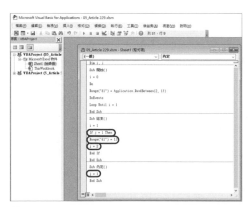

❺ 設定抽獎人員的照片

❻ 輸入 VBA 程式碼

7 指定巨集

8 開始抽獎

9 指定巨集

10 抽到指定人員

229 製作簡易貸款計算器

日常生活中，有時會需要向銀行進行貸款，有的人對還款數額、還款期數等不是很清楚，這裡教大家製作一個簡易的貸款計算器，計算每月還款的金額、利息總額等**①**，這樣不至於到還款時一頭霧水。首先製作一個表格框架，然後輸入相關資料

內容，並美化一下表格❷。打開「公式」選項，按一下「定義名稱」按鈕，為需要計算的資料定義公式的名稱，在「名稱管理器」對話方塊中可以查看詳細的定義名稱和參照到資訊❸。然後選中 H4 儲存格，輸入公式「=IFERROR (IF(已清償貸款 , 每月還款額 ,""), "")」，計算「每月還款」。選中 H5 儲存格，輸入公式「=IFERROR(IF(已清償貸款 ,$D$6*12,""), "")」，計算「還款期數」。在 H6 儲存格中輸入公式「=IFERROR (IF(已清償貸款 ,$H$7-$D$4,""), "")」，計算「利息總額」。在 H7 儲存格中輸入公式「=IFERROR(IF(已清償貸款 , 每月還款額 *$H$5,""), "")」，計算「總貸款成本」。最後，在 B10 儲存格中輸入「=IFERROR (IF(待償還貸款 * 已清

償貸款 , 還款期數 ,""), "")」，在 C10 儲存格中輸入「=IFERROR (IF(待償還貸款 * 已清償貸款 , 還款日期 ,""), "")」，在 D10 儲存格中輸入「=IFERROR (IF(待償還貸款 * 已清償貸款 , 貸款價值 ,""), "")」，在 E10 儲存格中輸入「=IFERROR (IF(待償還貸款 * 已清償貸款 , 每月還款額 ,""), "")」，在 F10 儲存格中輸入「=IFERROR (IF(待償還貸款 * 已清償貸款 , 本金 ,""), "")」，在 G10 儲存格中輸入「=IFERROR(IF(待償還貸款 * 已清償貸款 , 利息金額 ,""), "")」，在 H10 儲存格中輸入「=IFERROR(IF(待償還貸款 * 已清償貸款 , 期末餘額 ,""), "")」，選中 B10:H10 儲存格區域，然後向下填滿公式，這樣就將簡易貸款計算器製作完成了。

簡易貸款計算器

貸款價值	
貸款金額	NT200,000.00
年利率	6.50%
貸款年限	5
貸款開始日期	2023/12/25

貸款匯總	
每月還款	NT3,913.23
還款期數	60
利息總額	NT34,793.78
總貸款成本	NT234,793.78

還款期數	還款日期	期初餘額	還款	本金	利息	期末餘額
52	2028/4/25	NT34,283.86	NT3,913.23	NT3,727.53	NT185.70	NT30,556.33
53	2028/5/25	NT30,556.33	NT3,913.23	NT3,747.72	NT165.51	NT26,808.62
54	2028/6/25	NT26,808.62	NT3,913.23	NT3,768.02	NT145.21	NT23,040.60
55	2028/7/25	NT23,040.60	NT3,913.23	NT3,788.43	NT124.80	NT19,252.17
56	2028/8/25	NT19,252.17	NT3,913.23	NT3,808.95	NT104.28	NT15,443.23
57	2028/9/25	NT15,443.23	NT3,913.23	NT3,829.58	NT83.65	NT11,613.65
58	2028/10/25	NT11,613.65	NT3,913.23	NT3,850.32	NT62.91	NT7,763.33
59	2028/11/25	NT7,763.33	NT3,913.23	NT3,871.18	NT42.05	NT3,892.15
60	2028/12/25	NT3,892.15	NT3,913.23	NT3,892.15	NT21.08	NT0.00

❶ 計算貸款相關資料

❷ 製作表格框架並輸入內容

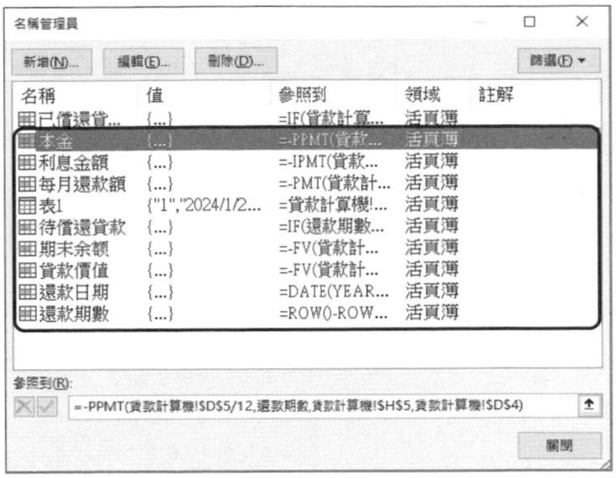

❸ 名稱管理器

230 擴充小妙招：自動產生資料夾目錄

不知道大家有沒有這樣的經歷，隨手儲存的檔案，每次到了使用的時候都要手忙腳亂地翻遍資料夾去尋找。如果能有一個目錄作索引那就太棒了。這裡教大家一個小妙招，自動存取資料夾中所有檔的名稱，並在 Excel 中產生連結到原始檔案的目錄。尋找檔案的時候，直接在 Excel 目錄中按一下檔案名稱便可快速打開相對應的文件。

圖❶是一份包含不同類型檔的資料夾，首先，需要存取資料夾中所有檔案的名稱。文件不多時可手動存取，即將檔案名稱手動輸入到 Excel 工作表中。若檔很多，就要使用小妙招來存取名稱了。在資料夾內

新建一個記事本檔案❷，輸入「DIR *.*/B>LIST.TXT」（DIR 後需有一空格）內容後儲存並關閉檔案❸。然後修改記事本檔案名「.TXT」修改為「.bat」。按兩下這個記事本會產生一個名為「List」的新檔案❹。打開該檔便可查看到存取出的所有檔案名稱❺。

接下來開始建立自動目錄，將所有檔案名複製到 Excel 表格內，在 B1 儲存格中輸入公式「=HYPERLINK("F:\Book\2AC727\"&A1,A1)」建立超連結❻。向下填滿公式便可得到所有超連結標題，按一下任意超連結標題便可打開相應的文件❼。

❶ 包含不同類型檔的資料夾

HYPERLINK 是一個超連結函數，作用是打開儲存在網路服務器、Intranet 或 Internet 中的文件或跳轉到指定工作表的儲存格。

公式中「"F:\Book\2AC727\"」表示資料夾所在位置以及資料夾名稱。

下面可繼續向表格中增加其他資料夾目錄。

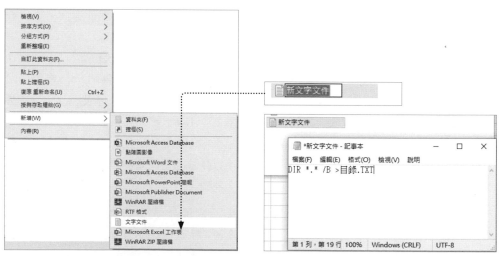

❷ 新建記事本檔案　　　　　❸ 輸入程式碼

❹ 自動產生目錄

❺ 查看並複製目錄

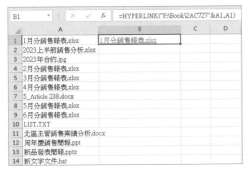

❻ 貼上目錄至 Excel 工作表並建立連結

❼ 按一下標題打開對應文件

231 製作雙色球搖獎器

雙色球是以中國福利彩票遊戲為發想，在台灣彩券的威力彩跟大樂透也是類似的概念。此雙色球搖獎為 33 個可選數字球，標記為 1~33，玩家可選 7 個，其中 6 個為紅球（1~33），1 個為藍球（1~16），每個號碼只選 1 次（紅球與藍球可以重複），不可重複選擇，視玩家選取數字與開獎號碼相同的數量確定中獎等級，如完全一致則中大獎❶。接下來講解如何製作雙色球搖獎器。首先製作表格框架，並輸入相關資料內容❷。選中 A2 儲存格，輸入公式「=RAND()」，並將公式向下填滿至 A34 儲存格。在 B2 儲存格中輸入公式「=RANK(A2,\$A\$2:\$A\$34)+COUNTIF(\$A\$2:\$A\$34

,A2) -1」，同樣將公式向下填滿至 B34 儲存格。在「紅球編號」列輸入 1~33 數字。按照同樣的方法，在 N2、O2 中輸入公式，修改相關參數就可以了。然後在「藍球編號」列中輸入 1~16 數字。接著對中獎的紅球設定連結，選中 F3 儲存格，輸入公式「=VLOOKUP (F$2, $B:$C,2,0)」，並將公式向右填滿至 K3 儲存格。然後對藍球設定連結，在 L3 儲存格中輸入公式「=VLOOKUP (L$2,O2: P17,2,0)」。可以將

中獎的紅球和藍球號碼連結為紅色和藍色的彩球形狀，即繪製 7 個圓形，分別放在合適的位置，然後選中第 1 個圓形，在「編輯欄」中輸入公式「=$F$3」，選中第 2 個圓形，輸入公式「=$G$3」……選中第 7 個圓形，輸入公式「=$L$3」。最後設定 7 個圓形的形狀樣式和字體格式，雙色球搖獎器就製作完成了❸，按一下工作表任意儲存格，按 F9 鍵，系統會自動選號，鬆開 F9 鍵，便會鎖定一注雙色球號碼。

球顏色	紅球						藍球
中獎顧序	1	2	3	4	5	6	1
中獎號碼	22	01	14	09	07	21	14

球顏色	紅球						藍球
中獎顧序	1	2	3	4	5	6	1
中獎號碼	11	19	16	29	07	12	16

球顏色	紅球						藍球
中獎顧序	1	2	3	4	5	6	1
中獎號碼	11	29	20	03	32	33	06

球顏色	紅球						藍球
中獎顧序	1	2	3	4	5	6	1
中獎號碼	22	28	31	33	14	15	16

❶ 雙色球搖獎

	A	B	C	D	E	F	G	H	I	J	K	L	M	N	O	P
1	產生0-1之間的亂數	對亂數從大到小進行排名	紅球編號		球顏色	紅球						藍球		產生0-1之間的亂數	對亂數從大到小進行排名	藍球編號
2					中獎顧序	1	2	3	4	5	6	1				
3					中獎號碼											
4																
5																
6																
7																

❷ 製作表格框架並輸入內容

	A	B	C	D	E	F	G	H	I	J	K	L	M	N	O	P
1	產生0-1之間的亂數	對亂數從大到小進行排名	紅球編號		球顏色	紅球						藍球		產生0-1之間的亂數	對亂數從大到小進行排名	藍球編號
2	0.54231014	13	01		中獎顧序	1	2	3	4	5	6	1		0.82541114	3	01
3	0.300003987	21	02		中獎號碼	22	13	25	16	18	23	14		0.095193846	15	02
4	0.012251111	32	03											0.5877372214	9	03
5	0.530093427	14	04											0.7702377742	6	04
6	0.555624073	12	05											0.77535355	5	05
7	0.407317114	18	06											0.831972634	2	06
8	0.081385562	29	07											0.327778707	12	07
9	0.114345284	28	08											0.441719859	10	08

❸ 完成搖獎器的製作《》

232 內建圖表到垂直時間軸的華麗變身

首先來瞭解一下什麼是時間軸，時間軸即按時間順序，把事件串聯起來，所形成的相對完整的記錄體系，主要以圖文或動畫的形式呈現。時間軸可運用於不同領域，依據不同的分類把時間和事物歸類和排序，把過去的事物系統化、完整化、精確化，只需要一條時間線，就能回顧歷史展望未來。

圖❶是一張朝代演進的時間軸，精通圖表製作的使用者或許能夠猜測出這其實是一張圖表。但是，它的製作軟體以及具體的製作過程卻很少有人知道。Excel 圖表具有許多進階的製圖功能，使用起來也非常簡便。先建立一張簡單的圖表，再進行修飾，便能讓圖表變得很精緻。而這時間軸就是用 Excel 圖表功能製作出來的，其製作過程也並不複雜。

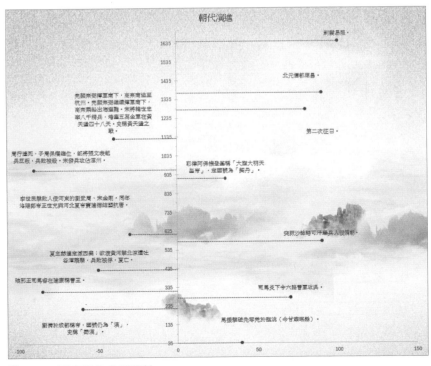

❶ Excel 圖表製作的時間軸

製作任何圖表都需要資料來源，製作時間軸也不例外。本例資料來源中共包含 3 列資料，分別是「年」「事件」「時間點」❷。這三列內容是構成時間軸的關鍵元素。其中「年」和「事件」是已知條件，而「時間點」是輔助條件，時間點是虛構的，為了配合「事件」在時間軸的左右形成一定的差距，從而讓時間軸看起來更美觀、更合理化。

準備工作完成後開始正式製作時間軸。為了使用者能夠更好地理解，此處將分步驟進行講解。

第一步（建立圖表）：插入一個空白的散佈圖。

第二步（增加時間線和時間點）：在「圖表工具 - 設計」選項中按一下「選擇資料來源」按鈕，打開「選擇資料來源」對話方塊，為散佈圖增加 X 軸和 Y 軸的數列值❸。這時候一張普通的散佈圖就形成❹，看起來和時間軸好像沒什麼關係。

第三步（去除時間軸上多餘的元素）：刪除散佈圖上的橫座標軸以及格線。

第四步（設定時間線樣式）：選中垂直座標軸，然後右擊，在快顯功能表中選擇「座標軸格式」，打開「座標軸選項」選項，參照圖❺設定座標軸參數，隨後切換到「填滿與線條」選項中，設定線條顏色為「黑色，文字 1，淡色 35%」，寬度為「2pt」。將圖表適當地拉長一些，此時，時間軸的大致樣子已經呈現出來了❻。

年	事件	時間點
35	馬援擊破先零羌於臨洮（今甘肅岷縣）。	40
221	劉備於成都稱帝，國號仍為「漢」，史稱「蜀漢」。	-60
279	司馬炎下令六路晉軍攻吳。	70
317	琅邪王司馬睿在建康稱晉王。	-85
431	夏主赫連定滅西秦；欲渡黃河擊北涼遭吐谷渾襲擊，兵敗被俘，夏亡。	-50
581	突厥沙缽略可汗舉兵入侵隋朝。	90
620	李世民擊敗入侵河東的劉武周、宋金剛。同年洛陽鄭帝王世充與河北夏帝竇建德結盟抗唐。	-30
916	耶律阿保機登基稱「大聖大明天皇帝」，定國號為「契丹」。	30
962	周行逢死，子周保權繼位，部將張文表起兵反叛，兵敗被殺。宋發兵攻佔潭州。	-90
1129	完顏宗弼揮軍南下，高宗南逃至杭州。完顏宗弼繼續揮軍南下，高宗乘船出海避難。宋將韓世忠率八千精兵，堵塞五萬金軍在黃天盪四十八天。史稱黃天盪之戰。	-40
1281	第二次征日。	80
1369	北元遷都應昌。	90
1645	剃髮易服。	100

❷ 資料來源

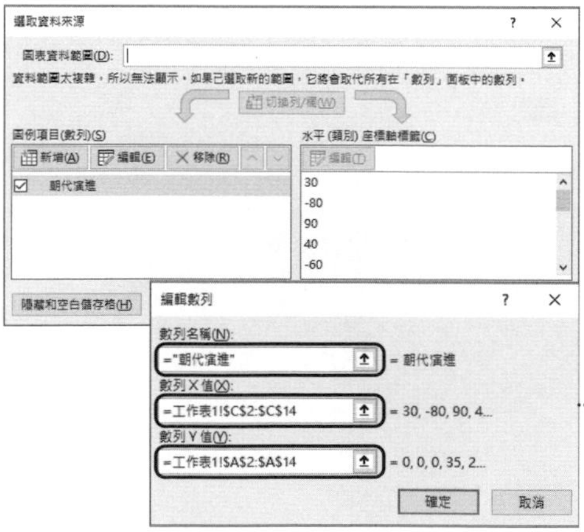

❸ 增加資料數列

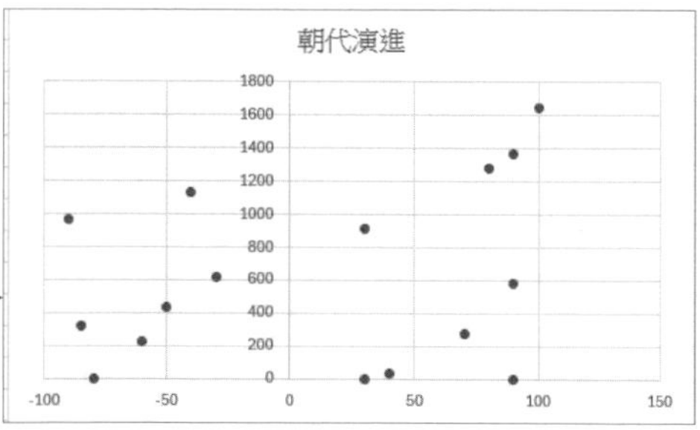

❹ 散佈圖基本形態

❺ 設定座標軸格式

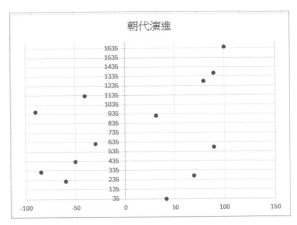

❻ 時間軸初始形態

第五步（增加事件）：為圖表增加資料標籤元素，資料標籤預設顯示為「年」資料，需要將資料標籤更改為「事件」資料。右擊資料標籤，在快顯功能表中選擇「資料標籤格式」，參照圖❼設定參數，並選擇資料標籤範圍。預設的資料標籤即可成功替換為「事件」資料❽。

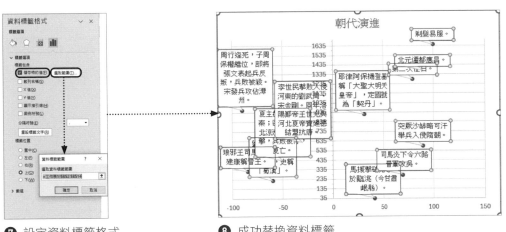

❼ 設定資料標籤格式

❽ 成功替換資料標籤

第六步（增加時間軸和事件之間的引導線）：增加標準誤差線圖表元素，右擊 X 誤差線，在快顯功能表中選擇「誤差線格式」，參照圖❾設定參數，隨後在該視窗中的「填滿與線條」選項中美化線條樣式。對於時間軸來說，Y 誤差線是多餘的，可選中 Y 誤差線直接按 Delete 鍵將其刪除❿。

第七步（美化時間點）：右擊資料標籤，在快顯功能表中選擇「資料點格式」，選擇內建的圓形資料標籤，重新調整一下標籤顏色⓫。此時時間軸基本完成了⓬，為圖表增加背景，為防止背景顏色過深影響時間軸上資料的展示，可將圖表背景適當透明化。

最後美化一下圖表標題及其他資料，適當調整事件的顯示位置，時間軸便製作完成了。

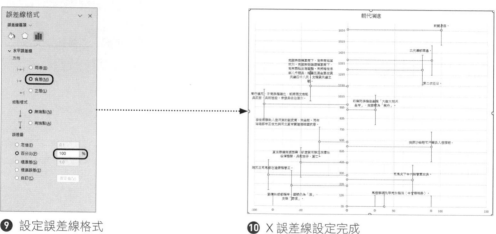

❾ 設定誤差線格式　　　❿ X 誤差線設定完成

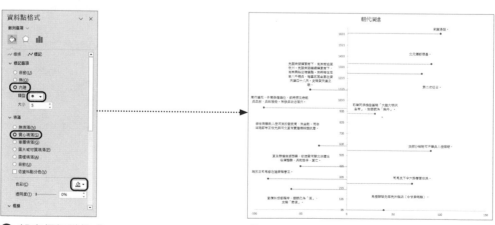

⓫ 設定標記點格式　　　⓬ 資料點樣式被更改

233 找對方法事半功倍

曾經聽過有人抱怨 Excel 也沒有傳說中的那麼高效率，只是將在紙上記錄的資料換成了在試算表中記錄而已，有時反而覺得操作起來更加麻煩。對於這樣的抱怨，我只表示無奈。我也親眼見證過他們所說的低效率和操作麻煩是怎麼回事了。

■ 01 計算機高手

我有一位朋友，年齡 40 多歲，在某公司做倉庫管理員，我親眼見過這位「工具人」使用 Excel 計算庫存的，只見他好不容易把單據上的「所有資料」敲進 Excel 裡面，然後開始進行「統計」。令人吃驚的事情發生了，他把手從鍵盤和滑鼠上拿開，然後開始按計算器，算完一行，就把結果再敲到 Excel 裡面，然後再算一遍進行檢查，極為認真。我當時極為不解地問他為什麼不直接使用 Excel 統計，他很自信地回答我：「我敲計算機可比敲鍵盤快多了！」

好吧，我知道你為什麼覺得 Excel 效率低了，其實你只需要使用一個簡單的公式就能夠自動完成計算，於是我只好親自示範，幫他輸入一個公式，然後，向下填滿公式，輕輕鬆鬆就完成所有計算❶。

■ 02 其實你不懂 Excel

還有一次，我去某中學辦事，在教師辦公室等待的時候，就順便看一位年輕的男老師在電腦上做什麼。

原來，他正在使用 Excel 匯總學生的考試成績，他的工作是將分散記錄的生成績進行歸類整理，然後按班級進行分類，最後統計每個年級各科的平均分。他對照著手中的表格，將資料原樣照搬到 Excel 中，資料登錄完後，開始按班級分類然後匯總成績，他先將同一個班級的學生剪貼到一個區域，完成分類後，選中一列待匯總的資料，然後查看 Excel 狀態列中的平均值結果，再輸入到相應的儲存格中，一列接一列。

| | H3 | | × | ✓ | fx | =F3*G3*(1-E3) | |
A	B	C	D	E	F	G	H
1							
2	編號	名稱	規格	折扣	數量	成本	合計
3	WJ001	資料夾	A4橫向	0.26	13240	NT1.25	NT12,247
4	WJ002	複印紙	A4普通紙	0.38	125630	NT0.08	NT6,231
5	WJ003	打印紙	A3普通紙	0.3	123215	NT0.09	NT7,763
6	WJ004	記事本	A5	0.38	48975	NT3.50	NT106,276
7	WJ005	特大號信封	有公司名	0.38	35685	NT0.10	NT2,212
8	WJ006	普通信封	長3型	0.38	45465	NT0.09	NT2,452
9	WJ007	文具盒	BT2型	0.32	31239	NT1.42	NT30,164
10	WJ008	鋼筆	251型	0.32	21002	NT2.35	NT33,561
11	WJ009	鉛筆	B4型	0.32	32350	NT0.40	NT8,799
12	WJ010	水筆	光彩型	0.4	45563	NT0.50	NT13,669
13	WJ011	橡皮擦	笑臉橡皮	0.3	85742	NT0.80	NT48,016
14	WJ012	液體膠水	0mm,高1	0.3	42512	NT2.30	NT68,444
15	WJ013	修正液	44*10mm	0.31	48796	NT0.75	NT25,252
16	WJ014	鉛筆刀	HS915	0.32	12589	NT13.00	NT111,287
17							

❶ 使用公式進行計算設

我實在看不下去了，小心地提醒：「老師，Excel 裡面這樣匯總統計是比較慢的！使用樞紐分析表能夠很快解決你的問題。」於是耐心地為其講解樞紐分析表的建立以及使用方法。結果用了不到 2 分鐘就完成了龐大的資料分類和統計②。

其實很多時候並不是 Excel 不好用，而是你沒有掌握正確的使用方法。

② 使用樞紐分析表進行匯總統計設座標軸格

234 不同軟體之間的資料連動

Office 是一款多用途的辦公程式套裝軟體，各個應用程式的功能涵蓋現代文書處理的各領域。Office 的這些應用程式除了在各自的領域中能夠表現出優秀的辦公能力外，如果利用不同應用程式共享辦公往往能夠讓工作效率成倍提高。接下來介紹平時在工作中比較常用的 Word 和 Excel 兩個應用程式之間相互共享辦公實現資料連動的技巧。所謂的資料連動，是指在 Word 中插入 Excel 表格後，表格中的內容仍然可以隨著來源資料一同更新。

在 Excel 中，複製表格後直接貼上到 Word 檔案中❶，這個操作也可以使用 Ctrl+C 和 Ctrl+V 完成。貼上表格後表格右下角會出現「貼上選項」按鈕，按一下該按鈕，在下拉清單中選擇「連結與保留來源格式設定」選項❷，即可完成該表格與來源表格之間的連結操作。此後當 Excel 來源表格的資料被更改時，Word 中表格的資料也會隨之發生變化。使用「連結與保留來源格式設定」的貼上方式實際上是讓被貼上的表格與來源資料表形成連結，這便是資料連動的關鍵。

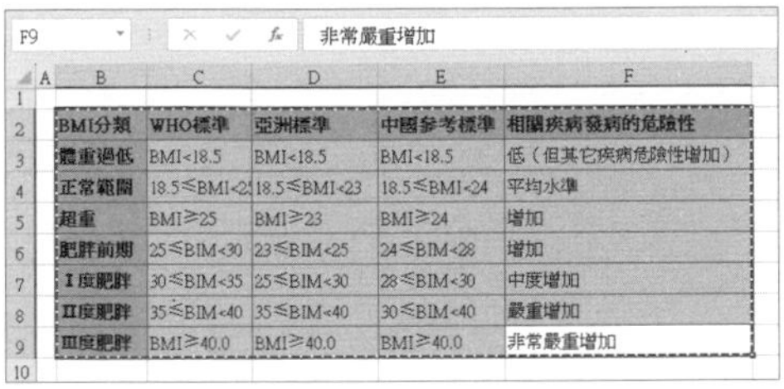

❶ 複製 Excel 表格

❷ 連結與保留來源格式

235　在 Word 中預留一個 Excel 展示視窗

在 Word 中還能夠直接導入完整的 Excel 活頁簿，並展示 Excel 活頁簿中的某一個表格。按一下「插入」選項的「文字」中的「物件」下拉按鈕，選擇「物件」選項❶。打開「物件」對話方塊，切換至「檔案來源」選項，按一下「瀏覽」按鈕。在電腦中找到需要的 Excel 檔將其插入到「物件」對話方塊中，隨後勾選「連結至檔案」核取方塊，最後按一下「確定」按鈕關閉對話方塊❷，即可將所選活頁簿插入到 Word 檔案中❸。按兩下 Word 中的 Excel 表格可以打開其連結到的活頁簿❹。修改活頁簿中的內容後，Word 中的工作表會同時更新。當導入的活頁簿中有多個工作表時，Word 中只會顯示活頁簿中打開的工作表的內容。在將活頁簿導入到 Word 中後使用者無法透過在 Excel 活頁簿中切換其他工作表來修改 Word 中表格顯示的內容。如果要對 Word 中導入的工作表進行更多設定，可在表格上方右擊，在快顯功能表中透過不同的設定選項進行設定。

❶ 「物件」選項

❷ 「物件」對話方塊

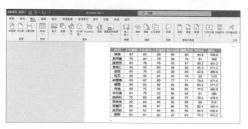

❸ 於 Word 導入 Excel 表格

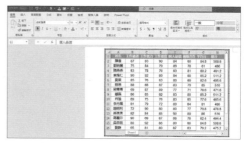

❹ 打開 Excel 來源活頁簿

236　在 Word 中即時建立試算表

在 Word 中使用 Excel 表格，除了引用外部資料，直接在 Word 檔案中插入空白 Excel 試算表然後進行資料編輯也是很常用的操作。在 Word 檔案中打開「插入」選項，按一下「表格」下拉按鈕❶，在下拉清單中選擇「Excel 試算表」選項❷，即可在 Word 檔案中插入 Excel 試算表❸。只要使用者略懂 Excel 操作知識便可以在試算表中進行編輯。Word 中試算表的編輯方法和普通 Excel 表格的編輯方法相同。

插入試算表後，Word 的功能區會轉換成 Excel 功能區，以便使用者對試算表進行設定❹。使用者可透過拖動滑鼠改變試算表的大小，工作表的頁數也可根據實際情況增加。當對 Excel 試算表操作完畢，在 Word 檔案的空白處按一下便可退出編輯

狀態。Excel 功能區重新轉換為 Word 功能區，試算表的行號、列標、頁標籤、捲軸均會消失，只顯示表格部分❺。若要繼續編輯表格，按兩下表格即可重新進入 Excel 表格編輯狀態。

❶「表格」按鈕

❷「Excel 試算表」選項

❸ Word 中插入的 Excel 活頁簿

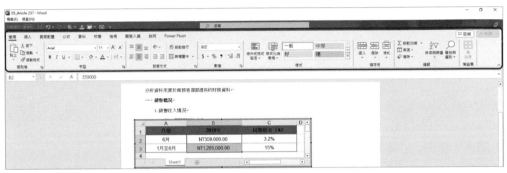

❹ Excel 功能區

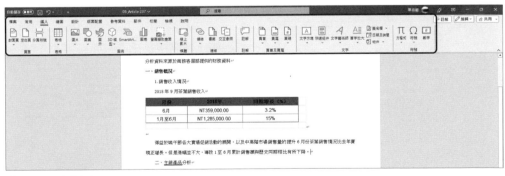

❺ Word 功能區

237 Word 也能展示圖表風采

Word 常被當成是編寫各種報告的工具，在一些分析類的報告中常常需用圖表展示資料，製作圖表是 Excel 的強項，但在 Word 中同樣能實現圖表編輯和展示功能。在「插入」選項中按一下「物件」下拉按鈕選擇「物件」選項。打開「物件」對話方塊，在「新建」選項的「物件類型」清單方塊中選擇「Microsoft Excel Chart」選項❶，按一下「確定」按鈕關閉對話方塊，即可在 Word 中插入一個包含兩張工作表的試算表❷。先在 Sheet1 中編輯用於建立圖表的資料，隨後打開 Chart1 將圖表和資料鏈接❸。

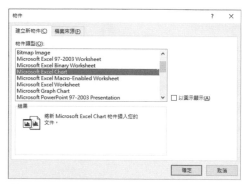

❶「對象」對話方塊

❷ 插入試算表

❸ 圖表連結到資料

238 PowerPoint 中的表格應用

PowerPoint 以文字、圖形、色彩以及動畫的方式直覺地表達內容，其用途十分廣泛。工作中大家也經常會使用 PowerPoint 製作一些資料分析類簡報，但資料的處理和分析並非 PowerPoint 的強項，這時候利用 Excel 協助作業是個很好的選擇。要知道 Excel 才是資料的「理想之家」，雖然 PowerPoint 和 Excel 是兩款不同類型、不同功能的軟體，但是它們同屬於 Office 這一個「大家族」，無論何時都要相信團隊協作的能力大於孤軍奮戰。

在 PowerPoint 中應用 Excel 表格有很多種方法，使用者可以直接從外部引用現成的 Excel 表格資料，也可以插入空白 Excel 試算表或者只是建立一個指定行列數目的表格。下面先從導入外部 Excel 報表開始介紹。

在 PowerPoint 中打開「插入」選項，按一下「文字」群組中的「物件」按鈕❶。打開「插入物件」對話方塊，選中「由檔案建立」選項按鈕，按一下「瀏覽」按鈕，在電腦中選擇需要使用的 Excel 檔，將其路徑填滿到「由檔案建立」中，隨後勾選「連結」核取方塊，最後按一下「確定」按鈕❷。即可在簡報中插入外部 Excel 活頁簿，並在表格視窗中顯示活頁簿中選中的工作表內的資料。除了表格資料，如果工作表中有圖表也會被顯示出來❸。

為了美觀和整體頁面的協調，在 Power-Point 中導入外部資料後需要使用滑鼠拖曳重新調整顯示視窗的大小和位置。

向 PowerPoint 中導入外部 Excel 活頁簿時，在「插入物件」對話方塊中勾選「連結」按鈕。在這裡需要說明勾選「連結」核取方塊和不勾選「連結」核取方塊的差別。「連結」的作用是讓被插入到 PowerPoint 中的 Excel 表格能夠和來源資料表產生連結關係，當勾選「連結」核取方塊時，按兩下 PowerPoint 中的試算表能夠打開來源 Excel 活頁簿，可讓資料同步更新❹。選擇連結的導入方式，以後每次打開這個 PowerPoint 都會彈出「安全性注意事項」對話方塊，提示「此簡報包含其他檔案的連結」。

如果導入外部 Excel 活頁簿時未勾選「連結」核取方塊，那麼導入到 PowerPoint 中的試算表會和來源 Excel 活頁簿就脫離關係，按兩下試算表時打開的只是一個被進階複製過來的 Excel 試算表，無法再和來源活頁簿中的資料產生連結❺。使用者可根據實際需要選擇是否啟用連結。

❶「物件」按鈕

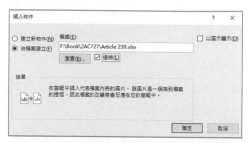

❷「插入物件」對話方塊

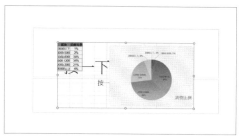

❸ PowerPoint 中導入外部 Excel 活頁簿

❹ 勾選「連結」導入的試算表

❺ 未勾選「連結」導入的試算表

239　在 PowerPoint 中插入 Excel 附件

當不需要展示從外部導入的 Excel 檔中的內容，只是要將 Excel 檔作為一個附件增加到 PowerPoint 中時，可以進行如下設定。在 PowerPoint 中打開「插入」選項，在「文字」群組中按一下「物件」按鈕，打開「插入物件」對話方塊，選擇「由檔案建立」選項按鈕，按一下「瀏覽」按鈕，從電腦中選擇需要導入 PowerPoint 的 Excel 檔案，然後勾選「以圖示顯示」核取方塊（這步是重點），最後按一下「確定」按鈕❶，即可將 Excel 圖示插入目前簡報中❷。按兩下 Excel 圖示可打開活頁

簿。預設插入的 Excel 圖示會在簡報中間顯示，如果影響整體佈局，直接用滑鼠將其拖曳到合適的位置即可。

在 PowerPoint 中插入 Excel 圖示時還有一個會被大多數使用者忽略的操作，那就是更改圖示樣式。其實是否更改圖示樣式對 Excel 試算表的打開和使用並沒有什麼影響，只是 Excel 圖示外觀上會有所改變。

在「插入物件」對話方塊中勾選「以圖示顯示」核取方塊，會將隱藏的「變更圖示」按鈕顯示出來。按一下該按鈕❸，打開「變更圖示」對話方塊，挑選一個滿意的圖示樣式❹。最後按一下「確定」按鈕，即可向 PowerPoint 中插入所選圖示樣式的 Excel 檔案❺。

❶「插入物件」對話方塊

❷ 簡報中導入 Excel 圖示

❸「變更圖示」按鈕

❹ 選擇圖示樣式

❺ 導入所選圖示樣式的 Excel 檔案

240 PowerPoint 中如何插入試算表

PowerPoint 中也可以建立空白的 Excel 試算表，在 PowerPoint 中打開「插入」選項，在「文字」群組中按一下「物件」按鈕。彈出「插入物件」對話方塊，在「物件類型」清單方塊中選擇 Microsoft Excel Worksheet 選項，最後按一下「確定」按鈕❶，即可在目前簡報中插入一張空白試算表❷。

❶「插入物件」對話方塊

❷ PowerPoint 中插入試算表

242 Excel 也能放映簡報

PowerPoint 製作完成後通常都會在各種場合放映，放映 PowerPoint 也很簡單，打開 PowerPoint 後按 F5 鍵便可放映。但是如何在 Excel 中放映簡報呢？例如，需要向客戶發送一份 Excel 資料分析檔，同時需要發送一份 PowerPoint 檔作為資料分析的輔助文件，這時候完全可以將 PowerPoint 檔嵌入到 Excel 工作表中。這樣，客戶便可以在 Excel 中查看資料及放映簡報。

先打開 PowerPoint，在預覽區全選簡報❶，然後複製所有簡報。隨後打開 Excel 工作表，在合適的位置右擊，在彈出的快顯功能表中選擇「選擇性貼上」選項，打開「選擇性貼上」對話方塊。選擇「Microsoft

PowerPoint 簡報物件」選項，按一下「確定」按鈕②。便可將 PowerPoint 中的所有簡報嵌入到 Excel 中。

嵌入到 Excel 中的簡報只顯示第一頁。按兩下簡報即可對簡報進行放映，按 Esc 鍵可退出放映。若想對簡報進行編輯，需要右擊簡報，在彈出的功能表中選擇「Presentation 物件」選項，選擇「編輯」③。進入簡報編輯狀態後，Excel 功能區會自動切換成 PowerPoint 功能區④。滾動滑鼠滾輪或者拖動簡報右側視窗捲軸均可切換到下一頁簡報。

在 Excel 中嵌入 PowerPoint 時，也可以選擇只顯示為 PowerPoint 圖示，不顯示簡報頁面。在「選擇性貼上」對話方塊中勾選「以圖示顯示」核取方塊，即可嵌入圖示。嵌入圖示後可透過「物件格式」為圖示設定填滿色以及邊輪廓樣式⑤。

① 複製所有簡報

② 「選擇性貼上」對話方塊

③ 選擇「編輯」選項

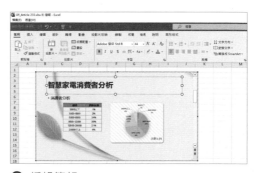

④ 編輯簡報

⑤ 顯示為圖示

與 Access 聯手搞定資料分析

Excel 具備很強大的資料分析和計算能力，但是 Excel 卻沒有 Access 中的查詢和報表等功能，因此，如果既想要滿足使用習慣，又想要達到新的功能需求，就需要這兩種軟體進行協作。如圖❶的 Excel 表格，要對其進行統計分析，雖然能透過排序篩選、函數、樞紐分析表等功能一步一步地實現，但是要做到如 Access 這種強大的統計功能還是比較困難的。

如果將 Excel 鏈接到 Access 中，並不會影響操作者的使用習慣，還能達到意想不到的效果。新增空白 Access 資料庫，打開「外部資料」選項，在「匯入與連結」中按一下「新資料來源」按鈕，選擇「從檔案」，選擇「Excel（X）」選項❷。彈出「取得外部資料 -Excel 試算表」對話方塊

❸。按一下「瀏覽」按鈕，從電腦中選擇需要的活頁簿。隨後選中「以建立連結資料表的方式，連結至資料來源」按鈕，建立與資料來源的連結，最後按一下「確定」按鈕。

系統彈出「連結試算表精靈」對話方塊。保持預設的「顯示工作表」選項，當 Excel 工作簿中有多張工作表時，需要在對話方塊上方的清單方塊中選擇要導入 Access 資料庫的工作表❹ 按一下「下一步」按鈕，在接下來的「連結試算表精靈」對話方塊中勾選「第一列是欄名」核取方塊。接著按一下「下一步」按鈕❺。最後按一下「完成」按鈕。選中的 Excel 工作表即可被導入 Access 資料庫❻。使用者便可在資料庫中對該報表進行統計分析。

	A	B	C	D	E	F	G	H	I
1	年份	客戶	銷售人員	產品型號	出庫單號	數量	單價	金額	
2	2014	內蒙古	宋志涵	電子提花機	FZJ1301-001	3	NT45,000	NT135,000	
3	2014	四川	王有權	電子提花機	FZJ1301-002	2	NT45,000	NT90,000	
4	2014	四川	程有為	電子提花機	FZJ1301-003	4	NT45,000	NT180,000	
5	2014	四川	夏昌榮	電子提花機	FZJ1301-004	1	NT45,000	NT45,000	
6	2014	黑龍江	宋志涵	併捻機	FZJ1301-005	5	NT110,000	NT550,000	
7	2014	廣東	王有權	電子提花機	FZJ1301-006	7	NT45,000	NT315,000	
8	2014	遼寧	程有為	電子提花機	FZJ1301-007	4	NT45,000	NT180,000	
9	2014	遼寧	夏昌榮	電子提花機	FZJ1301-008	1	NT45,000	NT45,000	
10	2014	浙江	宋志涵	電子提花機	FZJ1301-009	3	NT45,000	NT135,000	
11	2014	雲南	王有權	精密貼膜機	FZJ1301-010	4	NT78,000	NT312,000	
12	2014	天津市	程有為	精密貼膜機	FZJ1301-011	3	NT78,000	NT234,000	
13	2014	天津市	夏昌榮	精密貼膜機	FZJ1302-001	4	NT78,000	NT312,000	
14	2014	江西	宋志涵	電子提花機	FZJ1302-002	7	NT45,000	NT315,000	

❶ Excel 表格

❷ 在 Access 資料庫中選擇導入 Excel 試算表

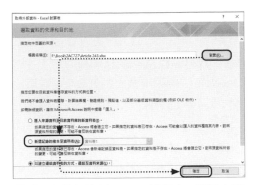

❸ 「取得外部資料 -Excel 試算表」對話方塊

❹ 「連結試算表精靈」對話方塊，選擇 Excel 工作表

❺ 「下一步」按鈕

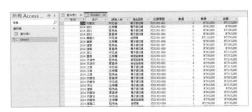

❻ 導入 Excel 報表

243 電子記事本中的資料分析妙招

OneNote 是一款同時支援手寫輸入和鍵盤輸入的記事本軟體。就像是帶有標籤文件夾的電子版本，頁面能夠在文件夾內部移動，同時可增加注釋、處理文字或繪圖，並且其中可以內嵌多媒體影音或 Web 連結。OneNote 使用起來比真正的筆記本要靈活自由得多。如果使用者在工作時想將

Excel 檔附加到自己的 OneNote 筆記本中有三種方法，①以附件形式增加；②以試算表形式增加；③插入 Excel 圖表。打開 OneNote 筆記本，在「插入」選項中按一下「試算表」按鈕❶。在下拉清單中選擇「現有 Excel 試算表」選項，從電腦中選擇需要增加到筆記本的活頁簿，這時候系統

會彈出一個「插入檔案」對話方塊❷。選擇不同的選項會向筆記本中增加不同形式的 Excel 檔。圖❸是以「附加檔案」形式插入的試算表，按兩下圖示可打開 Excel 活頁簿，對表格進行編輯。圖❹是以試算表形式插入 Excel 檔案，圖❺插入的是 Excel 中的圖表。按一下表格和圖表左上角「編輯」按鈕，便可打開 Excel 活頁簿並對試算表進行編輯。不管以什麼形式插入 Excel 檔，都不能刪除 Excel 圖示，否則將無法再編輯試算表。插入 OneNote 筆記本中的 Excel 檔案是原始檔的副本，對 OneNote 中的副本做出的更改不會在原始檔中顯示。而對原始檔案的更改也不會對副本造成任何影響。當然使用者也可以向 OneNote 中插入空白試算表。在「試算表」下拉清單中選擇「新增 Excel 試算表」選項即可插入空白試算表❻。

❶「試算表」按鈕

❷「插入檔案」對話方塊

❸ 附加檔案形式

❹ 試算表形式

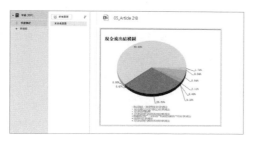

❺ 插入圖表

❻ 插入空白試算表

MEMO

2AC727

Excel 高效短技巧職場應用攻略：行動辦公 X 報表設計 X 數據分析 X 公式函數，縮時工作神技 243 招

作　　者／完美在線
編　　輯／單春蘭
特約美編／鄭力夫
封面設計／走路花工作室

行銷企劃／辛政遠
行銷專員／楊惠潔
總 編 輯／姚蜀芸
副 社 長／黃錫鉉

總 經 理／吳濱伶
發 行 人／何飛鵬
出　　版／電腦人文化
發　　行／城邦文化事業股份有限公司
　　　　　歡迎光臨城邦讀書花園
　　　　　網址：www.cite.com.tw
香港發行所／城邦 (香港) 出版集團有限公司
　　　　　香港九龍九龍城土瓜灣道86號順聯工業
　　　　　大廈6樓A室
　　　　　電　話：(852) 25086231
　　　　　傳　真：(852) 25789337
　　　　　E-mail：hkcite@biznetvgator.com
馬新發行所／城邦 (馬新) 出版集團
　　　　　Cite (M) Sdn Bhd
　　　　　41, Jalan Radin Anum, Bandar Baru Sri Petaling,
　　　　　57000 Kuala Lumpur, Malaysia.
　　　　　電　話：(603) 90563833
　　　　　傳　真：(603) 90576622
　　　　　E-mail：services@cite.my

國家圖書館出版品預行編目資料

Excel高效短技巧職場應用攻略：行動辦公X報
表設計X數據分析X公式函數，縮時工作神技
243招. -- 初版. -- 臺北市：電腦人文化出版：城
邦文化事業股份有限公司發行, 2024.01
面；　公分
ISBN 978-957-2049-34-1(平裝)
1.CST: EXCEL(電腦程式)

312.49E9　　　　　　　　　　112014973

ISBN／978-957-204-934-1（紙本）／
　　　　9789572049358（EPUB）
2024 年01月初版一刷Printed in Taiwan.
定價／新台幣450 元（紙本）／315元（EPUB）／
港幣150元
製版印刷／凱林彩印股份有限公司

若書籍外觀有破損、缺頁、裝釘錯誤等不完整現
象，想要換書、退書，或您有大量購書的需求服
務，都請與客服中心聯繫。

客戶服務中心
地址：10483 台北市中山區民生東路二段141號B1
服務電話：（02）2500-7718、（02）2500-7719
服務時間：週一 ～ 週五9：30～18：00，
24小時傳真專線：（02）2500-1990～3
E-mail：service@readingclub.com.tw

※　詢問書籍問題前，請註明您所購買的書名及書
　　號，以及在哪一頁有問題，以便我們能加快處
　　理速度為您服務。
※　我們的回答範圍，恕僅限書籍本身問題及內容
　　撰寫不清楚的地方，關於軟體、硬體本身的問
　　題及衍生的操作狀況，請向原廠商洽詢處理。

廠商合作、作者投稿、讀者意見回饋，請至：
FB 粉絲團：http://www.facebook.com /InnoFair
E-mail 信箱：ifbook@hmg.com.tw